图形图像处理（Photoshop平台）

Photoshop CS5 职业技能培训教程

（高级图像制作员级）

教材编写委员会　编写

北京希望电子出版社
Beijing Hope Electronic Press
www.bhp.com.cn

内容简介

本书根据图形图像处理（Photoshop 平台）Photoshop CS5 高级图像制作员级考试大纲编写，全书共分为鼠绘模拟、手工绘画、平面设计、艺术文字、摄影技术、网页元素、特效创意和海报包装八章内容，并从相配套的试题汇编中选取真题作为各章的样题或实例（共选取了 24 道真题）。通过本书的实例教学，考生可以掌握使用 Photoshop 软件进行设计与制作的技能，同时还掌握了考试大纲所要求的技能考试点，为参加本模块的考试提供了保障。本书可供考评员和培训教师在组织培训、操作练习等方面使用，还可供广大读者学习图形图像处理知识和提高图形图像处理技能使用。

为方便考生练习，本书的配套素材、电子教案和视频教学将在北京希望电子出版社公众号、微博和北京希望电子出版社网站（www.bhp.com.cn）上提供。

图书在版编目（CIP）数据

图形图像处理（Photoshop 平台）Photoshop CS5 职业技能培训教程：高级图像制作员级 / 教材编写委员会编写. 一北京：北京希望电子出版社，2013.2

ISBN 978-7-83002-034-7

Ⅰ. ①图… Ⅱ. ①全… Ⅲ. ①动画制作软件一技术培训一教材 Ⅳ. ①TP391.41

中国版本图书馆 CIP 数据核字(2012)第 268996 号

出版：北京希望电子出版社
地址：北京市海淀区中关村大街 22 号
中科大厦 A 座 10 层
邮编：100190
网址：www.bhp.com.cn
电话：010-82620818（总机）转发行部
010-82626237（邮购）
传真：010-62543892
经销：各地新华书店

封面：张　洁
编辑：石文涛　刘　霞
校对：全　卫
开本：787mm×1092mm　1/16
印张：19
字数：451 千字
印刷：北京虎彩文化传播有限公司
版次：2024 年 12 月 1 版 7 次印刷

定价：57.00 元

国家职业技能鉴定专家委员会

计算机专业委员会名单

主 任 委 员： 路甬祥

副主任委员： 张亚男　周明陶

委　　　员：（按姓氏笔画排序）

丁建民　王　林　王　鹏　尤晋元　石　峰
冯登国　刘　旸　刘永澎　孙武钢　杨守君
李　华　李一凡　李京申　李建刚　李明树
求伯君　肖　睿　何新华　张训军　陈　钟
陈　禹　陈　敏　陈　蕾　陈孟锋　季　平
金志农　金茂忠　郑人杰　胡昆山　赵宏利
赵曙秋　钟玉琢　姚春生　袁莉娅　顾　明
徐广懋　高　文　高晓红　唐　群　唐韶华
桑桂玉　葛恒双　谢小庆　雷　毅

秘　书　长： 赵伯雄

副 秘 书 长： 刘永澎　陈　彤　何文莉　陈　敏

教材编委会名单

顾　　问：陈　宇　陈李翔

主任委员：刘　康　张亚男　周明陶

副主任委员：袁　芳　陈　彤

委　　员：（按姓氏笔画排序）

丁文花　马　进　石文涛　叶　毅　皮阳文

朱厚峰　李文昊　肖松岭　肖慧俊　何新华

张训军　张发海　张灵芝　张忠将　陈　捷

陈　敏　赵　红　徐建华　阎雪涛　雷　波

本书执笔人：肖松岭　豆玉杰

出 版 说 明

本书是图形图像处理（Photoshop 平台）Photoshop CS5 高级图像制作员级培训教材，根据图形图像处理（Photoshop 平台）Photoshop CS5 高级图像制作员级考试大纲精心编写。本书共分 8 章，分别为鼠绘模拟、手工绘画、平面设计、艺术文字、摄影技术、网页元素、特效创意和海报包装。本书从相配套的试题汇编中选取真题作为各章的样题或实例（共选取了 24 道真题），通过本书的实例教学，考生可以掌握使用 Photoshop 软件进行设计与制作的技能，同时还掌握了考试大纲所要求的技能考试点，为参加本模块的考试提供了保障。

本书可供考评员和培训教师在组织培训、操作练习等方面使用，还可供广大读者学习图形图像处理知识和提高图形图像处理技能使用。

本书执笔人为肖松岭和豆玉杰。

本书的不足之处敬请批评指正。

目 录

第1章　鼠绘模拟

我们经常可以看到使用计算机绘制的一些逼真物体，要绘制这些物体除了需要选择合适的软件和工具、掌握造型的方法，还要了解透视、明暗和光线理论等知识。

本章主要介绍建立物体形状的技巧和方法，通过本章学习要深刻理解每个工具及菜单的使用技巧和组合物体的方法。

本章涉及到图形的线条、造型的透视角度及色彩过渡和光线效果等相关内容，学习完本章内容还应掌握利用线条建立物体，以及采用正确的透视造型和上色光感形成较为真实的立体物体的方法。

本章内容类似美术设计课程——素描，即通过轮廓、透视和光线等技巧，勾画立体物体。

本章主要内容

- 建立物体形状的技巧和方法
- 基本线条和基础图形
- 基础透视和造型
- 色彩过渡和光线明暗的关系

评分细则

本章有4个评分点，每题15分。

序号	评分点	分值	得分条件	判分要求
1	基本图形	3	正确创建物体形状	形状不正确不得分
2	绘制调整	4	根据题目的要求继续绘制填色	不使用技能要点不得分
3	变换修改	4	变换形状并编辑调整达到要求	达不到要求不给分
4	效果修饰	4	按照要求修饰效果图	允许一定的创意发挥

本章导读

如上所述，我们明确了本章所要学习的主要内容以及对应《试题汇编》的评分点、得分条件和判分要求等。下面先在“样题示范”中展示《试题汇编》中一道“绘制卡通钟表”的真实试题，并在“样题分析”中对如何解答这道试题进行分析，然后通过一些案例来详细讲解本章中涉及到的技能考核点，最后通过“样题解答”来叙述“绘制卡通钟表”这道试题的详细操作步骤。

1.1 样题示范

【练习目的】

从《试题汇编》中选取样题，了解本章题目类型，掌握本章重点技能点。

【样题来源】

《试题汇编》第一单元第1.9题。

【操作要求】

绘制卡通钟表，如图1-1所示。

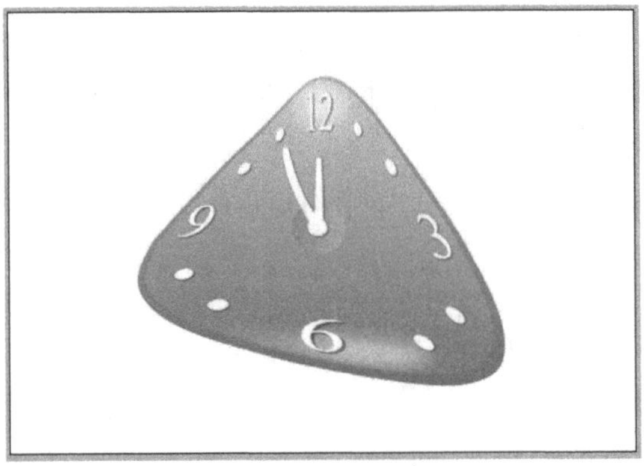

图1-1

新建一个宽高为550×400像素、RGB模式的文件。

1．**基本图形**：绘制钟表形状，渐变叠加填充（#3b9327、#97bd20），如图1-2（a）所示。

2．**绘制调整**：复制缩小形状95%，渐变叠加填充（#45a127、#bee741）。

3．**变换修改**：在中心绘制圆形，渐变叠加填充（#63b22d、#98d139），如图1-2（b）所示。

4．**效果修饰**：创建白色数字、刻度和指针并阴影处理。

将最终效果以X1-9.psd为文件名保存。

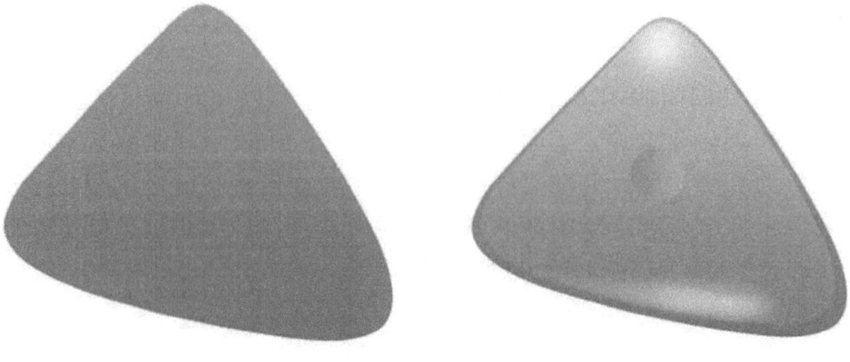

（a）　　（b）

图1-2

1.2　样题分析

本题是考查如何使用Photoshop的绘制功能来表现物品形状，如何使用渐变功能表现物体的明暗区域，从而产生立体效果的测试题。

表现物体方法首先是轮廓形状，这自然少不了形状绘制和选区的使用。要解答本题，首先要使用钢笔工具绘制钟表形状和轮廓，并通过收缩形状来表现物体的边缘。然后使用渐变颜色填充来表现物体的纹理质感和明暗区域，再使用白色表现高光和反光区域，最终形成立体效果。

解答本题需要掌握本章相关的美术基础表现技法，下面就从学习这些技能开始，这样在表现物体时就能“游刃有余”。

1.3　建立物体形状的技巧和方法

1.3.1　了解Photoshop软件

很多人会被应该使用什么软件工具来绘制物体所困扰，其实选择什么样的软件，都是因个人习惯和工作需要而定。

可用于绘制物体的平面设计软件一般可分为两种类型，一种是用来绘制矢量图形的软件，如CorelDRAW、Illustrator等，另一种则是用来编辑点阵位图的软件，如Photoshop、Fireworks，甚至是Windows自带的画板工具。而在这些图形图像处理软件中，无论是在网页设计、桌面出版领域，还是摄影技术、电影与广告制作等领域，Photoshop软件都有着广泛的应用。使用Photoshop“建立物体”既可以使用像素点阵式图像，也可以使用路径矢量图形。

当使用Photoshop绘制物体时，首先要掌握Photoshop的使用方法，了解Photoshop的基本功能。其次是要善于使用Photoshop功能上的优势。

- 创建轮廓和填充色彩功能
- 各类工具的快捷键以及便捷的复制粘贴功能
- 帮助正确定位的网格、标尺、辅助线功能
- 最强大的图层功能
- 历史记录功能等

1.3.2　选框工具及命令

1．矩形和椭圆形工具

矩形和椭圆形是Photoshop中最容易选择的两种形状，因此这两种选框工具也是最常用到的。

- 如果要绘制的选区为正方形和圆形时，可在绘制的同时按下【Shift】键。
- 如果希望从中心绘制选区，可在绘制的同时按住【Alt】键。

- 如果当前工具为选框工具时，可移动已存在的选区的位置。

2．选区变换

大多数时候用矩形或椭圆选框工具并不能直接将要选择的对象精确地选出，所以还要对选区进行调整。

- 执行“选择”→“变换”命令或【Ctrl+T】快捷键，可对定形框进行缩放。
- 按住【Ctrl】键可对定形框进行扭曲。
- 使用【Ctrl+Alt】快捷键可对定形框进行斜切。
- 使用【Ctrl+Alt+Shift】快捷键可对定形框进行透视变形。

3．套索工具

对于不规则的物件，通常会用套索工具来选取。

- 套索工具最为简单，常用于手绘线段。套索路径将跟随鼠标移动的轨迹，松开鼠标时选区会闭合。
- 多边形套索工具常用于绘制选框的直边线段，按【Alt】键可随时在自由套索工具和多边形套索工具之间切换。如果选区中既有直线也有不规则曲线，那么这个快捷键在选择时将非常有效。按【Delete】键可删除使用多边形套索工具绘制的直线段。
- 磁性套索工具特别适用于快速选择与背景对比强烈且边缘复杂的对象。

4．魔棒工具

使用魔棒工具可容易地得到基于颜色的选区，尤其是当图像的前景色（或对象的颜色）和背景色差异很大的时候，魔棒工具的选择准确率会很高。

5．颜色范围

如果想对图像做更精确的基于颜色的选择，那就要使用颜色范围命令。按下【Ctrl】键可在选择范围和图像视图之间切换。

6．选择菜单

在用各种选择工具对图像做出初步选择之后，可以利用Photoshop的选择菜单，对选择做出进一步地调整，如收缩、扩展、扩大选取、选取相似等。

- 在花费大量时间创建复杂选区后，很有必要将选区保存下来，这样一来，在以后使用时就不用再次选择。将选区保存下来以后，可以在通道中继续编辑。
- 可以用“选择”→“存储选区”命令，将选区保存到新命名通道中。
- 也可以单击通道面板中的“将选区存为通道”按钮来保存通道。当需要使用选区时，可从相应通道载入。查看通道面板即可观察到具体的通道图像。

1.3.3 选区操作技巧

在使用Photoshop过程中，会发现Photoshop中拥有大量令人惊异的“隐含”功能，无论是Photoshop新手还是经验丰富的高手，都会不断发掘出越来越多的“宝藏”——技巧。下面摘要介绍一些选区技巧，你会惊奇地发现一些复杂的选区操作也会如此的简单而有趣，从而帮助用户更快更有效地完成复杂的工作。

记住，多用快捷键，多掌握技巧，事半功倍。

1. 交叉选择区

或许你已经知道了按住【Shift】键可以增加选择区，按住【Alt】键可以减少选择区，但是，你知道可以同时按住【Alt】键和【Shift】键来建立交叉选区吗？

实例演练：建立交叉选区

（1）使用椭圆工具画一个扁平的椭圆。

（2）再同时按【Shift】和【Alt】键，画一个直立的椭圆与第一个椭圆选区相交。

（3）先松开鼠标，再松开【Alt】和【Shift】键，工作区里只剩下建立的两个选区的相交部分，如图1-3所示，是不是很像电视屏幕？

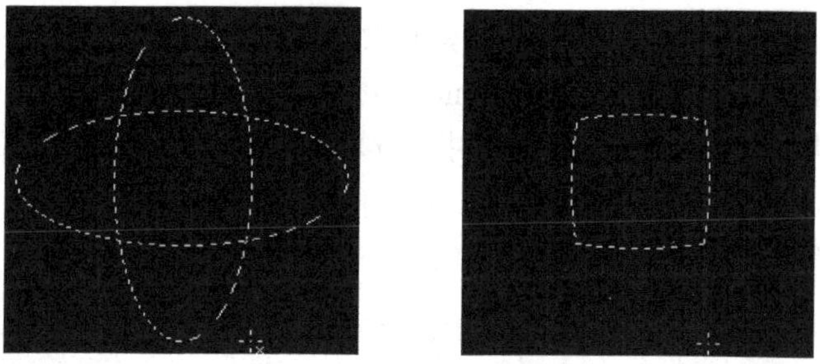

图1-3

对于这个技术，这里有两个很好的应用方法。

方法1：可以在两个不同的图层之间建立相交的选区。

按【Ctrl】键单击一个图层，导入不透明区域的选区，再按【Ctrl+Alt+Shift】快捷键并单击另一个图层，这样就可以在两个不同的图层之间建立不透明区域的相交选区。

方法2：选取一个图层内的部分对象选区。

假设一个图层中有多个物体，例如，文字图层包含了很多文字，只需要得到其中的某几个文字选区，可以先按【Ctrl】键单击文字层，导入所有的文字选区，再使用选框工具，同时按【Alt】和【Shift】键框选需要的文字即可。

2. 减少选区

这个选择技巧很有趣，非常简单快速，对于一些复杂的物体也很有用，可将选取的图案直接应用到新建的独立图层上。下面用一个图案来举例说明。

实例演练：选择图像

（1）打开光盘素材文件夹下的素材文件Unit1\face.jpg。

（2）使用矩形选框工具建立一个矩形选区，将图案全部罩在选区内。

（3）选择魔棒工具，按【Alt】键（减少选区模式），单击选区内部的背景区域（注意不要单击图案）。

（4）使用【Ctrl＋J】快捷键分离选择区域，图案将被选取并建立独立的新图层，如图1-4所示。

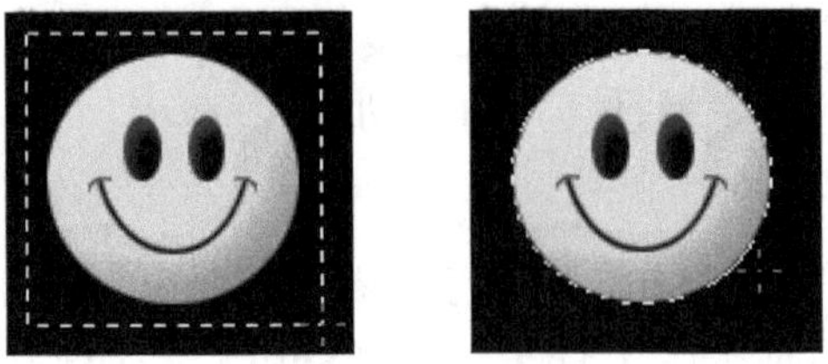

图1-4

3．定位选择中心

这是另外一个非常有用的选区技巧。例如，要将一个图形从一个文件中复制出来，然后粘贴到另外一个文件的特定区域的中心。使用这个技巧就能快速简单地完成操作。

实例演练：图像合成

（1）分别打开光盘素材文件夹下的素材文件Unit1\plane.jpg和sceen.jpg。

（2）将图像sceen.jpg复制到图像plane.jpg中。

（3）使用矩形选框工具建立一个选择区域（拖拽过程中按住【Shift】键）。

（4）使用【Ctrl＋V】快捷键粘贴，复制图形并将其置于选择区域的中心，即使复制的图形大于选择的区域也没有问题，如图1-5所示。是不是很简单？

图1-5

对于这个技巧当然也有相当多的应用。

应用1：如果想要把一个图案放在做好的电视机屏幕框里，移动放置的位置可能定位不好，这时可以按住【Ctrl】键并单击屏幕框的图层，即可快速而精确地导入该图层选区，然后粘贴。

应用2：如果想要将一幅图片粘贴在一个文件的正中心，可以先按【Ctrl＋A】快捷键全选文档的区域，然后再粘贴。

4．缩小选区

在学习的时候总有一些事情使我们非常烦恼，不知你注意到没有？当按【Ctrl＋A】快捷键全选了以后，不管在什么时候，Contract（缩小）等命令都不能用了！下面就来介绍如何解决这个问题。

实例演练：缩小选区

（1）按【Ctrl＋A】快捷键，全选。

（2）按键盘上的下箭头和右箭头各一次，把选区往右方和下方各移动1 Pixel的距离。

（3）选择缩小1 Pixel选区的命令。

（4）按键盘上的上箭头和左箭头各一次，再把选区往左方和上方各移动1 Pixel的距离，即可得到整个文档缩小1Pixel的选区，如图1-6所示。

图1-6

5．切换多边形/自由套索工具

在选择物体时，经常会在多边形套索工具和自由套索工具之间切换。这个很有用的选择技巧是在切换时按住【Alt】键，松开一下再按下鼠标左键即可，如图1-7所示。

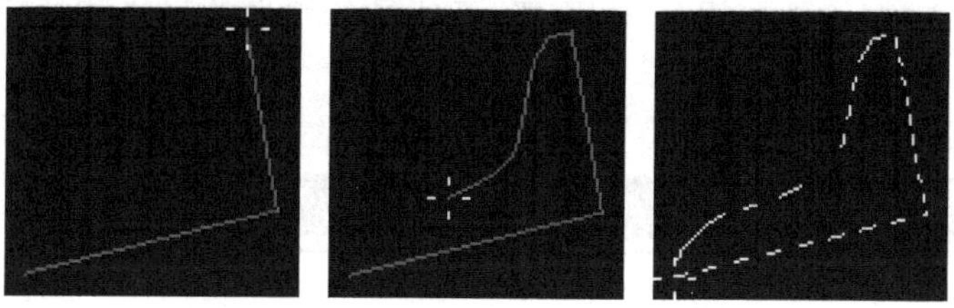

图1-7

6．选区变形

Photoshop可以通过自定义参数来改变选区的形状，但是不管是通过参数来变形还是用工具来变形，下面这些技巧都是需要熟练掌握的。

- 按住【Shift】键，可以按比例变形。
- 按住【Alt】键，可以对称变形。
- 按住【Ctrl】键，可以斜向变形。
- 按住【Shift+Ctrl】快捷键，可以拖拽某一控制点进行倾斜调整。
- 按住【Ctrl+Alt+Shift】快捷键，可以按比例对称变形。
- 在变形区域内拖拽鼠标，可以拖拽整个变形区域。
- 在变形区域外拖拽鼠标，可以旋转变形区域。

实例演练：建立三角形选区

（1）使用矩形选框工具建立一个方形的选区。

（2）按【Ctrl+T】快捷键进行变换选区。

（3）同时按住【Ctrl+Alt+Shift】快捷键，拖拽方形的右上角向下，直到右上角与右下角合并于一点，确认变换形状。

（4）现在已经得到一个三角形选区，如图1-8所示，填充选区，按【Ctrl＋D】快捷键取消选区。

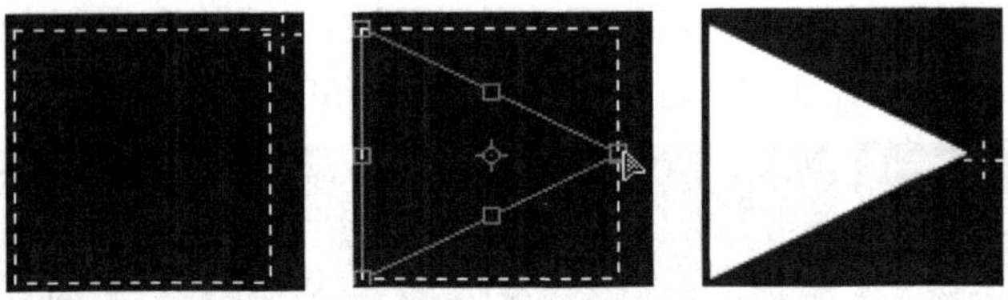

图1-8

注意：这是一个快速建立三角形的方法，当然还有其他直接制作三角形的工具，这里不再介绍。

希望通过以上这些选区技巧，能够学到一些简单有用的方法，并应用到实际操作中去。当然，选区的操作不止这些，对于一些更为复杂的选区操作仅仅应用上面的这些技巧是不够的，比如毛皮、火等的选取，还需要配合使用蒙版和通道等操作。

另外，要提高Photoshop的制作水平除了须具备相当的耐心和技巧之外，掌握造型及其绘制方法也非常重要。

1.4 基本线条和基础图形

正如组成汉字有基本的点、横、竖、撇、捺等笔划一样，点阵图像是由形状（基本图形）和色彩（填充物）组成的。

像素画中常用到几种线条和图形，这些特定的线条图形都是根据像素特有的属性排列而成。下面介绍基本线条和基础图形的绘制。

1.4.1 斜线和三角形

斜线常用于物体的描绘。30° 的斜线使用较为灵活，经常与其他线条配合使用，以便完成一些特殊的造型。45° 的斜线掌握比较简单，较常用于平面物体以及建筑斜面的绘制。3D建筑的统一透视角度为22.6° 。

实例演练：绘制三角形

（1）选择直线工具（＼），选择“填充像素”选项（□），参照图1-9进行设置。

（2）按下【Shift】键绘制一个箭头，不要画出“尾巴”，就是三角形的部分。

如果想要一个大点的三角形，可在线条选项中改变它的大小，变成30或20、10、5……都可以，如图1-10所示。

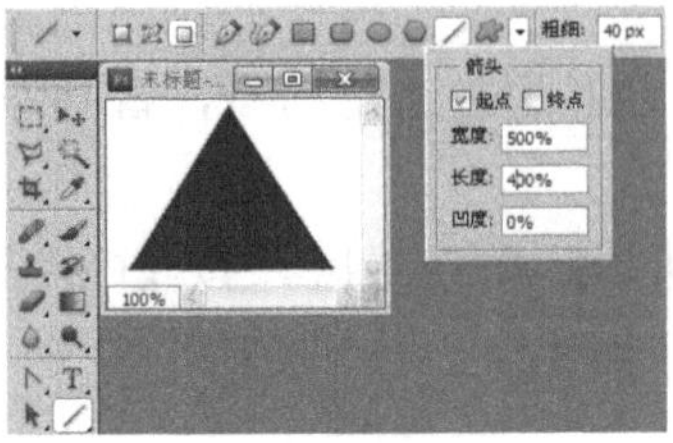

图1-9

图1-10

还可以使用另一种方法进行操作。

（1）选择直线工具。

（2）执行“窗口”→“信息”命令，打开“信息”面板，如图1-11所示。

（3）用直线工具画两条相交斜线（注意“信息”面板中右边角度 A：的值），确定为60的整数倍，无所谓正负值。

（4）按【Shift】键，画一水平直线与刚才所画两相交斜线围成一个三角形。

（5）使用魔棒工具点选三角形，则所围成的三角形被选中，此时可以描边填充即得所需的三角图形，如图1-12所示。

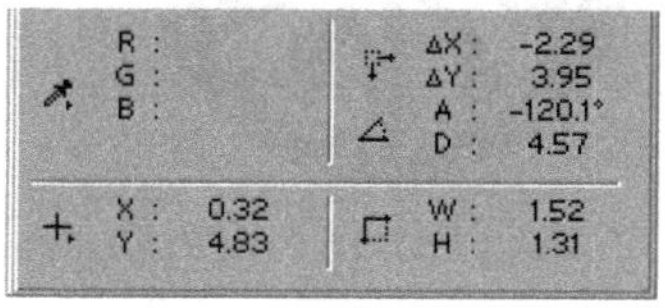

图1-11

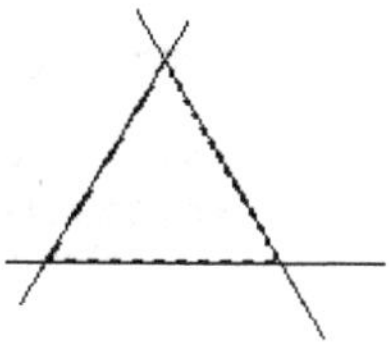

图1-12

1.4.2 直线和矩形

选择直线工具，在按住【Shift】键的同时，拖拽鼠标就可准确地绘制出直线。同理，可绘制出正方形。

实例演练：绘制正方形

（1）在一个新文件中，用矩形选框工具（⬚），按【Shift】键，选取任意大小的正方形，如图1-13所示。

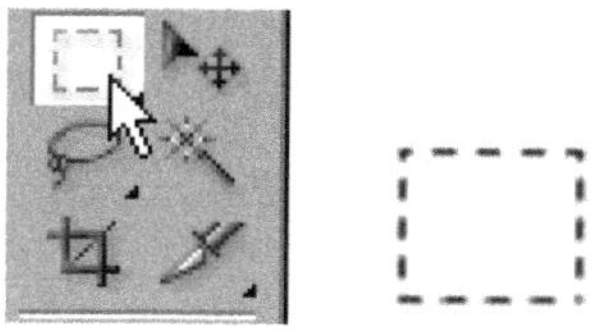

图1-13

（2）选择渐变工具（），填充蓝色，取消选区，形成正方形，如图1-14所示。

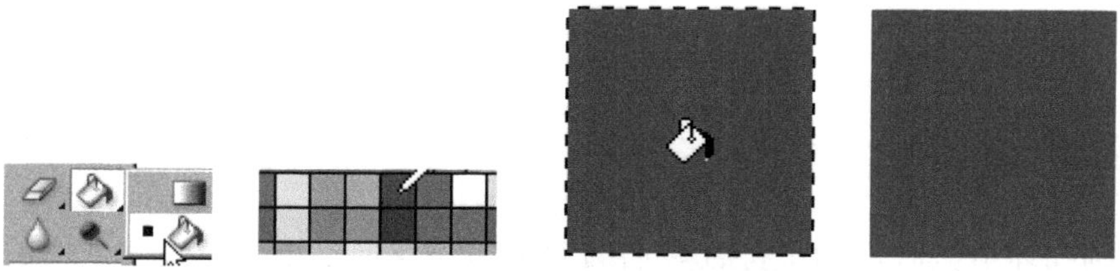

图1-14

1.4.3 弧线和圆

根据弧度大小关系，可使用的弧线画法也有很多种。此类线条常用于物体边缘和头像的绘制。

实例演练：绘制圆形标靶

（1）新建一个文件，填充渐变背景，参照图1-15在不同图层中绘制3个同心圆环和椭圆，再制作几个三角形拼成对角圆形，排列图层顺序。

（2）对齐中心，改变两个圆环图层的混合模式，形成标靶形状图像，如图1-16所示。

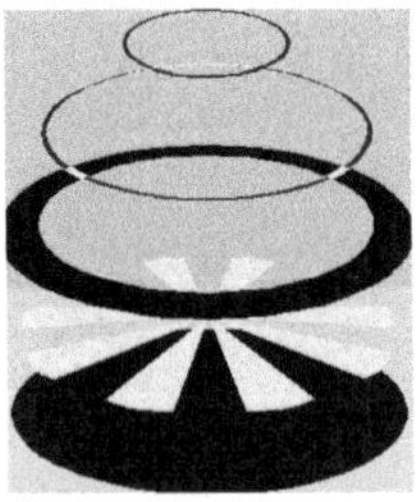

图1-15

图1-16

1.5 基础透视和造型

在绘制物体时，如果只绘制单一角度的形态，始终是缺乏表现力的。如果要转变角度，就涉及到透视。

在透视学中，透视可分为形体透视（几何形透视）和空气透视。形体透视是根据光学和数学的原则，在平面上用线条来图示物体的空间位置、轮廓和光暗投影的科学。而空气透视是研究和表现空间距离对于物体的色彩及明显度所起的作用。因为透视现象是近大远小，所以也叫“远近法”。

按照灭点的不同，分为平行透视（一个灭点）、成角透视（两个灭点）和斜透视（三个灭点），如图1-17所示。

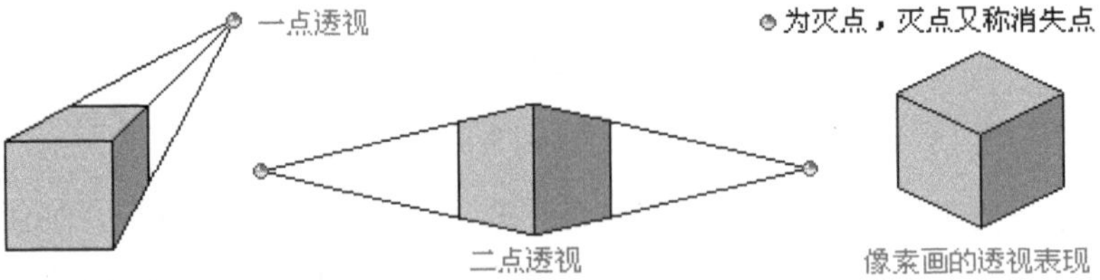

图1-17

1.5.1 正方体透视

在绘制物体造型时，为了符合人们的视觉印象及便于绘画，最常采用的透视是以22.6°线组合而成的俯视平行透视。图1-18左图所示的正方体透视就是以22.6°角的线构成，左右两个面透视角度一样，并且每个面都是平行四边型。整体结构清晰明朗，造型表现直观，并且易于掌握。图1-18右图所示的45°角透视，虽然转变了角度，但是每个面都是一个平行四边形，这个透视规律是不会改变的。但由于左右两个面透视角度的不同，所以在实际的绘制中很难把握好，应该多观察多动手。

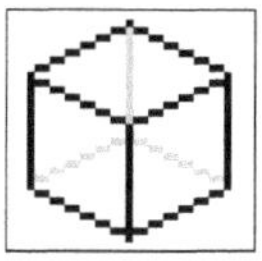

22.6° 角透视

45° 角透视

图1-18

小实例演练：绘制正方体

（1）在一个新文件中，新建图层1，选择矩形选框工具（），按【Shift】键，选取任意大小的正方形，如图1-19所示。

（2）选择渐变工具（），填充从深色（前景色）到浅色（背景色）的渐变，如图1-20所示。

（3）执行“编辑”→“变换”→“倾斜”命令，把正方形倾斜变形，如图1-21所示。

（4）复制图层1，执行“编辑”→“变换”→“水平翻转”命令，水平翻转图像，如图1-22所示。

（5）合并两个图层，复制合并后的图层，执行“编辑”→“变换”→“垂直翻转”命令，垂直翻转图像，如图1-23所示。

（6）适当调整两个图层的位置，使用渐变工具调整图形的光线和色彩，最终的正方体效果如图1-24所示。

图1-19

图1-20

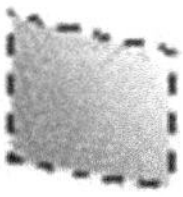

图1-21

图1-22

图1-23

图1-24

1.5.2 圆柱的透视

以顶面的椭圆的圆度来决定俯视角度的高低，如果椭圆越接近圆，则俯视角度就越高，反之椭圆越扁，俯视角度就越低，如图1-25所示。

图1-25

实例演练：绘制圆柱

（1）新建一个文件，宽和高均为6 cm，分辨率为72 dpi，白色背景，RGB模式。

（2）打开图层面板，新建图层，命名为“Layer1”。

（3）使用矩形选框工具（）建立矩形选区。选择对称渐变工具（），设置前景色为白色、背景色为黑色，由中心水平方向填充从黑到白再黑的渐变，或是由深到浅再深的色彩渐变，如图1-26所示。

（4）使用椭圆选框工具（）在矩形体的上端建立相同半径的椭圆选区，选区内填充灰色或单一色彩，如图1-27所示。

（5）保留选区，将椭圆选区（只是选区不带填充色），向下移动到渐变矩形的中部，如图1-28所示。

图1-26

图1-27

图1-28

（6）按下【Shift+Alt+Ctrl】快捷键，使用移动工具将选区拖拽至矩形体底部，如图1-29所示。

（7）按【Ctrl+D】快捷键，取消选区，形成柱体效果，如图1-30所示。

图1-29

图1-30

1.5.3 锥体的透视

锥体分为四面锥型（如图1-31所示）、圆锥型等，但其画法是没有区别的。底面决定锥体的大小，斜线控制着锥体的高度。总的来说，还是要多加练习，尝试用不同角度的斜线来绘制各种高度的锥体。

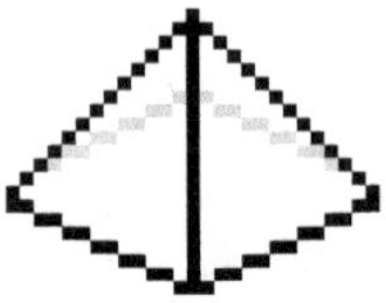
图1-31

实例演练：绘制锥体

（1）新建一个文件，宽和高均为6 cm，分辨率为72 dpi， 白色背景，RGB模式。

（2）打开图层面板，新建图层，命名为“Layer1”。

（3）使用矩形选框工具（）建立矩形选区。选择对称渐变工具（），设置前景色为白色、背景色为黑色，由中心水平方向填充从黑到白再黑渐变，或由深到浅再深的色彩渐变，如图1-32所示。

（4）执行“编辑”→“自由变换”命令，按【Ctrl+Shift+Alt】快捷键，用鼠标水平拖拽左上端的节点，使其与中心节点重合，如图1-33所示，制作透视效果形成锥体，按【Enter】键确认操作。

（5）使用椭圆选框工具（）在锥体的底部建立椭圆选区，如图1-34所示。

（6）按【Shift+Alt+Ctrl】快捷键，使用移动工具将选区拖至锥体底部，再按【Ctrl+D】快捷键，取消选区，如图1-35所示。

图1-32

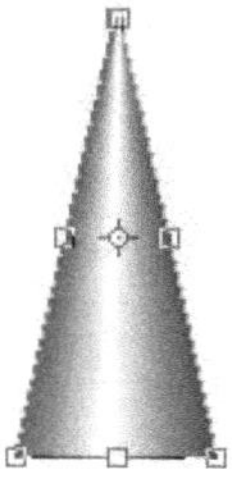

图1-33

图1-34

图1-35

1.5.4 基础造型

造型是体现绘制物体特征的基本要素。造型的能力一方面来自于平时生活中知识的积累，另一方面则可以借助图片资料作为参照，甚至可以通过临摹优秀的作品以及对素描、速写等艺术学科的渗透也能提高我们的造型能力。

通俗一点来说，造型就是用来表现作品形态的一种构图概念。学习造型没有捷径可寻，只有通过多看、多记、多学、多练才能有所提高，因此本节介绍的并不是如何去造一个型，而是引导你有一个正确的造型思维方式，去造更多的型。

1．把造型复杂的东西简单化

图1-36所示的是一个打开的盒子。在构思一个打开的盒子时，首先想到的不是打开的盒子如何难画，而是盒子的整体形态是什么，根据这个形态再去想象盒子的大体形状，最后才去考虑如何打开盒盖。此种方法虽然过程繁琐，但是有利于把握整体不至于产生严重的变形，非常适合初学者。

图1-36

2．逐步深入刻画

在鼠标随意绘制出来的草图基础上，一步一步地深入下去。例如，图1-37所示的是海豚的造型过程，粗糙的草图通过一步步地调整形态、柔化线条之后最终形成了精致的造型。此种方法虽然简便，但是对于没有一定美术基础的人来说不易掌握。

图1-37

3．寻找图片资料作为参照

如果为表达不出心中所想而困惑时，不妨试着找找相关的图片资料。例如，图1-38所示的是一台笔记本电脑的图片，通过对图片的提炼与加工，一幅物体描绘就很容易地完成了。其实，通过图片绘制物体，也有很多小窍门。例如，在Photoshop中打开一个图片实例，降低该图片的透明度，然后新建一个图层，使用选框、铅笔或形状工具选择

1像素的笔刷来勾勒出造型的轮廓，这样就把一个简单造型绘制出来了。

但是要注意的是，这样做虽然有了造型的形，但是还是缺少造型的神。还是那句话，多看、多记、多学、多练才是造型的学习方法。

图1-38

可以练习如图1-39所示的图例。

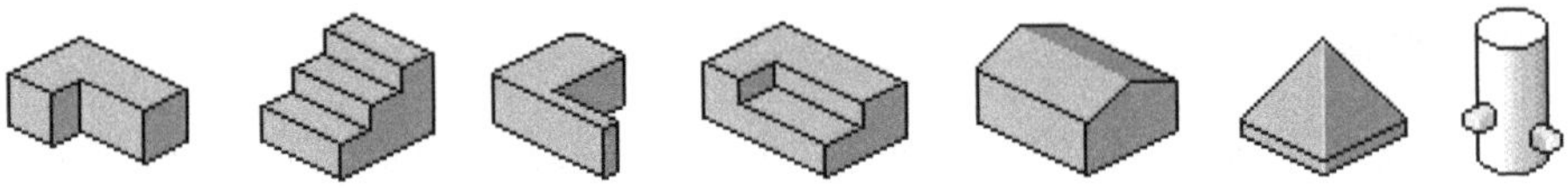

图1-39

1.6 色彩过渡和光线明暗的关系

要理解和运用色彩，必须掌握进行色彩归纳整理的原则和方法，其中最主要的是掌握色彩的属性。在后面的章节中，将介绍关于色彩的明度、色相、彩度以及色彩混合、色彩对比、色彩搭配等内容。

针对物体的色彩运用，大致可以简单地理解为平面的纯色填充、中间色的过渡、色彩明暗关系的确立。因为平面的纯色填充，并没有任何技巧性的东西，只要有足够的耐心就可以了。所以，本节着重于颜色过渡规律的学习。

1.6.1 均匀过渡和双色过渡

1．均匀过渡

在同一色系中，把颜色由深至浅或者由浅至深的排列，可起到均匀渐变的效果。这种过渡方法普遍运用于小范围的像素绘画中，如图1-40所示。

图1-40

实例演练：绘制透明按钮

（1）新建一个白色背景的文件，在通道面板中，新建名为Alpha1的通道，制作圆角矩形，如图1-41所示。

（2）新建一个命名为“图层1”的图层，载入Alpha1通道选区。设置前背景颜色为亮灰色（R204、G204、B204）、背景颜色为白色。使用直线渐变工具，按【Shift键】对选区填充从顶部到底部的渐变色，如图1-42所示。

图1-41

图1-42

（3）取消选区，双击“图层1”。在打开的图层样式对话框中，选择“斜面和浮雕”和“外发光”效果选项，参数设置如图1-43所示，效果如图1-44所示。

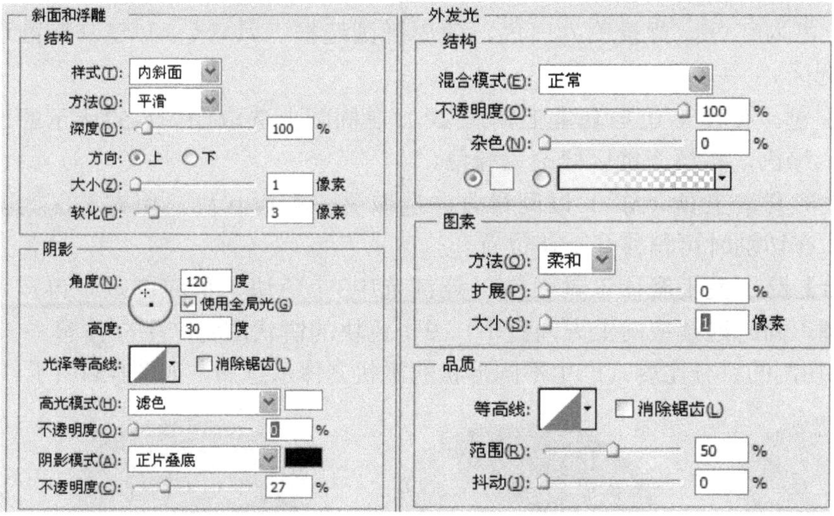

图1-43

图1-44

（4）载入Alpha1通道选区，使用矩形选择工具，按【Alt】键建立如图1-45所示的选区。

（5）新建“图层2”，用白色填充选区。执行“模糊滤镜”命令，增加顶部的光线反射效果，如图1-46所示。

（6）对“图层2”执行“自由变换”命令，水平收缩图层，效果如图1-47所示。

（7）添加图层蒙版，在蒙版层中建立如图1-48所示的选区，高度大概是实际高度的两倍。

（8）重置颜色（按【D】键）。使用直线渐变工具，按【Shift】键从顶部到底部填充渐变色，如图1-49所示。

（9）输入文字，添加阴影效果，透明按钮效果如图1-50所示。

图1-45

图1-46

图1-47

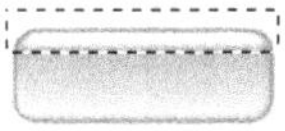

图1-48

图1-49

图1-50

2. 双色过渡

根据其中一种颜色点的疏密排列产生过渡效果的过渡方法常用于平面的绘制上。绘制这些点是因为其具有规律性，所以可以使用复制与粘贴功能，这将会大大提高工作效率，如图1-51所示。

图1-51

实例演练：绘制饼状示意图

（1）新建一个文件，宽和高均为6 cm，分辨率为72 dpi，白色背景，RGB模式。

（2）设置前景色为红色、背景色为白色，使用椭圆选框工具（）建立椭圆选区，用前景色填充选区。

（3）按【Alt】键，使用多边形套索工具（）在椭圆上选取如图1-52所示的选区，将前景色修改为绿色，将填充选区修改为绿色。

（4）使用多边形套索工具（）以同样方法选取另一个饼状块，填充选区为蓝色，如图1-53所示，在切割时可稍移开一些位置。

（5）按【Shift】键，使用魔棒工具（）连续选中3个色块，形成选区。再按下【Ctrl + Alt】快捷键，同时连续按向上方向键↑，3个色块的饼状图将产生立体感。

（6）也可调整切割的百分比度，产生不同形状的饼状立体示意图，如图1-54所示。

图1-52

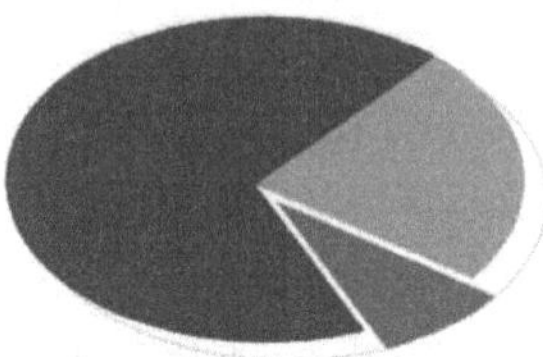
图1-53

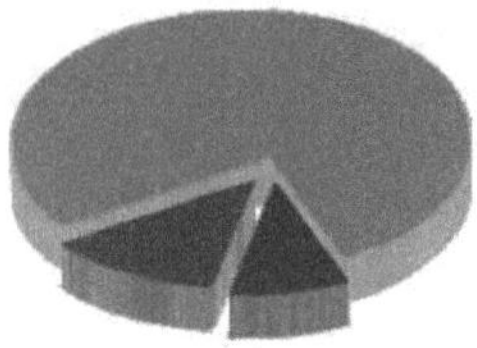
图1-54

1.6.2 圆柱体过渡和网点渐变过渡

1．圆柱体过渡

通过同一色系多种颜色的渐变过渡来达到立体感的过渡方法比较适合于绘制圆柱类物体，如图1-55所示。

图1-55

实例演练：绘制圆柱

（1）新建一个文件，宽和高均为6 cm，分辨率为72 dpi，白色背景，RGB模式。

（2）使用椭圆选框工具（）建立椭圆选区，在椭圆选框的属性栏中选择从选区减去选区（）（设置如图1-56所示）或按【Alt】键，在选区内部建立一个同心椭圆选区（如图1-57所示），形成两个椭圆相减的环形选区。

图1-56

图1-57

（3）使用线性渐变工具（），在属性栏中参照图1-58设置色彩渐变，从椭圆左侧到右侧填充渐变。

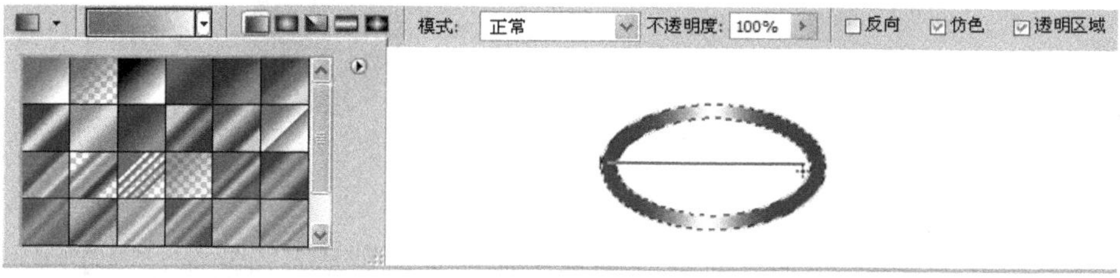

图1-58

（4）按【Ctrl+Alt】快捷键，连续按向上方向键↑，形成竖直的管状体，将选区填充深蓝色，如图1-59所示。

（5）如果有兴趣可制作水平或其他几何形体，如图1-60所示。要注意光线与阴影方向，形成“静物写真”效果。

图1-59

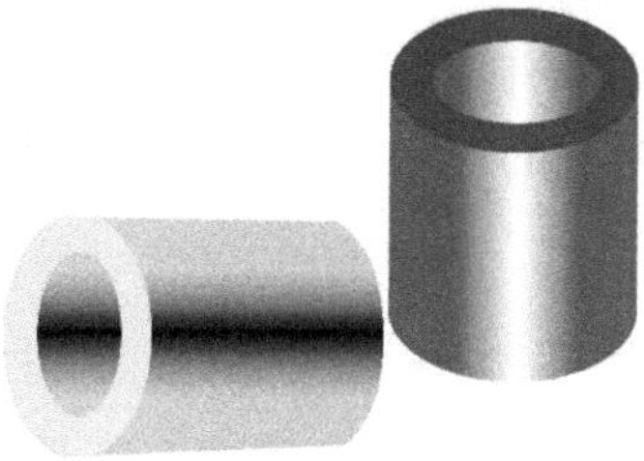

图1-60

2．网格过渡

另一种平面过渡的方法是在一种颜色的基础上再叠加网格，如图1-61所示。这样绘制出的物体过渡自然、颜色饱满，但是难度较高，不易掌握。

图1-61

1.6.3 明暗光线刻画

在绘制物体时如果仅仅把握住了明快的色调还不够，有时画面的色彩仍然不够生动，这是因为色彩的运用还缺少明暗的变化。只有遵循物体与光源之间的变化关系，才能表现出既生动又符合视觉印象的像素画来。

当准备绘制一幅具有明暗变化关系的像素作品时，如图1-62所示。首先要定好光源的所在位置；其次根据光源的照射，在物体上添加亮部、中间色、明暗交界线、反光、投影。

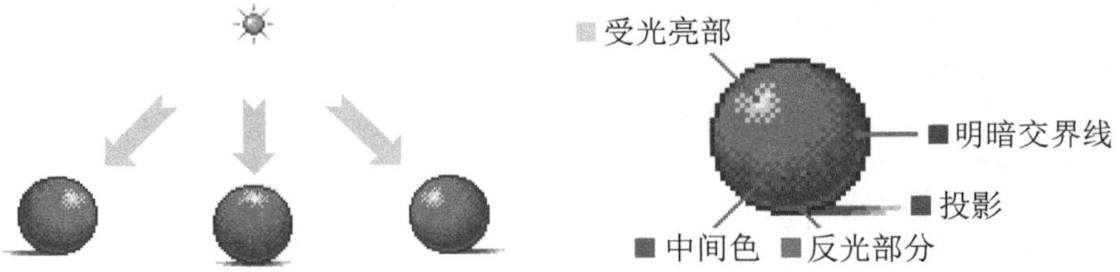

图1-62

值得注意的是反光，这是由地面或其他物体受光后产生反射而照亮物体部分暗区，很多时候容易忽略，造成不真实的效果。

另外，还有和光分不开的阴影，这里只讲一下阴影的柔和度问题。阴影的柔和度是由光线的强弱和光照距离决定的，一般在强光下就会产生有清晰边缘的阴影，一般光线较弱或较近物体时便产生较柔和的阴影，此时可以按照要表现的具体场景来设定阴影。

最后就是每个不同的物体有不同的质感，应该在作图时把物体的质感表现出来。所谓的质感就是因物体的材料不同，所反射的光线规律不同所带来的感觉。例如，金属、玻璃、皮革、木头等都有不同的质感，而在光滑的金属、玻璃、瓷器等表面还会有一个高光（就是物体上最亮的一个点），这个高光是由物体的光滑度来决定的，如卡通画中大眼睛里的亮光。

实例演练：绘制立体球

（1）新建一个文件，使用直线渐变工具从上到下制作一个由黑到蓝的渐变。

（2）新建一个“图层1”，使用椭圆工具并按【Shift】键画一个正圆，将选区移到一个适当的位置。

（3）使用放射渐变工具，编辑渐变颜色分别为（R242、G242、B242）、（R51、G51、B51）、（R153、G153、B153）（注意高光区、暗区、过渡区和反光区域的颜色深浅变化），填充圆的左上角到右下角的渐变，渐变时注意开始点和结束点，如图1-63所示。

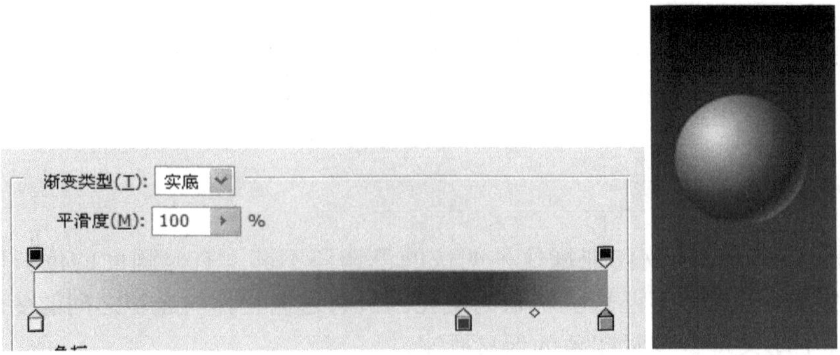

图1-63

（4）保持选区，再新建一个“图层2”，如图1-64所示。将圆形选区移至圆球体的下方，从选区的左下角到右上角作渐变填充（注意对称性），改变图层透明度为20%，形成倒影，如图1-65所示。

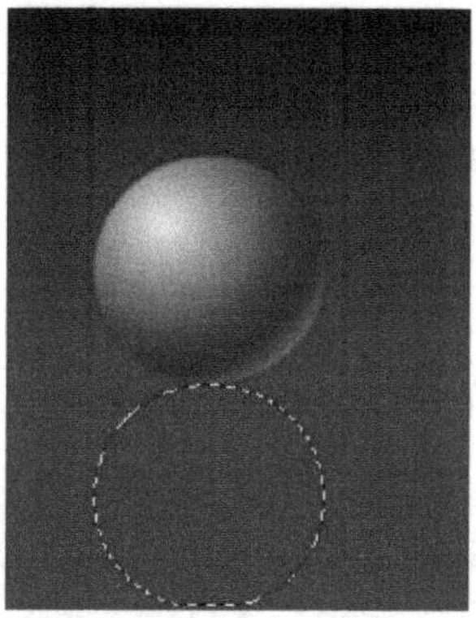

图1-64

图1-65

（5）再新建“图层3”，画一个椭圆选区，将该选区变形并移到光照球体的阴影位置，如图1-66所示。

（6）用黑色或较暗的色填充选区，将“图层3”拖到图层的最下面，改变透明度为30%，再进行模糊或在填充前进行羽化——这是为了表现阴影的柔和度，效果如图1-67所示。

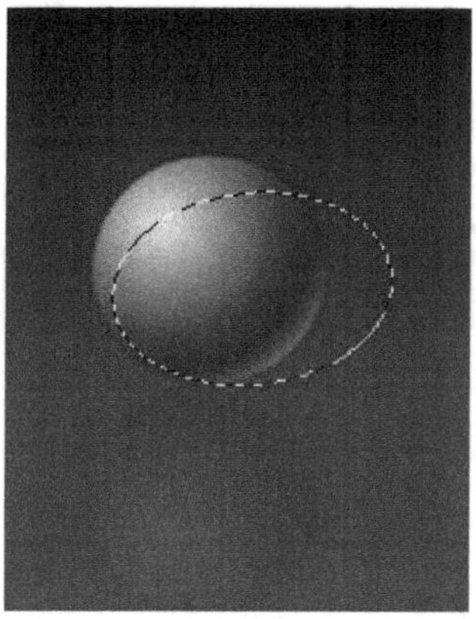

图1-66

图1-67

（7）整个球体就做好了，如果觉得圆边缘太硬，可以对渐变圆进行收缩羽化处理。

上面的方法只适合做一些规则的物体，接下来将介绍表现物体立体感的技巧。

1．物体的明暗刻画

要考虑光源照射的方向并且把握好物体的受光面与背光面，主要应当注意的是物体无论是受光部分还是背光部分的色调都要与整体色调保持一致，亮部可以由主色加白色或浅色提亮，而暗部可以由主色加黑色或深色转暗，图1-68所示为A图与B图的对比效果。

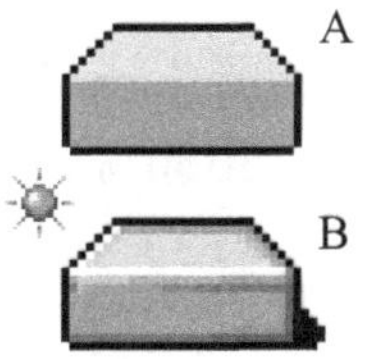

图1-68

实例演练：绘制长条按钮

（1）新建一个文件，宽和高均为6 cm，分辨率为72 dpi，白色背景，RGB模式。

（2）设置前景色为深色颜色，填充背景图层。新建名为“Buttons”的图层。使用矩形选框工具并按【Shift】键，建立正方形选区，如图1-69所示。

（3）按【D】快捷键，设置前景色和背景色。使用角度渐变工具（ ）， 渐变设置为从前景色到背景色，按住【Shift】键，从选区的右上角往左下角填充渐变，效果如图1-70所示。

（4）执行“选择”→“修改”→“收缩”命令，打开“收缩”对话框，设置“收缩量”为2。设置前景色为灰色，并填充选区。按【Ctrl+D】快捷键，取消选区，效果如图1-71所示。

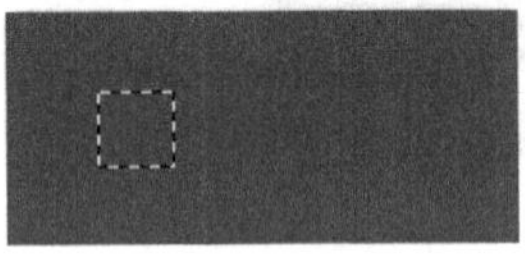

图1-69

图1-70

图1-71

（5）使用矩形选框工具建立选区，同时按住【Shift+Ctrl+Alt】快捷键，拖拽鼠标，将小方块制作成长条，效果如图1-72所示。

（6）将长条进行多次复制，然后进行排列，效果如图1-73所示。

图1-72

图1-73

2．**重叠物体的明暗刻画**

除了要遵循明暗的变化规律，还要注意物体与物体之间重叠时所产生的叠影，如图1-74所示。这样绘制出的物体之间将更具真实感。

图1-74

实例演练：绘制螺丝钉盖

（1）新建一个文件，宽和高均为6 cm，分辨率为72 dpi，白色背景，RGB模式。

（2）新建“图层1”，使用椭圆选框工具并按【Shift】键，建立正圆选区。执行“选择”→“存储选区”命令，打开“存储选区”对话框，设置为Alpha1，其他为默认值。用50%灰度填充选区，效果如图1-75所示。

（3）执行“编辑”→“羽化”命令，打开“羽化”对话框，设置“羽化半径”为4个像素。按【Ctrl+Shift+I】快捷键反转选区，按方向键向右、向下各移动选区2个像素。用白色填充选区，效果如图1-76所示。

（4）使用同样按方向键向左、向上移动选区4个像素，用黑色填充选区，效果如图1-77所示。

图1-75

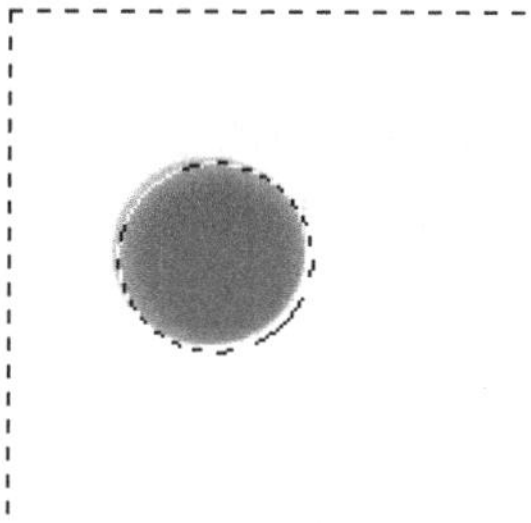
图1-76

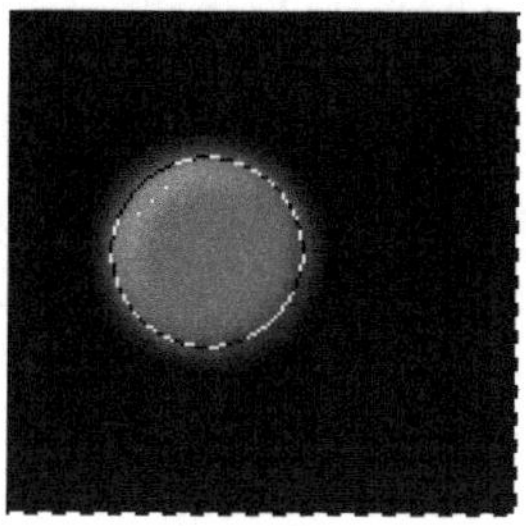
图1-77

（5）按【Ctrl+D】快捷键，取消选区。按【Ctrl】键，单击通道Alpha1，载入储存的选区，按【Ctrl+Shift+I】快捷键反转选区，按【Delete】键删除选区部分。取消选区，效果如图1-78所示。

（6）新建“图层2”，使用矩形选框工具建立长方形选区，用60%黑色填充，如图1-79所示。

（7）按方向键向右移动选区2个像素，用白色填充，再向左移动选区2个像素，用60%黑色填充，如图1-80所示。

图1-78

图1-79

图1-80

（8）执行“选择”→“载入选区”命令，打开“载入选区”对话框，设置为Alpha1，其他参数为默认值。按【Ctrl+Shift+I】快捷键反选选区，再按【Delete】键删除选区部分，取消选区，如图1-81所示。

（9）合并“图层1”和“图层2”。执行“图像”→“调整”→“亮度/对比度”命令，参数设置及效果如图1-82所示。

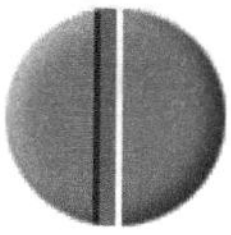
图1-81

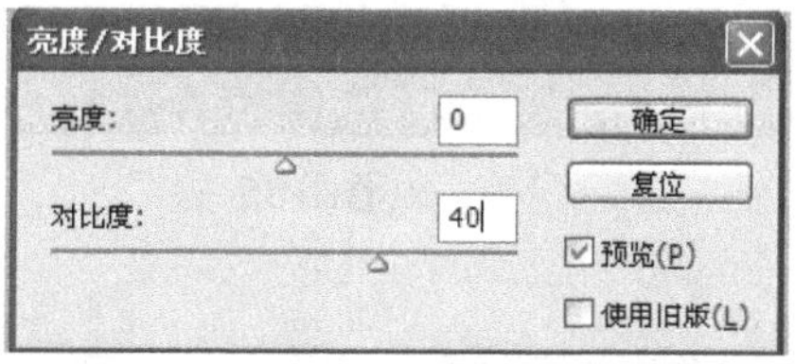

图1-82

（10）执行“编辑”→“变换”→“旋转”命令，旋转合适的角度，效果如图1-83所示。

图1-83

3. 人物的明暗刻画

人物的明暗刻画比物体要复杂，如图1-84所示，虽然同样受光照射方向的影响，但是人的头发、帽子、皮肤、穿戴的色调以及物体质感皆有所区别，因此还是应该根据物体属性分别进行刻画。如果有背景的话，有时还要考虑一下背景对人物的反光，也就是通常所说的环境色。

图1-84

思考：如图1−85所示的变换图形的制作方法。

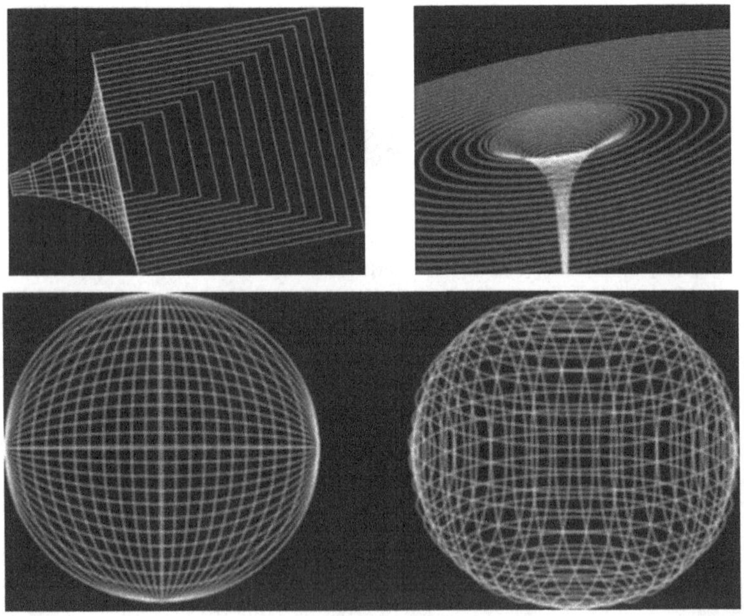

图1-85

1.7 样题解答

（1）新建一个宽高为550×400像素、RGB模式的文件。

（2）绘制钟表形状：新建图层1，使用钢笔工具绘制钟表的形状，填充颜色（#3b9327）。添加图层样式，在其对话框中，勾选“渐变叠加”效果，设置叠加的渐变色为#3b9327和#97bd20，其设置和效果如图1-86所示。

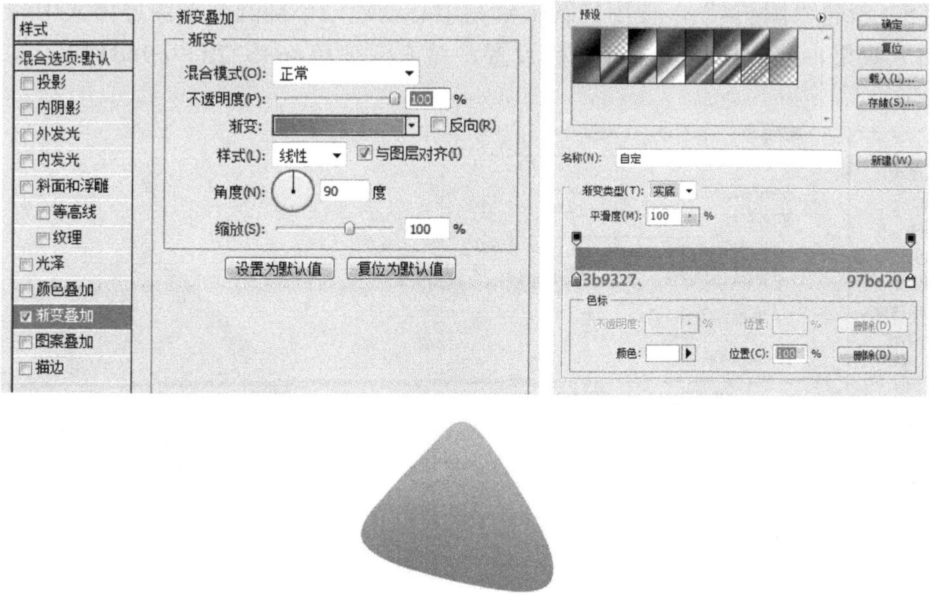

图1-86

（3）复制“图层1”为“图层2”，将“图层2”的形状缩小95%，参照图1-87修改“渐变叠加”参数，填充渐变色为#45a127和#bee741，效果如图1-88所示。

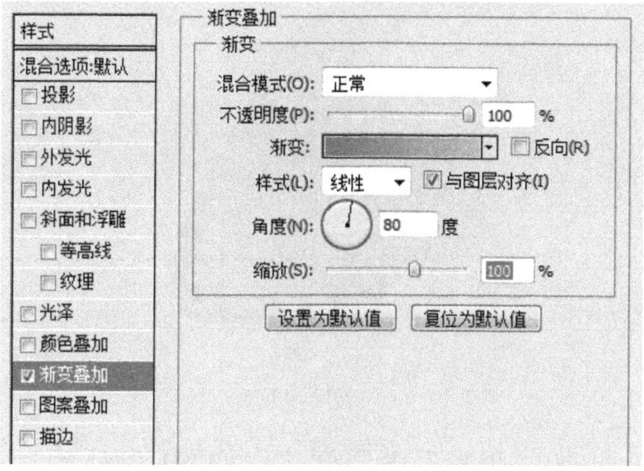

图1-87

图1-88

（4）新建“图层3”，使用喷枪工具在顶部点绘出高光区域的反光点效果，如1-89图所示。

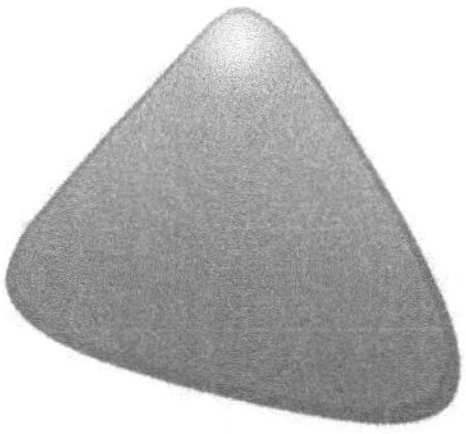

图1-89

（5）新建“图层4”，使用椭圆工具在中心创建一个椭圆，在图层样式中勾选“渐变叠加”效果，参照图1-90进行参数设置，填充渐变色#63b22d和#98d139，效果如图1-91所示。

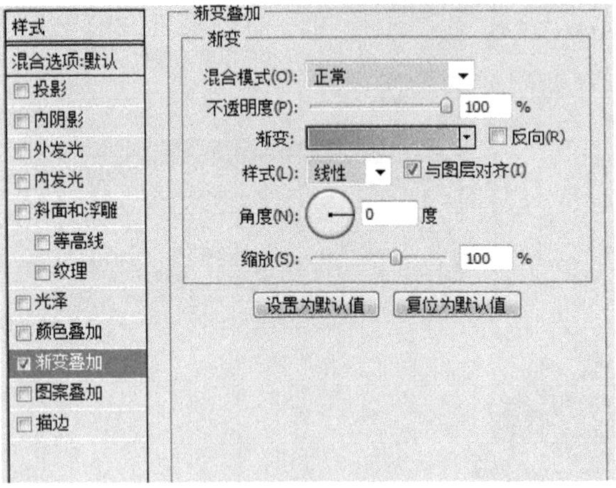

图1-90

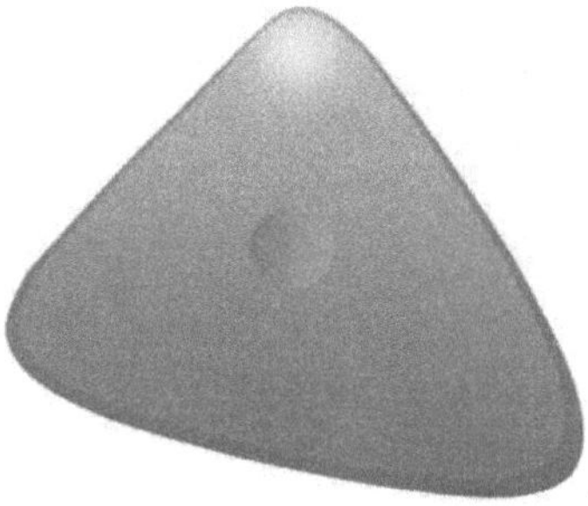

图1-91

（6）使用喷枪工具在下部绘制白色高光，如图1-92所示。

（7）创建白色数字、刻度和指针：使用椭圆工具绘制8个白色的刻度，添加“阴影”图层样式，如图1-93所示。

图1-92

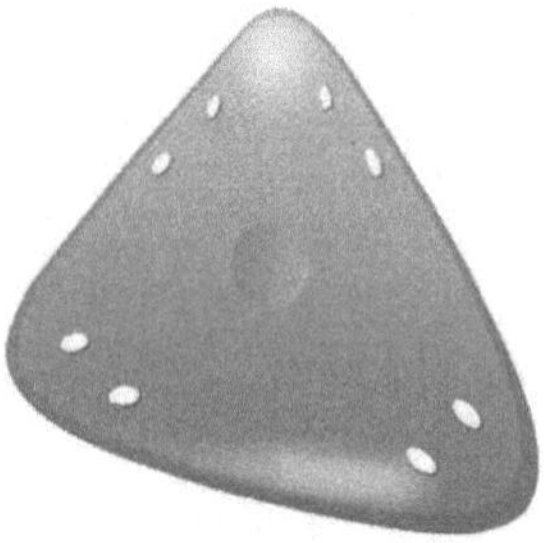

图1-93

（8）使用钢笔工具绘制白色指针，添加“阴影”图层样式，如图1-94所示。

（9）输入数字“3、6、9、12”并做修饰，最终结果如图1-95所示。

图1-94

图1-95

第2章　手工绘画

本章主要介绍色系和色调两部分内容，包括色彩模式和色彩校正调整的各种方法和技巧，涉及到色彩的构成、对比、表现手法、特性和色调意境的表现手法，通过本章的学习可以认知色彩、调配色彩，并通过感悟色调情绪来表达创意主题。

本章内容类似美术设计课程——色彩，即使用色彩的各个特性进行创意和表现理念。

本章主要内容

- 预置文件
- 数字化绘画板的使用
- 色彩基础知识
- 色系和色调
- 色彩和色调的关系
- 专业实际应用

评分细则

本章有4个评分点，每题10分。

序号	评分点	分值	得分条件	判分要求
1	绘画涂抹	3	按照形状要求绘画	对具体绘画工具不做要求
2	色彩色调	3	按照要求填充色彩	色彩相似即可
3	编辑修饰	3	根据要求编辑修饰画面	修饰工具不做具体要求
4	效果合成	1	整体透视效果合理	允许一定的创意发挥

本章导读

如上所述，我们明确了本章所要学习的主要内容以及对应《试题汇编》的评分点、得分条件和判分要求等。下面先在“样题示范”中展示《试题汇编》中一道“涂绘风格汽车”的真实试题，并在“样题分析”中对如何解答这道试题进行分析，然后通过一些案例来详细讲解本章中涉及到的技能考核点，最后通过“样题解答”来叙述“涂绘风格汽车”这道试题的详细操作步骤。

2.1 样题示范

【练习目的】

从《试题汇编》中选取样题，了解本章题目类型，掌握本章重点技能点。

【样题来源】

《试题汇编》第二单元第2.19题。

【操作要求】

涂绘风格汽车，如图2-1所示。

图2-1

1．**绘画涂抹：**打开光盘素材文件夹下的素材文件Unit2\car.jpg，在新图层选择“散布枫叶（scattered maple leaves）”画笔，设置颜色（#ffee9b），在车体绘制各种大小不同的枫叶，外发光处理。在新图层，选择“沙丘草”画笔，设置颜色（#b29d99），在车体底部绘制“草”，外发光处理，如图2-2（a）所示。

2．**色彩色调：**在新图层的整个车体部分，绘画色彩（#ffbe33），改变图层混合模式为“颜色”。

3．**编辑修饰：**在新图层的车体上部分，如图2-2（b）所示，绘画车身颜色，改变图层混合模式为“色相”。在车体上部，绘画色彩（#fefe00），图层混合模式为“色相”。

4．**效果合成：**在车体下部，绘画色彩（#cb8b02），图层混合模式为“柔光”。

将最终效果以X2-19.psd文件名保存。

（a）　　　　（b）

图2-2

2.2　样题分析

本题是关于绘画的试题，主要考查绘画能力。

要解答本题，首先要选择和设置画笔绘画枫叶和草叶，并结合图层外发光样式来表现辉光效果。然后绘画各种颜色，利用图层混合功能与实体物品的有机结合，形成物体的缤纷色彩效果。

解答本题需要掌握关于画笔设置、色彩使用等相关技能，下面就从学习这些技能和技法开始介绍。

2.3　预置文件

Photoshop中的各种预置效果都存储在Adobe Photoshop CS5安装目录下的Presets子目录中，其中的Brushes、Contours、Custom Shapes、Gradients、Patterns、Styles、Actions、Textures等子文件夹中都储存着不同的预置工具。表2-1是每一个工具预置所对应的文件夹、文件图标和文件扩展名。

表2-1

名　称	所在文件夹	文件图标	文件扩展名	意　义
图案	Patterns		.pat	预定义图案
画笔	Brushes		.abr	预定义画笔
形状	Custom Shapes		.csh	预定义的“自定义”形状
轮廓	Contours		.shc	预定义轮廓
样式	Styles		.asl	预定义样式
渐变	Gradients		.grd	预定义渐变
动作	Actions		.atn	预定义动作
纹理	Textures		.psd/.jpg	预定义纹理

（1）图案：可以用来填充图片、填充图层效果、设置图层浮雕表面纹理和设定样式，并可用来定义图章以供图案图章工具（）修饰图像等。

（2）纹理：是一幅灰度的PSD图片，可用于Photoshop中“纹理”滤镜组的“纹理化”滤镜、“渲染”滤镜组的纹理填充滤镜，还有“扭曲”滤镜组的“置换”滤镜等。

（3）形状：是预置定义特定图样的效果库。

（4）动作：是用来完成一批过程相同的工作命令的流程组。

除了可以使用Photoshop自带的或是第三方开发的各种预设工具外，还可以按照个人习惯来进行自定义设置，以便今后复用。

1．自定义渐变

在Photoshop中，双击已经选择的渐变，在弹出的“渐变编辑器”窗口（如图2-3所示）中可以自定义渐变。

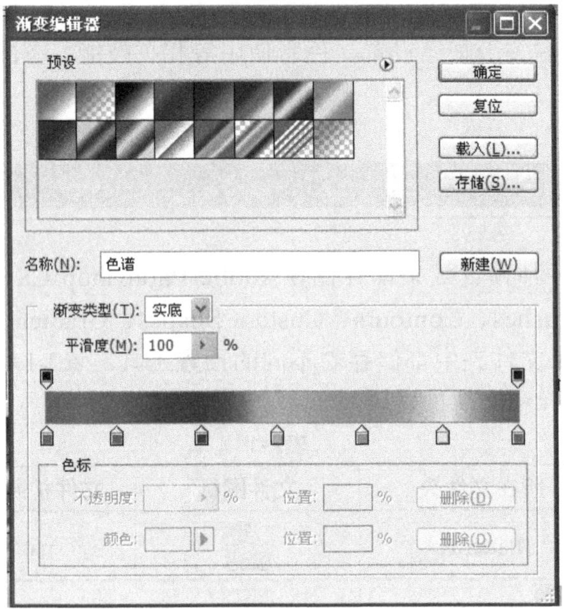

图2-3

2．图层样式

在运用图层样式时，如果注意观察图层面板，会发现它发生了变化，单击“添加图层样式”（fx）按钮查看图层效果，可以把一个图层的“五脏六腑”结构都看得清清楚楚。另外，还可以在样式面板内（如图2-4所示）观察到预置样式图样。

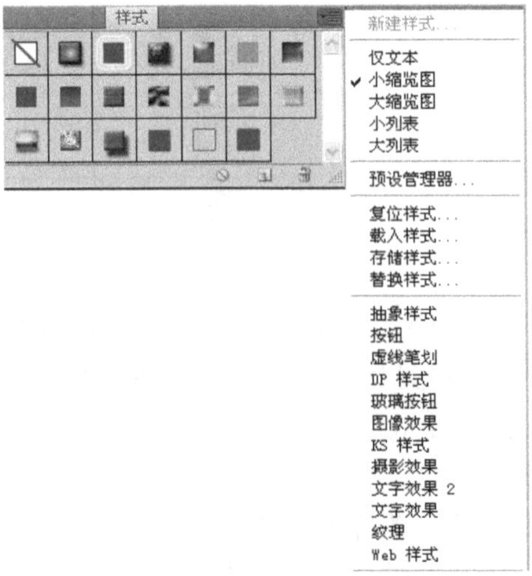

图2-4

3．自定义等高线

单击等高线图例，会弹出“等高线编辑器”窗口（如图2-5所示），在此处可以自定义等高线。

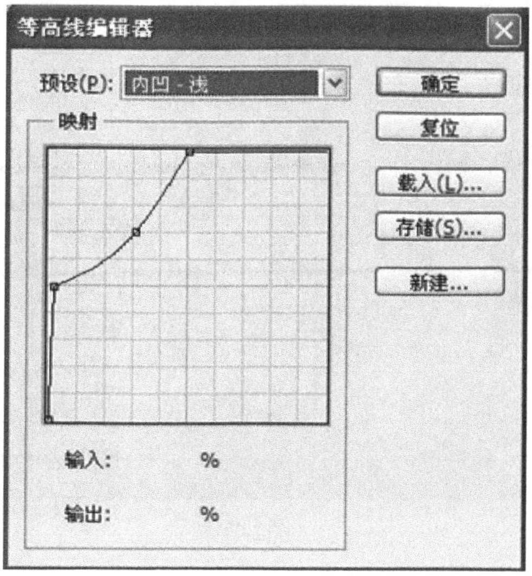

图2-5

4．自定义形状

在使用形状时，会发现图层面板里出现类似的轮廓图例（如图2-6所示），此时切换到路径面板就会清楚地看到，这个形状是一个路径，在此处可以自定义形状。

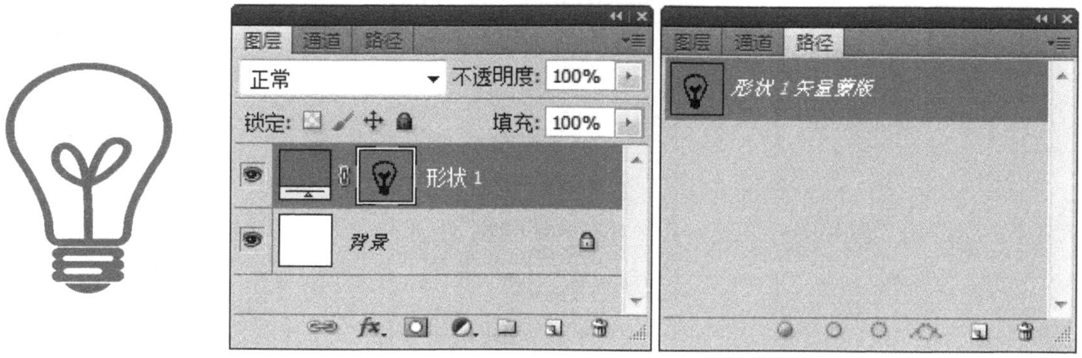

图2-6

5．PSD文件

打开Adobe Photoshop CS5安装目录下的“示例”子目录下的文件“图层复合.psd”，留心观察图层面板或工具，就会知道设计者用了哪些工具和效果，并且是如何一步一步做出来的，如图2-7所示。

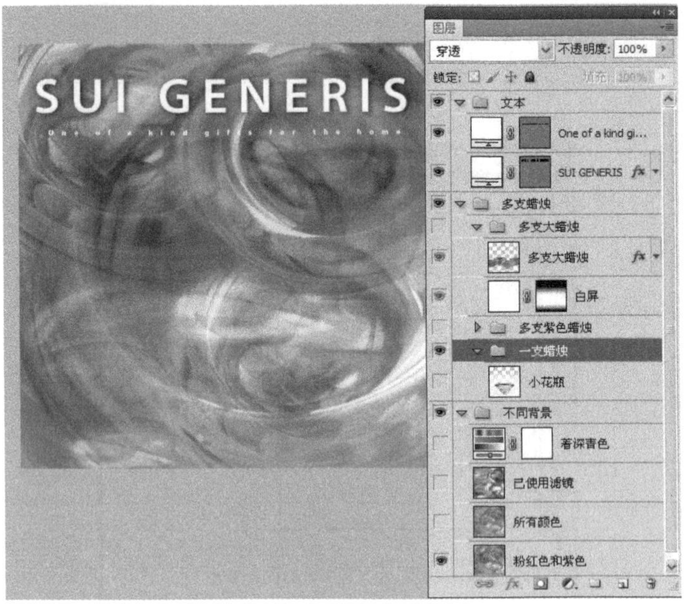

图2-7

6．动作

Action（动作）主要目的是避免做大量重复而单调的工作。事实上动作也是Photoshop编辑的“教程”，例如Photoshop预设的各种“命令”、“画框”、“图像效果”、“文字效果”、“纹理”等动作（如图2-8所示）。许多技巧都是受了“动作”的启发而研究制定出来的。

图2-8

如果把已有的效果进行一定程度的改变，就可以实现另外一种效果，例如自定义图案、画笔、形状、轮廓、样式、渐变等。

还可以将自定义的若干效果成批地保存在一个新建的文件中，例如，需要定义含有各种动物图案的图片素材库，可将其保存为Patterns文件夹下的Animals.abr文件，即可随时调用了。

学习Photoshop，要了解这些隐藏的命令、隐藏的各种面板以及各种对话框内显示的具体信息等，这叫知其然还要知其所以然。知其原理，再举一反三，学习才会更加有效。

2.4　数字化绘画板的使用

数字化绘画板是一种输入设备，就像计算机上的键盘、鼠标一样。它通常是由一块板子和一支笔组成，就像画家的画板和画笔，只是它们不是木头做的，而是精密的电子产品。在没有数字化绘画板的时候，通常用鼠标来画画，不过鼠标毕竟不是画家手里的画笔，用它画画，不是很灵活。

数字化绘画板可以找回拿着笔在纸上画画的感觉，不仅如此，还能做很多意想不到的事情。它可以模拟各种各样的画家的画笔，例如，模拟最常见的毛笔，当用力的时候毛笔能画很粗的线条，当用力很轻的时候，可以画出很细很淡的线条；还可以模拟喷枪，能根据用力情况喷出不同强度和范围的墨，还能根据笔的倾斜角度，喷出扇形等效果。下面简单介绍利用Wacom数字化绘画板与Photoshop软件配合来进行绘画的方法。

1．使用Wacom数字化绘画板控制面板自定义数字化绘画板或工具

如图2-9所示，打开Wacom数字化绘画板的控制面板后，在“工具”列表上，会显示出与计算机相连的支持触控的数字化绘画板及相关的工具图标。选择要更改的工具后，可以通过更改各种选项来进行自定义设置。在控制面板上所做的任何修改都会马上生效，单击“Default（默认值）”按钮可恢复为默认值设置。要得到适合个人的最佳方式，需要通过体验不同的设置来进行调试。

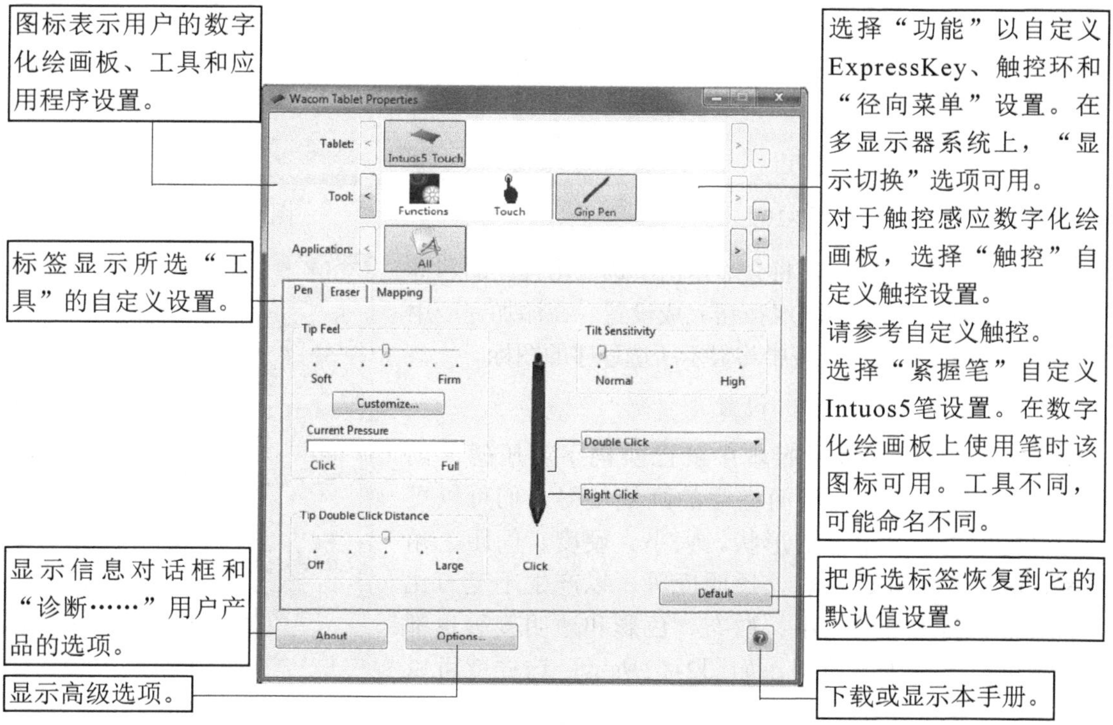

图2-9

控制面板上的大多数选项都会有工具提示。将屏幕光标定位在项目上方，悬停在上面，一会儿后会弹出相应的“工具提示”。也可以使用键盘上的【Tab】键和方向键来操纵控制面板。

2．创建应用程序特定设置

（1）选择要创建应用程序特定设置的数字化绘画板和工具，如图2-10所示，单击应用程序列表 [+] 按钮。

（2）在当前打开的应用程序对话框（如图2-11所示）中，选择要设置的应用程序并单击“Browse（浏览）”按钮，在弹出的对话框中选择计算机上任何应用程序的可执行文件。

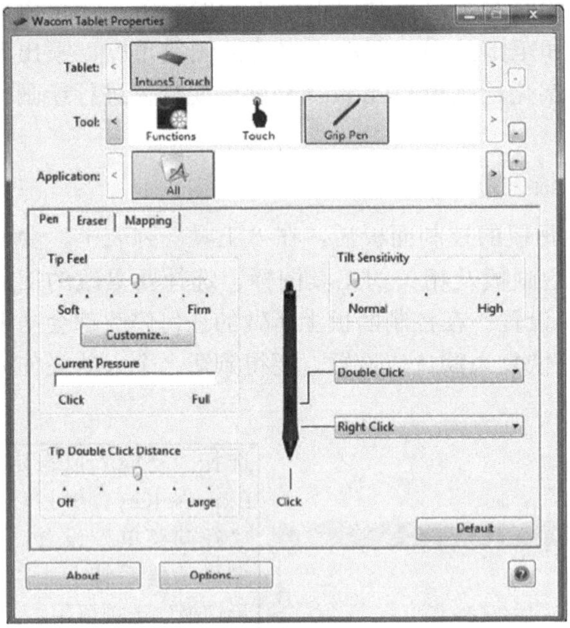

图2-10

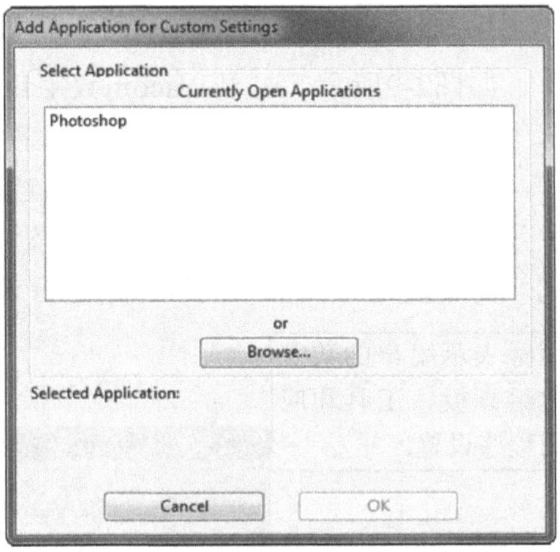

图2-11

（3）选择完成后，将会显示出所选应用程序的名称（如Photoshop），单击OK按钮完成设置。在添加完应用程序后，在应用程序列表中将显示所选程序的图标。

3．在Photoshop中的设置

Photoshop在较早版本中就已实现了对压感笔的支持，CS5版本中的全面增强的画笔使得人们可以更加自主地去控制笔刷的形状、大小、硬度、间距、角度、散布、纹理、色彩、透明度等，以产生千变万化的效果。而画笔的大小、散布、色彩和透明度等也都开始全面支持压感控制，如图2-12所示，这样就可以非常真实的模拟油画、水彩、钢笔、铅笔、油性笔等自然绘图工具。

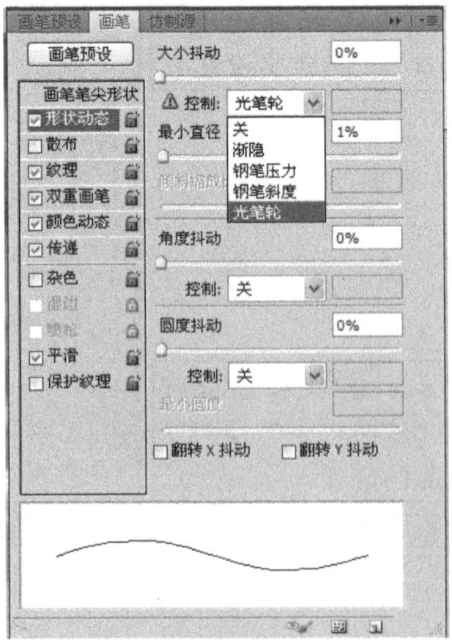

图2-12

CS5新增的“光滑”选项解决了Wacom数字化绘画

板在Photoshop以往版本中无法克服的一个严重漏洞。图2-13所示的就是关闭和打开“光滑”选项绘图的效果对比。

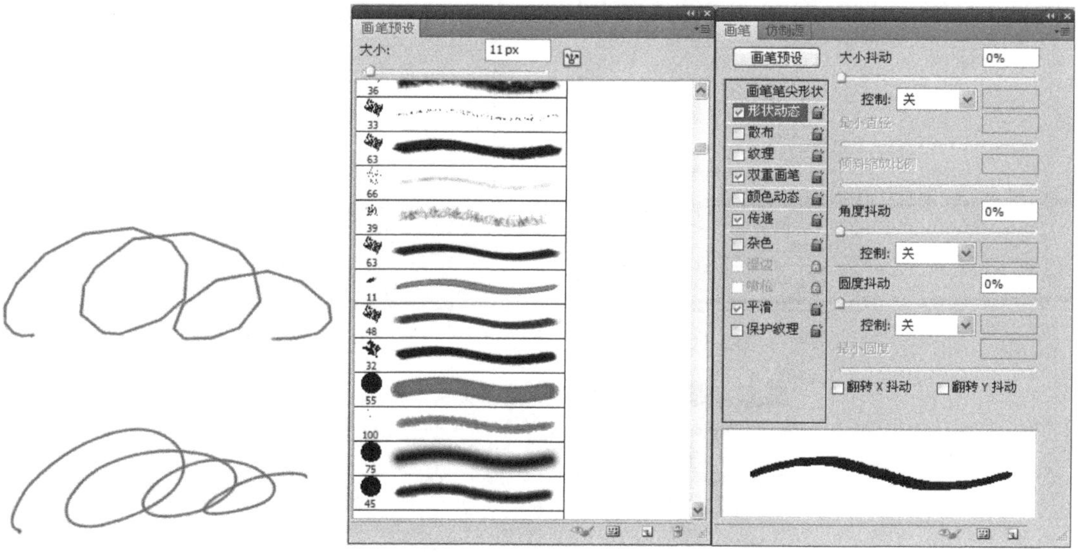

图2-13

同样，CS5新增的Dual brush方式，创造性地把两种笔刷的形状结合在一起，产生了非常漂亮的自然笔触。再加上纹理、透明等变化，几乎和Corel Painter相媲美。图2-14所示为Photoshop的水彩笔触和粉笔笔触，其效果已经很让人惊奇了。

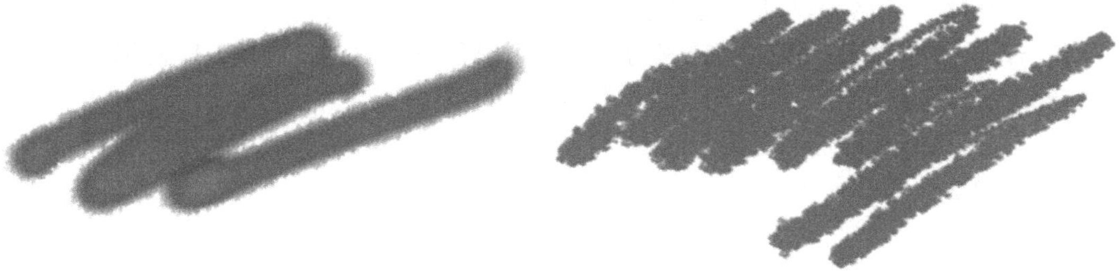

图2-14

下面用2个实例来体验如何使用Photoshop的画笔工具进行绘画。

实例演练1：绘画竹子

【实例来源】：《试题汇编》第二单元第2.11题。

（1）新建一个大小为400×800像素的文件。设置前景色与背景色为默认值，参照图2-15中的参数设置为新文件的背景添加杂色。

（2）执行“滤镜”→“模糊”→“高斯模糊”命令，参数设置如图2-16所示。

（3）为了更真实地模拟宣纸效果，执行“图像”→“调整”→“色彩平衡”命令，参数设置如图2-17所示。

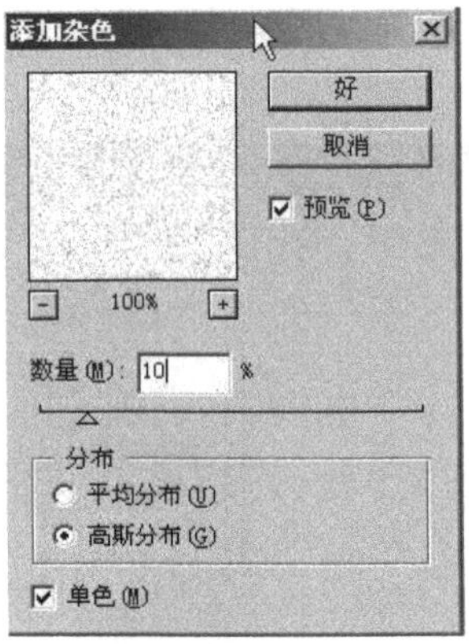

图2-15

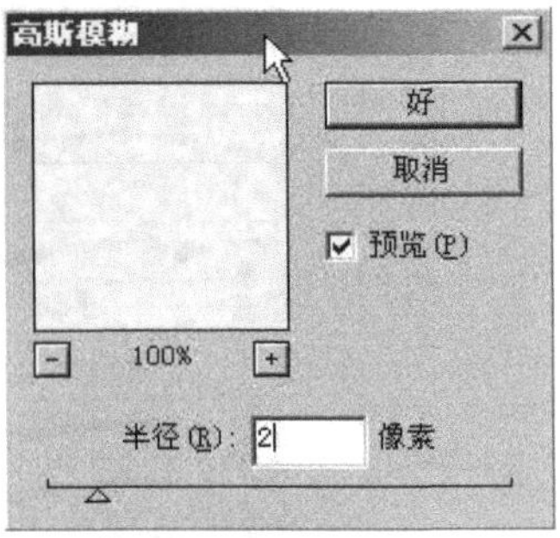

图2-16

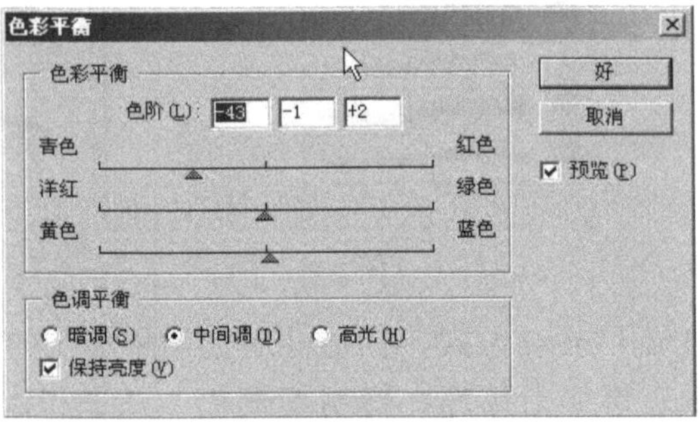

图2-17

（4）新建一个名为“叶”的图层，使用钢笔工具勾画路径（如图2-18所示），这需要有一定的美术功底。将路径转变为选区，用黑色填充后，参照图2-19调整位置，这一步可自由发挥。

（5）新建一个名为“石头”的图层，使用画笔工具在画布的左下角绘制石头的外轮廓，如图2-20所示。

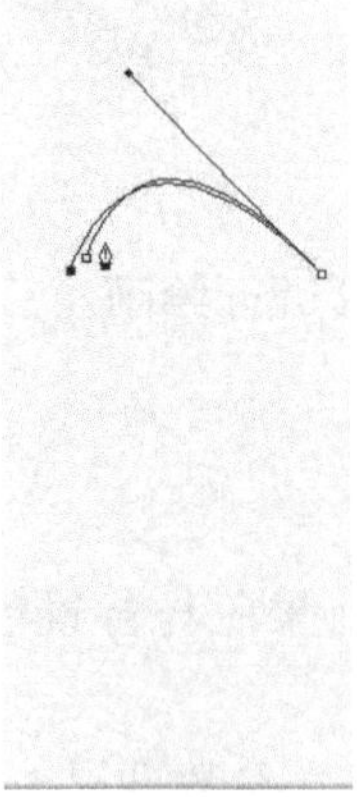

图2-18

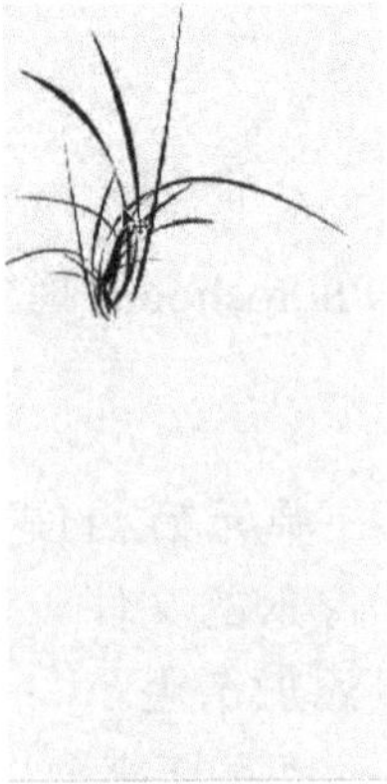

图2-19

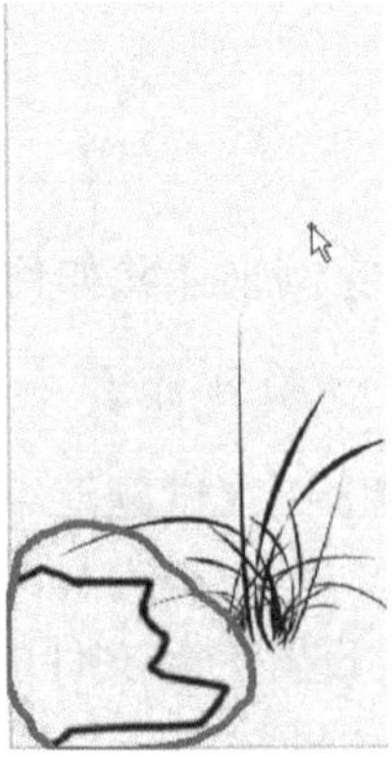

图2-20

（6）使用涂抹工具在石头的边框涂抹，效果如图2-21所示。

（7）下面在石头的表面制作一些明暗关系。选择画笔喷枪工具，设置压力值为

5%，在画笔的“形状动态”设置中，设置动态控制为“渐隐”，大小为100。运用设置好的喷枪，静下心来，慢慢地运用绘画技法进行临摹，效果如图2-22所示。

（8）用同样的手法绘制石头，效果如图2-23所示。

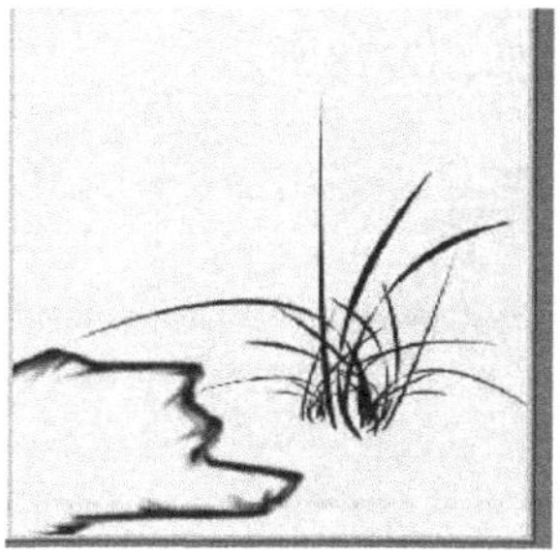

图2-21

图2-22

图2-23

（9）新建一个名为“竹子”的图层。画竹子使用的是铅笔工具，在其选项面板中，设置不透明度为渐隐，铅笔大小视竹子大小而定，可以随时进行更换，效果如图2-24所示。

图2-24

（10）用同样的手法，多添加几枝竹子，以填补画面，如图2-25所示。

（11）用同样的手法，添加月亮和几片云朵，最终效果如图2-26所示。

图2-25

图2-26

实例演练2：绘画眼睛

（1）新建文件，新建图层，用淡黄色颜色填充。使用画笔喷枪工具，先打形，这是绘画的第一步。把眼睛的部位抠去，效果如图2-27所示。

（2）选择深色，使用画笔喷枪工具描绘明暗关系，效果如图2-28所示。

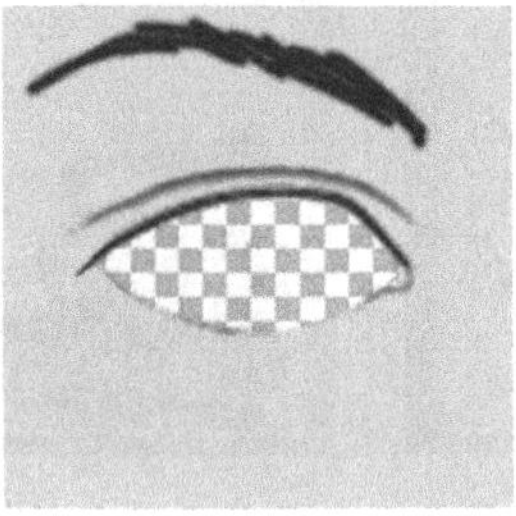

图2-27

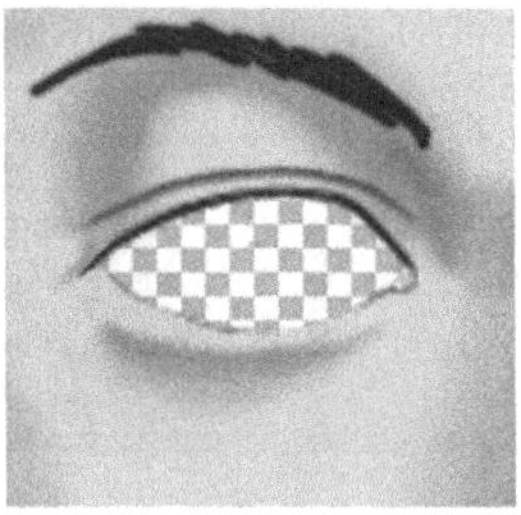

图2-28

（3）使用魔棒工具在眼眶内选择眼睛的形状，新建图层并拖放到最底层，用白色填充。使用加深工具把边缘加深，使眼球产生立体感，效果如图2-29所示。

（4）在眼睛中间建立圆形选区，新建图层并命名为“眼睛”，用黑色填充，如图2-30所示。

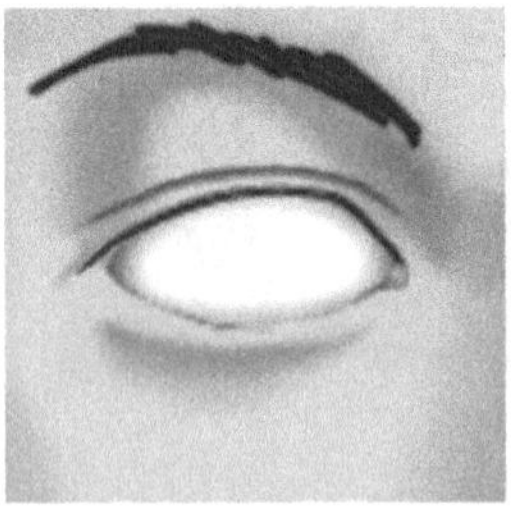

图2-29

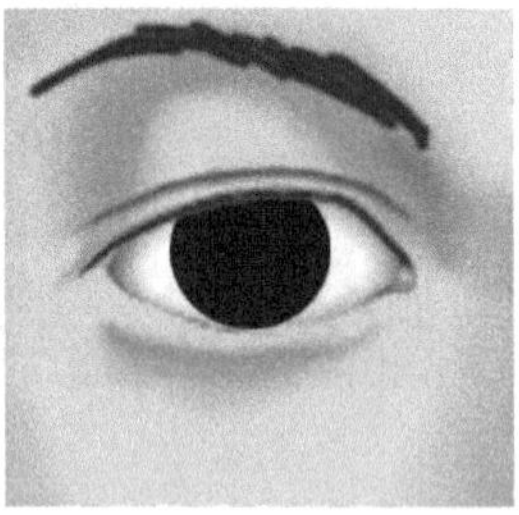

图2-30

（5）将选区适当缩小并羽化，用白色填充，效果如图2-31所示。

（6）取消选区，建立小一些的圆形选区用黑色填充，效果如图2-32所示。

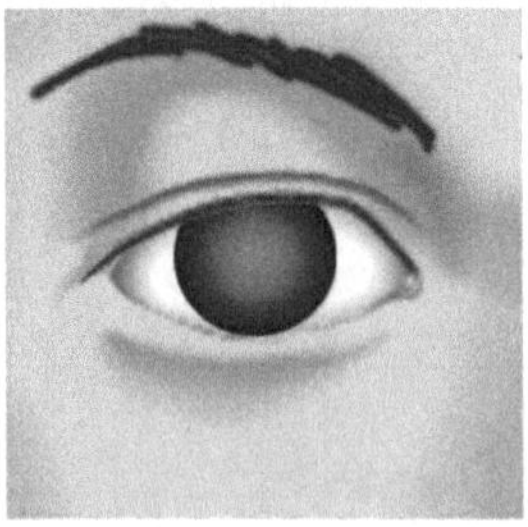

图2-31

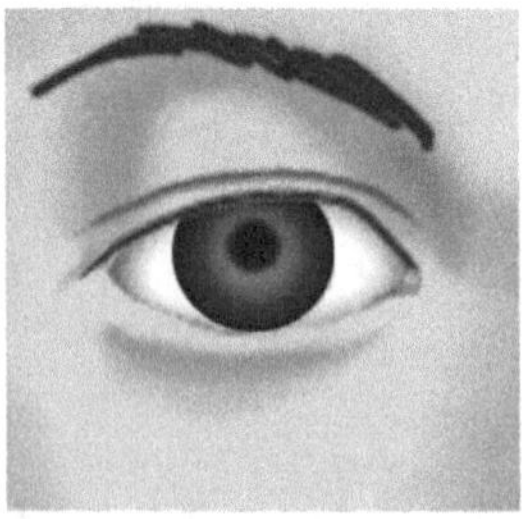

图2-32

（7）按住【Ctrl】键，单击眼睛图层，载入选区，新建图层用褐色填充，效果如图2-33所示。

（8）执行“滤镜”→“杂色”→“添加杂色”命令，设置“数量”为38%，选中“高斯分布”单选按钮，勾选“单色”复选框，效果如图2-34所示。

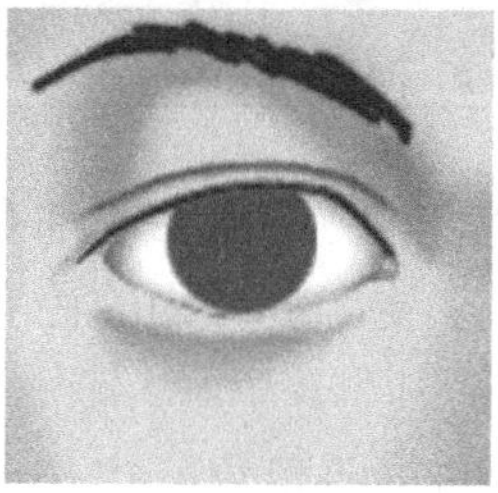
图2-33

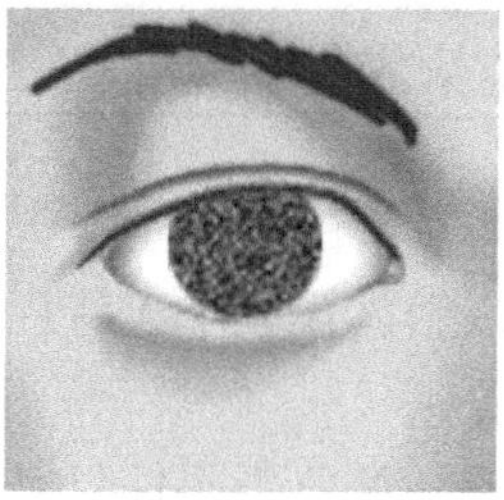
图2-34

（9）执行“滤镜”→“模糊”→“径向模糊”命令，设置“数量”为70，选中“缩放”单选按钮，效果如图2-35所示。

（10）将当前图层模式设为Overlay，前景色设为白色，使用画笔喷枪工具加上高光。现在眼球效果已经表现出来，效果如图2-36所示。

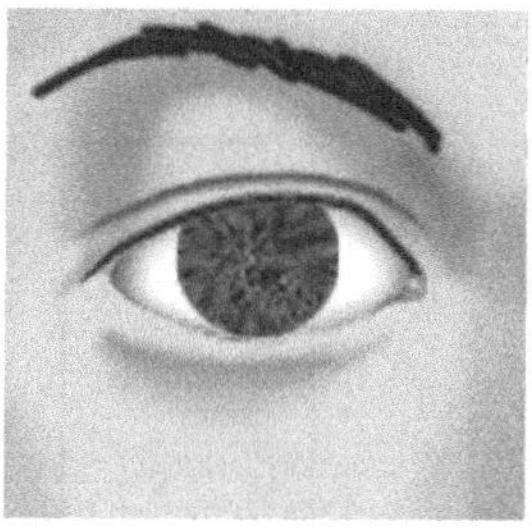
图2-35

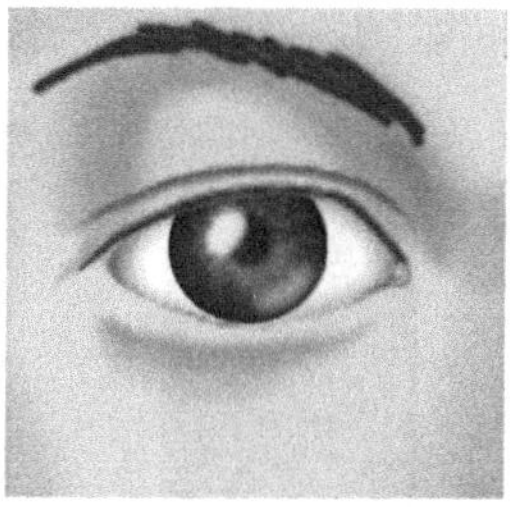
图2-36

（11）新建图层，在眼睛上下边缘分别画一条深色线条，使用涂抹工具涂画上下睫毛，效果如图2-37所示。

（12）仔细修整眉毛的形状，然后使用涂抹工具进行涂抹，效果如图2-38所示。

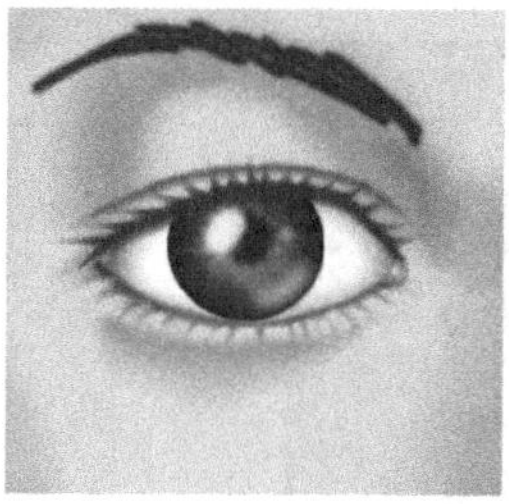
图2-37

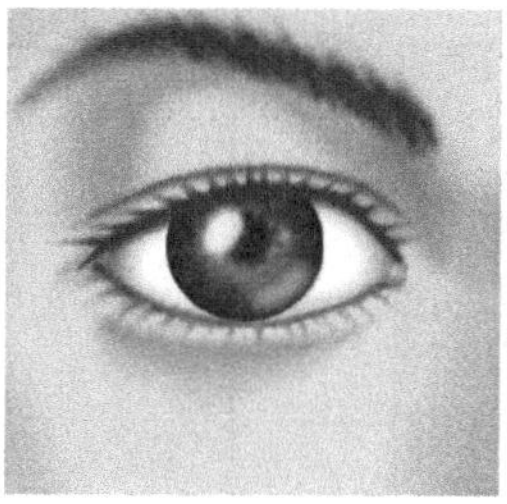
图2-38

（13）人的皮肤没有那么光滑，可在皮肤图层上执行“滤镜”→“模糊”→“高斯模糊”命令，调整适当的参数，最终的眼睛效果如图2-39所示。

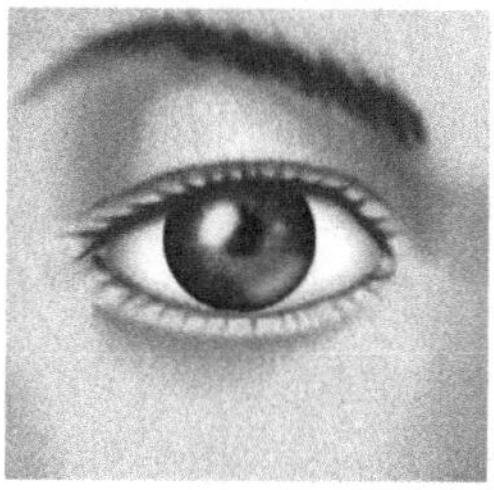
图2-39

2.5 色彩基础知识

我们生活在五彩缤纷的世界里，天空、海洋、动物、植物等都有各自的色彩。你、我、他也有自己的色彩，代表个人特色的衣着、家装、装饰物的色彩，可以充分反映人的性格、爱好、品位。

设计者更是应该知道色彩不仅仅是点缀生活的重要角色，也是一门学问。要在设计作品中灵活、巧妙地运用色彩，使作品达到精彩效果，就需要对色彩有一定的了解。这里介绍一些关于色彩的知识，感受一下色彩运用的妙处！

2.5.1 色彩的构成

色彩一般分为无彩色和有彩色两大类。无彩色是指白、灰、黑等不带颜色的色彩，即反射白光的色彩，如图2-40所示。

图2-40

有彩色是指红、黄、蓝、绿等带有颜色的色彩，如图2-41所示。

图2-41

2.5.2 色彩的对比

在一定条件下，人们对同一色彩有不同的感受。在不同的环境下，单色彩给人一种印象，多色彩又给人另一种印象。色彩之间这种相互作用的关系称为“色彩对比”。

色彩对比包括两方面：其一，时间隔序，即“同时发生的对比”；其二，空间位置，即“连贯性的对比”。对比本来是指性质对立的双方相互作用、相互排斥。然而，在某种条件下，对立的双方也会相互融合、相互协调。并置的不同色调往往相抵消对方的色彩，这种相互抵消的现象称为“同化现象”。

2.5.3 色彩的表现手法

人的色感可用色彩三属性——色调、亮度和饱和度表示。不过即使是三属性毫无差异的同一色彩也会因所处位置、背景物不同而给人以不同的印象。以图2-42所示的蓝色编织物和蓝色木地板为例，假定它们的三属性相同，但在观赏者的眼中，编织物的色彩与木地板的色彩毫无共同之处。这种现象称为“色彩的表现形式”。

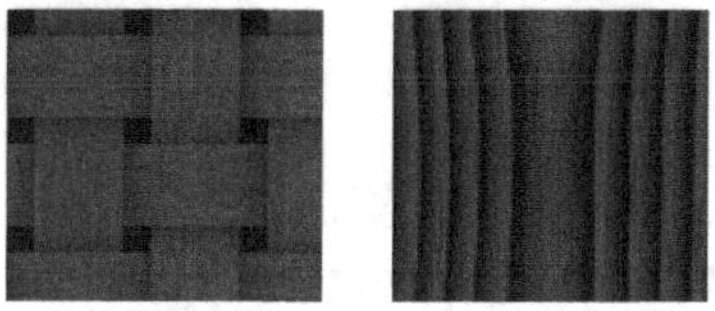
编织物 木地板

图2-42

色彩的表现形式包括面色、表面色、空间色等。此外，还有表面光泽、光源色等。

- 面色又称“管窥色”，像天空色彩平平展展，缺乏质感，给人以柔软的感觉，如图2-43所示。
- 表面色是指色纸等物体的表面色彩。表面色依距离远近会给人以不同的质感。图2-44所示的是同一张纸，只是取了远近距离不同的位置。两张图看起来有点明暗程度不同的感觉，远距离的看起来颜色要深一些。
- 空间色又称“体色”是指弥漫空间的色彩，比如充满透明玻璃瓶中的带色液体。

图2-43

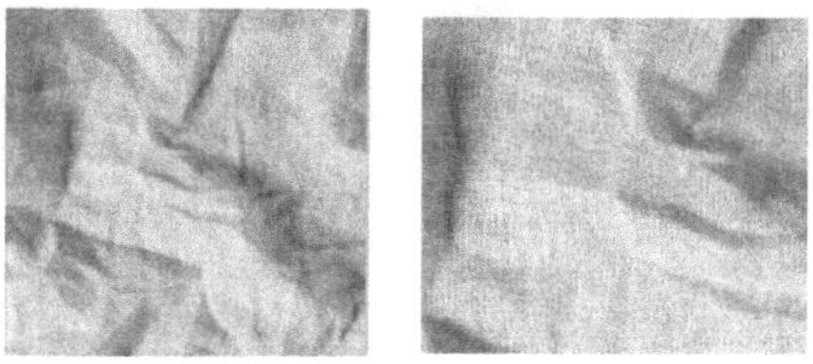
远距离 近距离

图2-44

2.5.4 色彩的特性

1．色彩的冷暖

物体通过表面色彩可以给人以或温暖或寒冷或凉爽的感觉。一般说来，温度感觉是通过感觉器官触摸物体而来，与色彩无关。但事实上，各类物体借助五彩缤纷的色彩都可给人以一定的温度感觉。

红、橙、黄等颜色使人想到阳光、烈火，故称“暖色”。图2-45所示为燃烧的森林。

绿、青、蓝等颜色与黑夜、寒冷相关联，称“冷色”。图2-46所示为寒冬时节的河边工地。

图2-45

图2-46

红色给人积极、活跃、温暖的感觉。蓝色给人清静、消极的感觉。绿与紫是中性色彩，刺激小，效果介于红与蓝之间。中性色彩使人产生休憩、轻松的情绪，可以避免产生疲劳感。

人对色彩的冷暖感觉基本取决于色调。色系一般分为暖色系、冷色系和中性色系三类。色彩的冷暖效果还需要考虑其他因素。例如，暖色系色彩的饱和度愈高，其温暖的特性愈明显；而冷色系色彩的亮度愈高，其特性愈明显。将图2-45和图2-46分别增加饱和度和亮度，可看到其各自反映的效果会更加突出，如图2-47所示。

图2-47

2．色彩的轻重感觉

各种色彩给人的轻重感不同，从色彩得到的重量感是质感与色感的复合感觉。例如，两个体积和重量完全相等的皮箱（如图2-48所示）分别涂以不同的颜色，然后用手提和目测两种方法来判断木箱的重量。这时就会发现，仅凭目测难以对重量做出准确的判断，但目测木箱的颜色却能够感觉到轻重：浅色密度小，有一种向外扩散的运动现象，给人以质量轻的感觉；深色密度大，给人以一种内聚感，从而产生份量重的感觉。

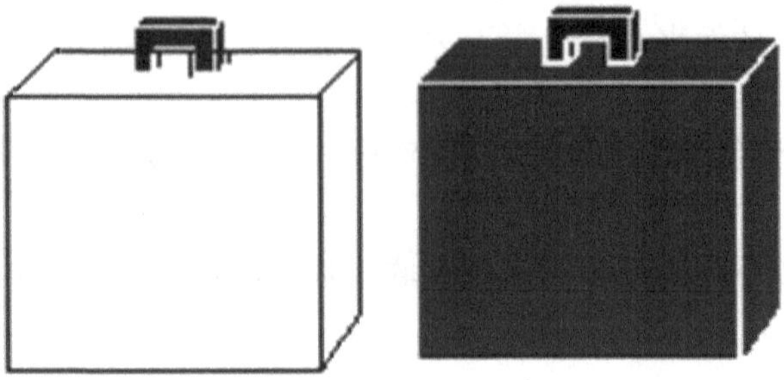

图2-48

3．色彩的膨胀与收缩

如图2-49所示，比较黑和白这两个颜色不同而体积相等的正方形，可以发现一个有趣的现象：大小相等的正方形，由于各自的表面色彩的相异，能够赋予人不同的面积感觉，白色正方形似乎较黑色正方形的面积大。这种因心理因素导致的物体表面面积大于实际面积的现象称为“色彩的膨胀性”，反之则称为“色彩的收缩性”。而给人以一种膨胀或收缩感觉的色彩则分别称为“膨胀色”和“收缩色”。色彩的胀缩与色调密切相关，暖色属于膨胀色，冷色属于收缩色。

图2-49

4．色彩的前进性与后退性

如图2-50所示，如果等距离地看两种颜色，可给人不同的远近感。例如，虽然黄色和蓝色均以黑色为背景，但人们往往感觉黄色的距离自己比蓝色近。换言之，黄色有前进性，而蓝色有后退性。较底色突出的前进性的色彩称“进色”，而较底色暗淡的后退的色彩则称“退色”。

一般而言，暖色比冷色更富有前进的特性。两色之间，亮度偏高的色彩呈前进性，饱和度偏高的色彩也呈前进性。但是色彩的前进与后退不能一概而论，色彩的前进、后退与背景色密切相关。如图2-51所示，同样都是以白色为背景，属于暖色的黄色给人以后退感，而属于冷色的蓝色却给人以向前扩展的感觉。

图2-50

图2-51

5．色彩艳丽与素雅

一般来说，如果是单色，则饱和度高，而色彩艳丽，则饱和度低，给人以素雅的感觉。除了饱和度，亮度也有一定的关系。不论是什么颜色，当其亮度高时，即使其饱和度低也会给人以艳丽的感觉。综上所述，色彩是否艳丽或素雅，将取决于色彩的饱和度线段，亮度尤为关键。高饱和度、高亮度的色彩显得艳丽。通过图2-52所示的一组变化饱和度、亮度的图片，可以直接感受到艳丽与素雅的概念。

高饱和度，高亮度　　低饱和度　　低饱和度、高亮度

图2-52

混合色的艳丽与素雅将取决于混合色中的每一单色本身所具有的特性及混合色各方的对比效果。所以，对比是决定色彩艳丽与素雅的重要条件。此外，结合色彩心理因素，艳丽的色彩一般和动态、快活的感情关系密切，而素雅与静态的抑郁感情紧密相联。

除了上面讲述的色彩的几种特性之外，色彩的特性还包括联想、象征意义。对色彩的联想事物，根据观看人的年龄不同，想到的结果也不一样，例如，中学生看到白色，容易联想到墙、白雪、石膏像、白兔等，而成年人看到白色，则可能会想到护士、正义、白房子等。白色象征纯洁、神圣的事物，例如，新娘的白色婚纱代表婚姻的神圣和严肃。

2.5.5 色彩和性格

人们对某种色彩的偏爱与性格有很大关系，不同的色系具有不同的含义。因此，可以根据他人的衣着色彩、房间色彩等身边的东西，来分析其性格。可以大概地分析各色系所代表的性格，如表2-2所示。

表2-2

颜色	所代表的性格
红色	冲动，精力旺盛，具有坚定的自强精神
橙黄色	对生活富于进取，开朗，和蔼
黄色	胸怀远大理想，有为他人献身的高尚人格
绿色	不以偏见取人，胸怀宽阔，思想解放
蓝色	性格内向，责任感强，但偏于保守

在做设计的时候，根据设计对象和目的的不同，必须合理安排色彩的使用范围。希望通过上面介绍的这些色彩知识，能更深一步地理解色彩的概念。

2.6 色系和色调

前面介绍了色彩的基础知识，下面来认识色系和色调两个概念以及与它们相关的分类。只有充分理解色系和色调的概念，才能在设计中灵活运用各类色彩。

2.6.1 色调和色系的概念

PCCS（Practical Color-ordinate System）色彩体系是日本色彩研究所研制的，色调系列是以其为基础的色彩组织系统。它最大的特点是将色彩的三属性关系综合成色相与色调两种观念来构成色调系列的。从色调的观念出发，平面展示了每一个色相的明度关系和纯度关系，从每一个色相在色调系列中的位置，可以明确分析出色相的明度和纯度的成分含量。

2.6.2 色系（色调系列）的组织结构

色调系列是由24个色相与9个色调组成的，色调系列的24色色相环如图2-53所示。

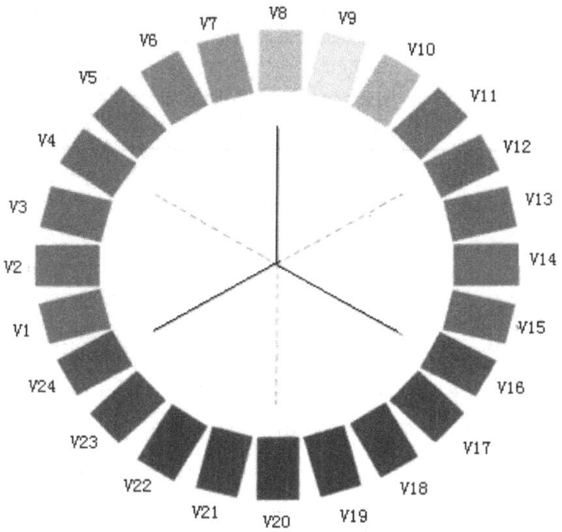

图2-53

从图2-53中的24色色相环，可以总结出24色系的组织结构。

- PCCS色彩体系的色环结构，是依据“三原色学说”理论，以红（R）、黄（Y）、蓝（B）为三主色，由红色和黄色产生间色——橙（O），黄色与蓝色产生间色——绿（G），蓝色与红色产生间色——紫（P），从而组成六色相。而在这6个色相中，每两个色相分别再调出3个色相，便组成了24色色相环。
- 9个色调是以24色相为主体，分别以清色系、暗色系、纯色系、浊色系色彩命名的。色调与色调之间的关系同色彩体系的三要素关系的构架是一致的，明暗中轴线由不同明度的色阶组成。
- 靠近明暗中轴线的色组是低纯度的浊色系色调（ltg色组、g色组）。远离中轴线的色组是高纯度的v色、b色组。靠近明暗中轴线上方的色组，是高明度的清色系（p色组、lt色组）。中轴线下方的色组，是低明度的暗色系（dp色组、dk色组）。中央地带的色组，是明度、纯度居中的d色组。

由此，形成了9组不同明度、不同纯度的色调，如表2-3所示。各个色调的具体效果，将在下文中详细叙述。

表2-3

序号	色组	色调
1	v色组	纯度最高，称之为纯色调
2	b色组	明度、纯度略次，称之为中明调
3	lt色组	明度偏高，称之为明色调
4	dp色组	明度偏低，称之为中暗调
5	dk色组	明度低，称之为暗色调
6	p色组	明度高、纯度略低，称之为明灰调
7	ltg色组	明度中、纯度偏低，称之为中灰调
8	d色组	明度中、纯度中，称之为浊色调
9	g色组	明度低、纯度低，称之为暗灰调

2.6.3 各色调间的关系

配色的一般规律为任何一个色相均可以成为主色（主色调），并与其他色相组成互补色关系、对比色关系、邻近色系和同类色关系的色彩组织。

首先通过图示直观地来理解色点间关系的分类（如图2-54所示），然后再详细地分析不同关系的色调组合在一起的色彩视觉和心理效果。

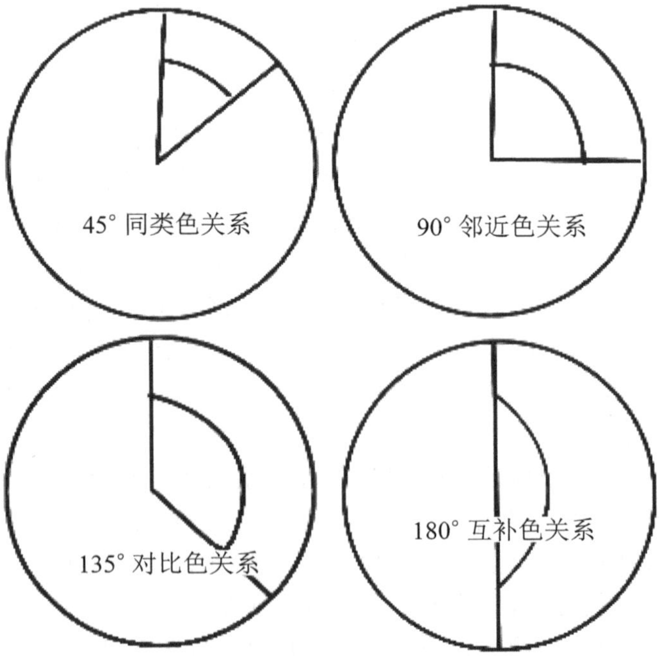

图2-54

1．互补的关系

在24色色相环中彼此相隔12个数位或者相距180°的两个色相均为互补色关系。互补色结合的色组是对比最强的色组，会对人的视觉产生刺激性和不安定性。如果配合不当，容易产生生硬、浮夸或急躁的效果。因此，要通过处理主色相与次色相的面积大小或是使用分散形态的方法来调节和缓和这种过于激烈的效果。

图2-55所示的是一组橙蓝互补色对比的色组，其橙色面积大而且加入了辅助色——红色，起到了主导色调的作用，效果既艳丽、辉煌又安然，恰到好处。

图2-55

2．对比色关系

在色相环中相距135°或者彼此相隔8个数位的两色均为对比色关系，属于中强对比效果的色组。色相感鲜明，各色相互排斥，既活泼又旺盛。在配色时，可以通过处理主色与次色的关系来达到色组的调和，也可以通过色相间秩序排列的方式来求得统一和谐的色彩效果。图2-56所示的即属于中明调，正是这种秩序排列形式的应用。

图2-56

3．邻近色关系

在色相环中相距90°或者相隔5、6个数位的两色均为邻近色关系，属于中对比效果的色组。色相间色彩倾向于近似，冷色组或暖色组较明显，色调统一和谐、感情特性一致。图2-57所示为蓝紫红调色组，是明色调邻近色对比关系。

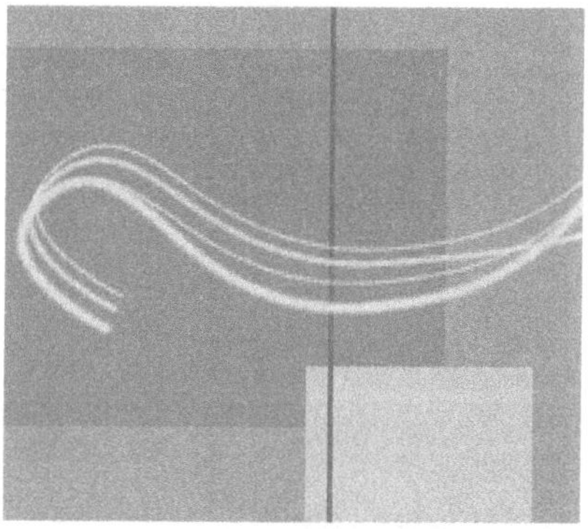
图2-57

4．同类色关系

在色相环中相距45°或者彼此相隔2、3个数位的两色均为同类色关系，属于弱对比效果的色组。同类色色相主调十分明确，是极为协调、单纯的色调。图2-58所示为蓝绿调色组，组成了恬静柔美的效果。

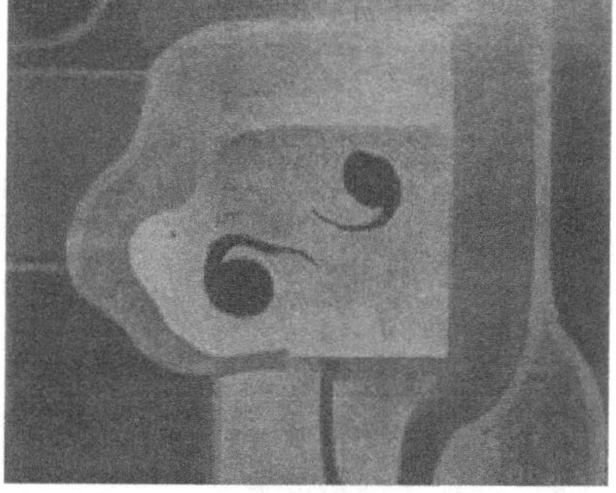
图2-58

2.6.4 基本配色

色彩之间的搭配有10种基本的配色方式，即无色设计（Achromatic）、类比设计（Analogous）、冲突设计（Clash）、互补设计（Complement）、单色设计（Monochromatic）、中性设计（Neutral）、分裂补色设计（Splitcomplement）、原色设计（Primary）、二次色设计（Secondary）以及三次色三色设计（Tertiary），如图2-59所示。

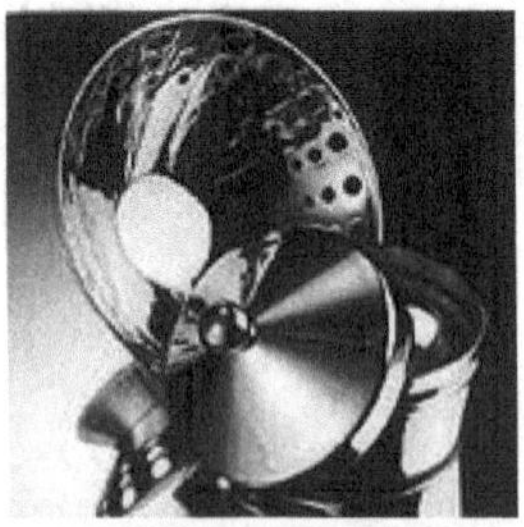

105 101 98

无色设计：
不用彩色，只用黑、白、灰色。

92 88 73

类比设计：
在色相环上任选3个连续的色彩或其中任一明色和暗色。

4 68

冲突设计：
把一个颜色和它补色左边或右边的色彩配合起来。

92 44

互补设计：
使用色相环上全然相反的颜色。

81 85 88

单色设计：
把一个颜色和任一个或它所有的明、暗色配合起来。

17 32 26

中性设计：
加入一个颜色的补色或黑色，使它色彩消失或中性化。

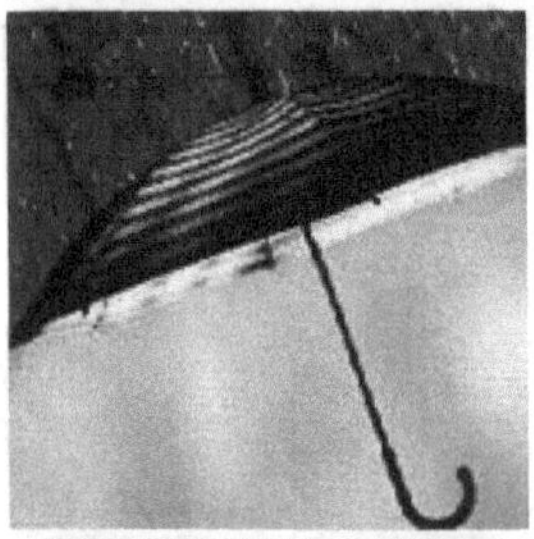

20 57 73

分裂补色设计：
把一个颜色和它补色任一边的颜色组合起来。

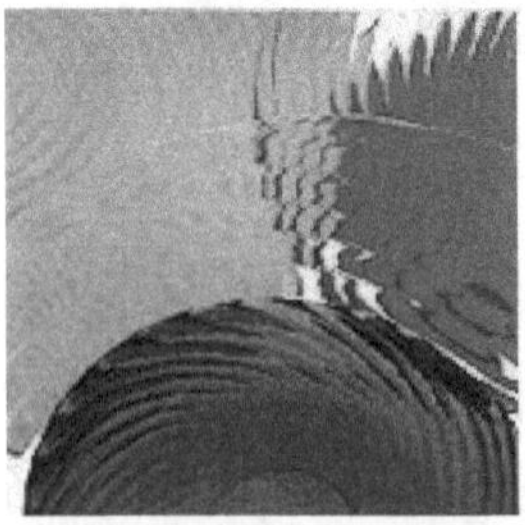

4 36 68

原色设计：
把纯原色（红、黄、蓝色）结合起来。

53 86 20

二次色设计：
把二次色（绿、紫、橙色）结合起来。

57 28 95

三次色三色设计：
红橙、黄绿、蓝紫或是蓝绿、黄橙、红紫，且色相环距离相等。

图2-59

2.6.5 色调的象征意义

1．鲜明的纯色调（v）

纯色调是由高纯色相组成的色调，每一个色相个性鲜明，具有挑战性，令人振奋，赏心悦目。强烈的色相对比意味着年轻、充满活力与朝气，如图2-60所示。

图2-60

2．清新的中明调（b）

中色调的刺激感仅次于纯色调，中色调加入了白色，提高了明度。因此表现清新、明朗，犹如少男少女的纯真、朝气蓬勃，具有上进精神，如图2-61所示。

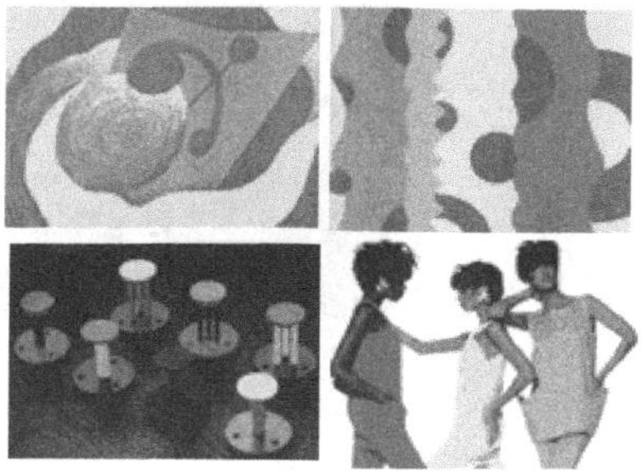

图2-61

3．明净的明色调（lt）

明色调属于青色系列，其特征是加入了多量的白色，提高了整体色调的明度，其色感相对减弱。明色调犹如春天的新绿，透明清丽、明净轻快。以明色调的暖系列为主的配色，有甜美、风雅之味道，像少女般的清纯。明色调的冷系列则会显得清凉、爽快，如图2-62所示。

图2-62

4．高雅的明灰调（p）

明灰调是在全色相色系中大量的调入浅灰颜色，使得色相全部带有灰浊味。由于过多调入了灰白色，色相的明度提高了，形成了高明度的灰色调。它给人以平静的感觉，蕴含着高雅与恬静，显示出另一种美的境界，如图2-63所示。

图2-63

5．朴实的中灰调（ltg）

中灰调是一组中等明度的含灰色调，是在色相环所有颜色中均调入中灰色，纯度降低，色相感淡薄。中灰调带有几分深沉与暗淡，有着朴实、含蓄、稳重的特色，如图2-64所示。

图2-64

6．浑厚的暗灰调（g）

暗灰调是在色相环所有颜色中均调入暗灰色，使色相感呈低弱灰暗的灰调，就像乌云密布，阴郁暗淡，令人压抑，如图2-65所示。

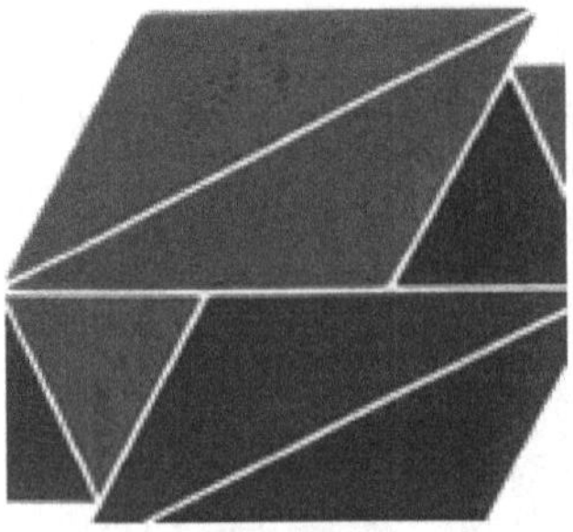

图2-65

7．中庸的浊色调（d）

浊色调居于色彩体系的明暗中轴线与高纯色之间的位置，具有明显的色彩个性，宜于调和色调，如图2-66所示。

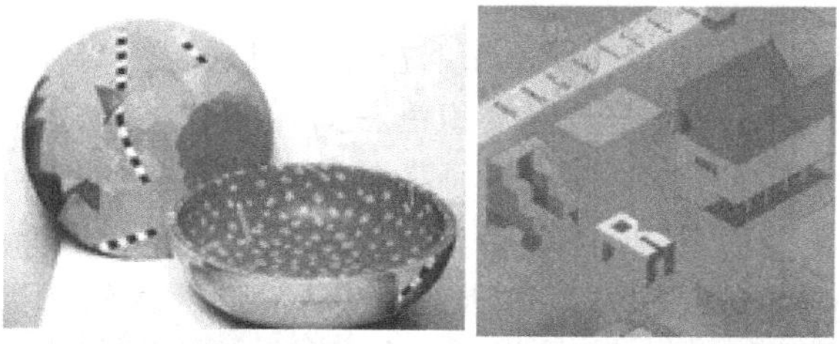

图2-66

8．稳重的中暗调（dp）

中暗调属于暗色系色彩，它调入了少量黑色。此色调在保持色相原有的基础上又笼罩了一层较深的调子，显得稳重老成、严谨与尊贵，如图2-67所示。

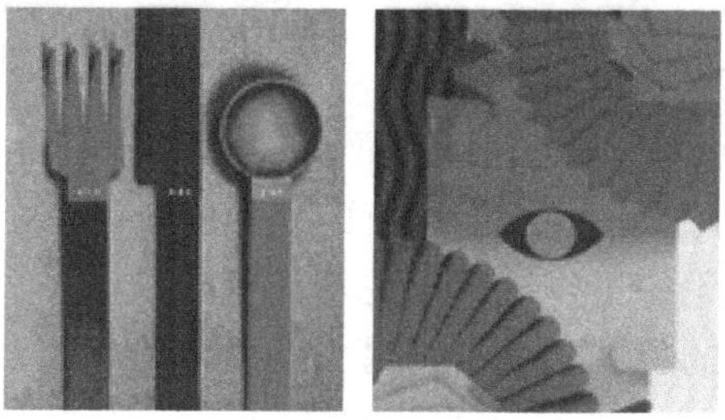

图2-67

9．深沉的暗色调（dk）

暗色调调入了大量的黑色，形成浓浓的深色调。隐约略显各色的相貌，这是暗色调的特征，表现出深沉、坚实、冷静、庄重的气质，如图2-68所示。

图2-68

2.7 色彩和色调的关系

在本节中，将介绍如何把色调、色系概念运用到设计调色中，注意体会它们的表现手法。

首先针对现实中几种不好把握的表现色彩的事物，来介绍通常的色彩和色调处理方法以及需考虑的因素。

2.7.1 色彩和色调面积

色调用色面积的大小是作品体现效果的决定性因素。

在色彩构成中，主色调的强调程度和色彩面积的大小将直接关系到色彩意向的传达。例如，红色，当它的用色面积只占画面的20%时，在作品中起点缀的作用，如图2-69所示；而当其用色面积占到90%时，给人的感觉将大不相同，如图2-70所示。

图2-69

图2-70

在上节中谈到了主色调，在这里用色面积大或相近色系多的颜色就是所说的主色调。在一个作品中所用的色调不变，只改变各种色调所占的比例，将会得到意想不到的色彩效果。从以上的理论中可以总结出色彩的使用技法——变换色调。这种方法很简单，变换作品中面积不同的色调，以得到另一种风格的作品，如图2-71所示。

除了变换色调的方法，还总结出另一种方法——改变主色调的位置。在一个作品中，不一定只有一个用色面积大的色调，比如红色占了40%、黄色占了30%，或者还有其他色调也占用了大面积。在这种情况下，主色调实际上就不是一种颜色了。如图2-72所示，两幅图的结构是一样的，有多个主色调。如果随意改变其色调的位置，可以看到两幅图的效果大不相同。

图2-71

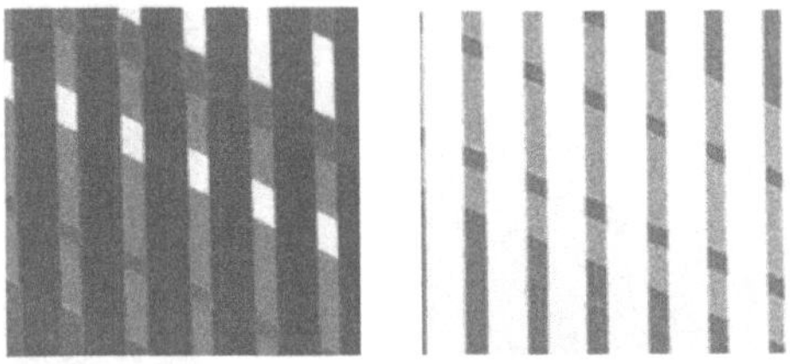

图2-72

如果一个作品中的两个颜色或多个颜色的用色面积是一样的，这种情况称之为等面积色调，如图2-73所示。

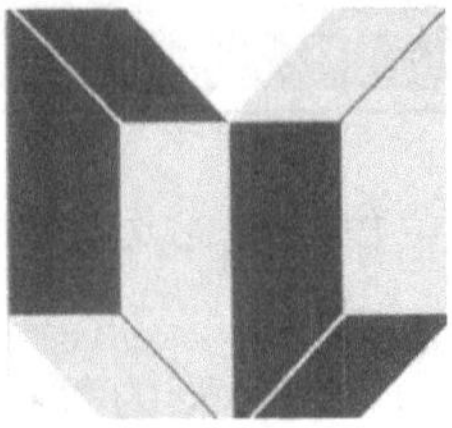

图2-73

2.7.2 色彩的表现

在平面设计中，往往通过色彩来实现某种效果。除了前面介绍的各种色调之外，实际上，现实中的某些事物具体在色彩体系中是没有固定色调可循的。有的事物甚至自身根本不带颜色，而是借助其他事物为媒介才使人们感觉到它是有颜色的、存在的。例如，皮肤的颜色会受到各种因素的影响没有固定的色彩；水，自身根本没有颜色。面对这些情况，只有依照设计、绘画用色的一些常规方法，在用色时考虑各种基本条件来做处理。

1．皮肤色的表现

在平面设计或绘画中最难处理的就是皮肤色。如果从真实皮肤的色彩来看，颜色中能够符合这种微妙程度的色调极少。皮肤下的静脉、动脉及其肌肉、脂肪给肤色造成了不均匀的外观表现。每个人都有自己独有的皮肤颜色，并且皮肤还会受到光线或温度的影响。在绘画中被经常用来表现大部分肤色的肉色是一种合成色，是在银白和朱红里添加了黄色。图2-74所示的卡通人物，其肤色就是使用了绘画中所谓的肉色，和真实人物的皮肤完全不同。

图2-74

实例演练：色彩控制

（1）打开光盘素材文件夹下的素材文件Unit2\girl.jpg（如图2-75左图所示），首先将其图片模式转化为RGB模式。

仔细观察图片，虽然可以看出图像是灰度图，但嘴唇上具有丰富的光感层次变化，这是表现模特嘴唇所必须的。若要通过使用色彩控制为普通灰度图片添加上醒目的红色嘴唇，如图2-75右图所示，需要保证在修改的过程中不损失原有的细腻效果。

（2）嘴唇具有较为清晰的边界轮廓，可以使用钢笔工具确定工作范围，大致路径如图2-76所示。

图2-75

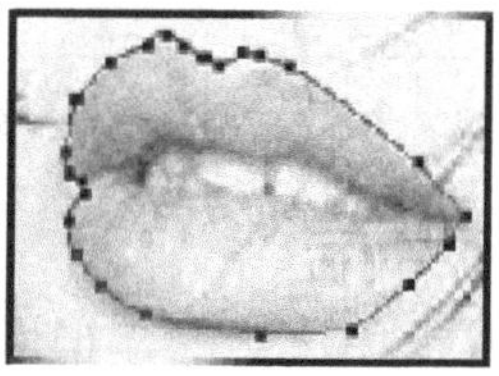

图2-76

（3）将当前的路径转化为选区状态，如图2-77左图所示。

（4）按【Ctrl+J】快捷键将当前选区复制并建立新图层，如图2-77右图所示。

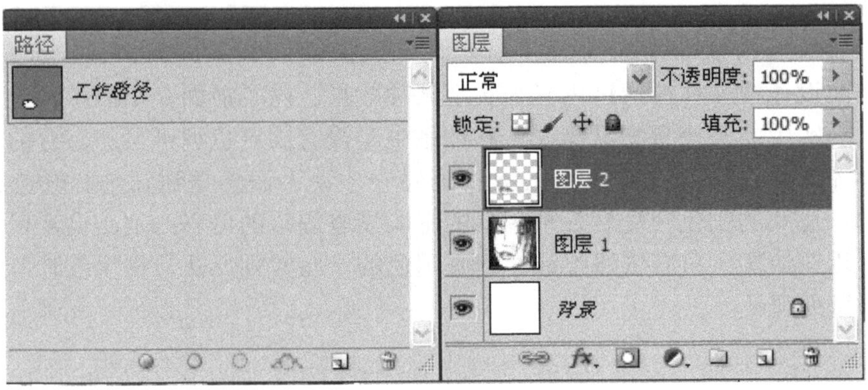

图2-77

（5）将“图层2”作为当前编辑图层，执行“图像”→“调整”→“变化”命令，打开“变化”窗口（如图2-78所示），对灰度嘴唇图片进行简单的上色并选择合适的位置和精细程度。

也可以使用如柔化、光的调整、对比的调整等方法，得到的效果如图2-79所示。这个方法同样也适合于彩色图片的调整，但要先将彩色图片转化为简单的黑白图片，然后再与原来的图片进行复杂的图层合成，才可以像刚才这个例子一样，达到突出某一个部分色彩的目的。

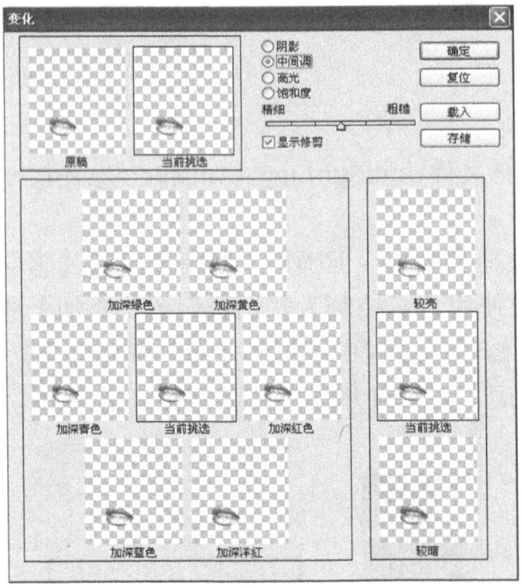

图2-78

图2-79

2．水色的表现

水本身是无色透明的，但因其与周围事物的关系，才具有了可见的色彩。在风景中，天空、树林、沙丘、云、房子以及其他各种事物对水的影响都可通过色彩给予反映。例如，海水的深蓝色，月光下闪烁的微波荡漾的银色湖水等。为了把这些对象物的色彩在调色板上大体地再现出来，设计者应该结合树木或天空的色彩认真地观察整体，先决定色调，然后再抓住其局部忽隐忽现的色彩。

在寻找水的颜色的时候，不要忘记空气和水与其他事物有不同的姿态。换句话说，气体、液体同固体是不同的。要以最接近处所看到的色彩的纯色为基础，从对象出发，在有关系的要素中寻找最有代表性的影响事物。如图2-80所示，同样是瀑布的水，但受到环境的色彩影响，水的颜色产生了不同的效果。

图2-80

3．白色的表现

对于和水类似的雪，也是没有自身色彩的事物。白色的东西飘落下来，堆积起来必然是白色的。那么面粉或者石灰落下堆积起来能看成是雪吗？所谓“棉花似的白雪”，这就是说雪也有“表情”，更何况自然的降雪现象是多种多样的。因此，雪在与气候、日照、时间以及风土人情的关系上，应当有很大的差别。在风景的整体之中，雪的确是白色，特别是与天空进行比较。但这种白色是被左右着的，在阴影里这种特征更加明显，如图2-81所示。如果在舞台上，雪则被打上淡淡的蓝紫色的光，这样可以引起观众的情感共鸣。

图2-81

2.7.3 色彩的色线

色线的概念又该怎么理解呢？简单地说，色线就是由于色面的衔接，从而引起的视觉上产生的色线幻觉。在图2-82中，只有红、黑两个色面，但在它们衔接的部分感觉就是一个线条将它们划分为左右两块。视觉上中间有一条线，实际上在作图时并没有去特意画这条线。而有些画面只有一个主色调，但给它赋予了背景色，背景色可以称为补色。当补色相互衔接的时候也会暗示色线，如图2-83所示。如果使用的颜色过多，可以产生更多视觉上的色线效果。

对色线概念的解释是为了和轮廓线加以区别。色线只是视觉上的效果，实际上不存在。而轮廓线是需要绘画的，实际上是存在的。在图2-84中可以看到两种线条的效果，这两种线条，有时候视觉上的区分很微妙，不易引起注意。

图2-82

图2-83

图2-84

认识色线的概念，是为了体会在体现图像色彩和色调中的衬饰作用。在绘画中要准确地利用色线。

2.8 专业实际应用

在现实的色彩运用中，设计用色技巧使用最多的领域还是广告、印刷和网站行业，本节将着重介绍配色的规范、技巧，以及在各种媒介中的用色效果。

2.8.1 广告色彩

现代广告已是人们生活中一个重要的影响因素，人们购物的时候，常会选择那些有广告、有品牌的产品，感觉这些产品比较可靠、有保障。广告的目的主要是为了推销一种产品、宣传一个品牌，让消费者接受和了解，因此广告公司的设计师在帮客户制作广告的时候，必须将产品和市场及消费者心理结合起来。

1．广告色彩的传达、识别与象征作用

色彩是广告表现的一个重要因素，广告色彩的功能是向消费者传递某一种商品信息。因此，广告的色彩与消费者的生理和心理反应密切相关。色彩对广告环境、对人们感情活动都具有深刻影响。广告色彩对商品具有象征意义，通过不同商品独具的特色色彩语言，使消费者更易识别和产生亲近感，商品的色彩效果对人们有一定的诱导作用。

现在，色彩在广告宣传中独到的传达、识别与象征作用，已受到越来越多的设计师和企业家的重视。国外一些大公司、大企业都精心选定某种颜色作为代表自身的形象色。例如，可口可乐用红色、富士胶卷用绿色、柯达胶卷用黄色，如图2-85所示。

图2-85

在广告设计中，除了色彩的象征性影响着人们的感受外，还需要利用文字与图像说明的配合来充分发挥广告作品丰富的联想作用。广告色彩的应用要以消费者能理解并乐于接受为前提，设计师还必须观察、总结生活中的色彩语言，避免使用一些消费者禁忌的色彩组合。

2．广告色彩与消费心理

色彩能影响人的情绪，广告作品中的有些色彩会给人以甜、酸、苦、辣的味觉感。例如，蛋糕上的奶油黄色会给人以酥软的感觉，引起人的食欲，所以食品类的包装与广告普遍会采用暖色来配合，如图2-86所示。

图2-86

对商品色彩的恰当运用，在广告设计中是不容忽视的。因此在广告设计中必须考虑色彩的心理因素，下面就几个基本色相共有的心理效应作简单的介绍。

（1）红色：视觉刺激强，让人觉得活跃、热烈，有朝气。在人们的观念中，红色往往与吉祥、好运、喜庆相联系，自然成为节日、庆祝活动的常用色。同时，红色又易联想到血液和火炮，有一种生命感、跳动感，还有危险、恐怖等血腥气味的联想。灭火器、消防车都是红颜色的。

（2）黄色：明亮和娇美的颜色，有很强的光明感，使人感到明快和纯洁。幼嫩的植物往往呈淡黄色，又有新生、单纯、天真的联想，还可以让人联想起极富营养的蛋黄、奶油及其他食品。黄色又与病弱有关，植物的衰败、枯萎也与黄色相关联。因此，黄色又使人感到空虚、贫乏和不健康。

（3）橙色：兼有红与黄的优点，明度柔和，使人感到温暖又明快。一些成熟的果实往往呈现橙色，富于营养的食品（如面包、糕点）也多是橙色。因此，橙色又易引起营养、香甜的联想，是易于被人们所接受的颜色。在特定的国家和地区，橙色又与欺诈、嫉妒有联系。

（4）蓝色：极端的冷色，具有沉静和理智的特性，恰好与红色相对应。蓝色易产生清澈、超脱、远离世俗的感觉。深蓝色会滋生低沉、郁闷和神秘的感觉，也会产生陌生感、孤独感。

（5）绿色：具有蓝色的沉静和黄色的明朗，又与人类自然的生命相一致、相吻合。因此，具有平衡人类心境的作用，是易于被接受的色彩。绿色又与某些尚未成熟的果实的颜色一致，因而会引起酸与苦涩的味觉。深绿易产生低沉消极、冷漠感。

（6）紫色：具合优美高雅、雍容华贵的气度。含红的个性，又有蓝的特征。暗紫色会引起低沉、烦闷、神秘的感觉。

以上通过一种色相产生正反两方面的心理效果介绍，可以清楚地看到：在广告设计中的用色，需要把握住消费者心理，运用特定的色彩关系，才能发挥出色彩特有的个性，为广告创意锦上添花。

2.8.2 印刷色彩

印刷和广告实际上有一致性，广告有多种表现手段，如电视、多媒体动画、平面设计等。广告的传播又有平面媒体、报纸、户外广告牌、灯箱牌等多种途径。在平面媒体和报纸上的广告是为了更大范围的宣传广告产品，只不过是在纸面上印刷出版的。平时看的计算机类报刊、时尚杂志上都会有许多广告。

当然，印刷制品并不一定都是为了宣传广告产品，也包含新闻、人物介绍、小说故事等文字性的内容。可以得出的结论是印刷和广告在某种范围内是一个意思。下面介绍的印刷中的色彩运用就是和广告的色彩联系在一起的。

1．报纸

现在的报纸有很多都已经采用了彩色版，经研究证实，在报纸广告中套印上红色，会比黑白广告的注意程度提高50%，而采用全色广告可比黑白广告提高70%的注意程度。在报纸广告中正确运用色彩，将会有很好的宣传作用。

（1）吸引人们的注意力。消费者对彩色广告的注意力要比黑白广告的注意率高很多，其中暖色调（黄色、红色等）较之冷色调（蓝色、绿色等）更具有吸引力。

（2）能真实地再现商品、人物和景物的形态。很多商品只有通过色彩才能将其外形特点和质地再现出来，例如彩色胶卷、彩色电视、汽车、工艺品、服饰等，有了色彩才能显得更加美观。

（3）突出宣传的重点。在广告中如果要重点突出某方面内容或是商品的某一个部位，可以通过色彩来使其显得更加醒目。

（4）提高画面的感染力。彩色广告较之黑白广告更能激发人的情感，从而使画面具有较强的感染力。不同的色彩具有不同的情感作用。一般来说，女性多喜爱暖色，男性多喜爱冷色，青少年喜爱鲜艳的色彩，中老年则喜爱深沉、稳重的色彩。

（5）提高记忆效果。彩色广告较之黑白广告能给消费者留下更深的印象，记忆效果也比较好。

色彩在广告表现中虽然起着重要的作用，但在广告作品中，如广告摄影或广告绘画，并不是色彩越多越好，应根据所表现的特定内容和实际视觉效果选择和运用色彩。有时色彩运用得过多，反而会破坏宣传效果。在报纸广告设计中，要注意恰到好处。

2．杂志

杂志广告会比报纸广告更多地采用彩色印刷。由于一般杂志印刷都较为精美，纸张精细，所以广告作品的逼真性更好。同时，杂志广告在设计过程中会要求更注重色彩的运用，充分发挥画面的视觉感染力。例如，在宣传食品、服装、室内装饰用品、豪华灯具、新轿车等产品的广告中，逼真色彩的价值是明显的，如图2-87所示。

图2-87

在这些广告中，色彩能比文字更绘声绘色地告诉人们这些产品的优点和特色。如果消费者曾经在杂志广告中见过某种食品的包装或商标，那么在超市中就更容易对其进行辨认，并迅速作出购买决定。同样一幅杂志广告作品，黑白广告、双色广告和彩色广告相比，其注目率是不同的。

由此可以说明，彩色广告比黑白广告或双色广告，能够吸引更多的读者。一些心理学研究也表明，把广告画加上色彩以后，对于增加女性消费者的注目率影响更大，如图2-88所示。因而在杂志广告的设计过程中，对于一些定向的、以女性为主要目标对象的广告，更多会采用彩色画面，或用彩色加以渲染，以便大大提高广告的注目率。当然，彩色广告的费用会高些，不过彩色广告的读者增加率比起成本的增加率会更高。

图2-88

平面设计师发现暖色调的广告较之冷色调的广告更具有吸引力，因而不少杂志的广告常会采用暖色调为主的设计方案。在杂志广告的色彩运用中，需要考虑各种色彩的象征意义：在一些场合里，金色和银色如果运用得当可以表现豪华；黄色是高贵的象征；绿色表现松弛、休息，象征着自然、健康、新鲜；黑色意味着庄重、严肃等。广告的设计，必须根据其内容和视觉效果来选择整体的冷暖基调，然后再考虑局部的色调。

2.8.3 网页色彩

颜色的使用在网页制作中也起着非常关键的作用，有很多网站以其成功的色彩搭配令人过目不忘。掌握了色彩理论和原理，还应该多学习一些著名网站的配色方法，这对于制作精美的网页可以起到事半功倍的作用。

1．网页颜色的使用风格

不同的网站有着自己不同的风格，也有着自己不同的颜色。网站的使用颜色大概分为以下几种类型。

（1）公司色：在现代企业中，公司的CI形象显得尤其重要，每一个公司的CI设计必然要有标准的颜色。例如，新浪网的主色调是一种介于浅黄和深黄之间的颜色，同时其形象宣传、海报、广告使用的颜色都和网站的颜色保持一致。

（2）风格色：许多网站的使用颜色秉承的都是其公司的风格。例如，使用的颜色是一种中性的绿色，代表着既充满朝气又不失自我的创新精神；女性网站使用粉红色的较多，而大公司的网站则使用蓝色的较多……这些都是在突出自己的风格。

（3）习惯色：有很大一部分网站的颜色使用是凭设计者的个人爱好，这主要以个人网站使用较多，比如自己喜欢红色、紫色、黑色等，在做网站的时候就会倾向于使用这种颜色。每一个人都有自己喜欢的颜色，因此这种类型称为习惯色。

2．设计用色实例

下面介绍几个配色较好的网站，可以学习和借鉴，以培养对色彩的敏感以及独到的审美能力。

（1）如图2-89所示，微软公司网站以蓝色（R21、G112、B116）、深灰色（R210、G210、B210）、浅灰色（R238、G238、B238）和白色为页面背景色，页面文字全用黑色和蓝色（R21、G112、B166），从网页的配色中即可看出公司的风格以及其所彰显的雄厚实力。

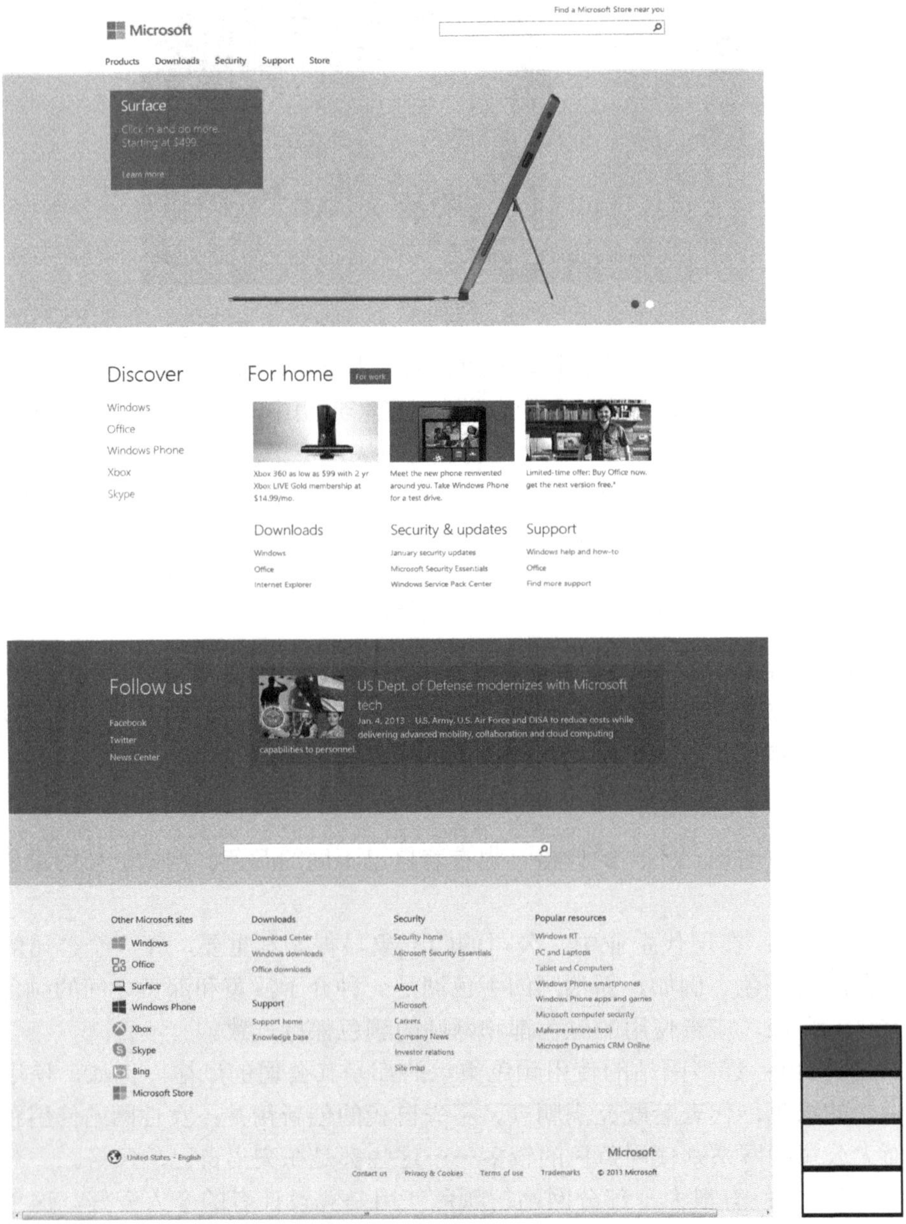

图2-89

（2）如图2-90所示，这个网站的页面背景色为灰黑色（R48、G48、B48），标题颜色为土黄色（R203、G201、B153），菜单色为灰色（R112、G119、B112），显示了独特的个性，又不失大型网站的风采。

图2-90

（3）如图2-91所示，这个网站的背景色为黑色中嵌套深蓝色（R0、G0、B82），页面文字颜色为白色，菜单文字颜色为浅蓝色（R77、G114、B159），并配以漂亮的图片，给人的感觉是生机盎然，充满了互动色彩和青春气息。

图2-91

（4）如图2-92所示，这个网站整体使用的是白色，辅助色为深灰色（R79、G88、B95），菜单色为灰绿色（R48、G64、B64）和蓝绿色（R0、G81、B111），文字使用的是蓝灰色（R83、G86、B91）。虽然简单，但颜色搭配非常的科学、合理。

图2-92

（5）如图2-93所示，这个网站采用黄色（R255、G199、B48）为主色调，辅助色为绿色（R49、G102、B46），文字颜色为棕色（R153、G103、B0），中间再配以抽象的图片，显得个性十足又不单调。

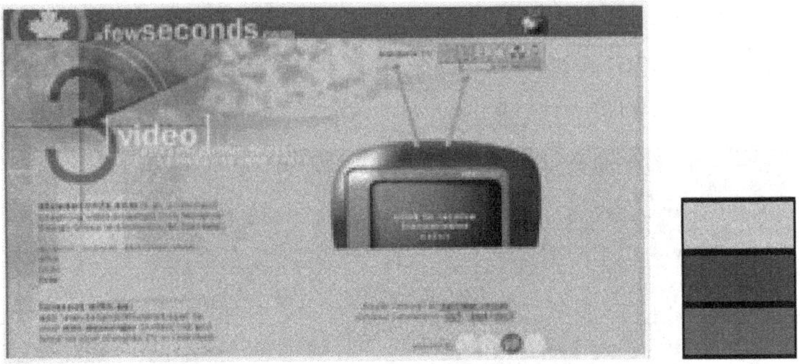

图2-93

（6）如图2-94所示，这个网站的主色调为橘黄色（R255、G151、B0），辅助色调为橘红色（R255、G103、B4），菜单色为亮黄色（R252、G200、B0），文字使用黑色。这种配色显得前卫，色彩热烈，给人的震慑力较强。

图2-94

（7）鲜红色也是一种震撼感很强的颜色，如果搭配不当，也可能使网站没有风格和特点。如图2-95所示，这个网站使用的主色调就是鲜红色（R200、G9、B0），文字使用的是浅绿色（R213、G229、B167），再配以抽象的图形，显得美观而不失独特，大气而不逼人。

图2-95

（8）如图2-96所示，这个网站的主色调为军绿色（R144、G151、B97），辅助色调为浅军绿色（R173、G168、B112），边饰为黑色，文字为黑色。这样的搭配显得风格独特，颜色和谐而庄重。

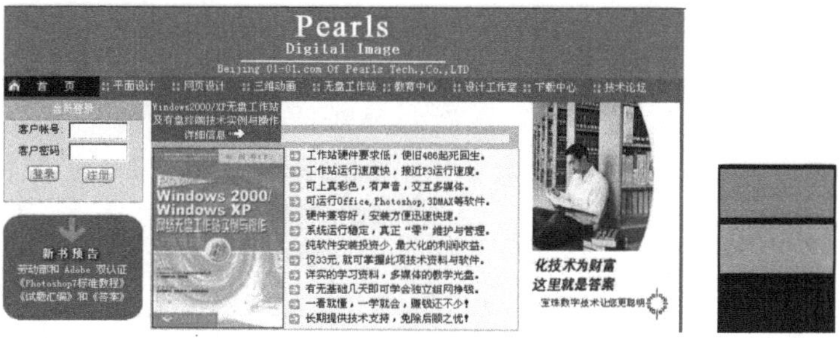

图2-96

网页设计的颜色搭配需要在实践中不断地摸索和创新，认真学习别人的先进方法和经验，可以快速地提高制作水平。可以说，网页颜色搭配得当，也就成功了一半。

本章中主要介绍了色彩的专业知识，以及在实际运用中的一些配色方法、技巧和注意事项。希望在设计作品的时候，本文中提到的色彩运用知识能够帮助你准确的用色。

2.9　样题解答

（1）打开光盘素材文件夹下的素材文件Unit2\car.jpg，如图2-97所示。

（2）新建“图层1”，选择画笔工具，设置画笔形状为“散布枫叶”，如图2-98所示。

图2-97

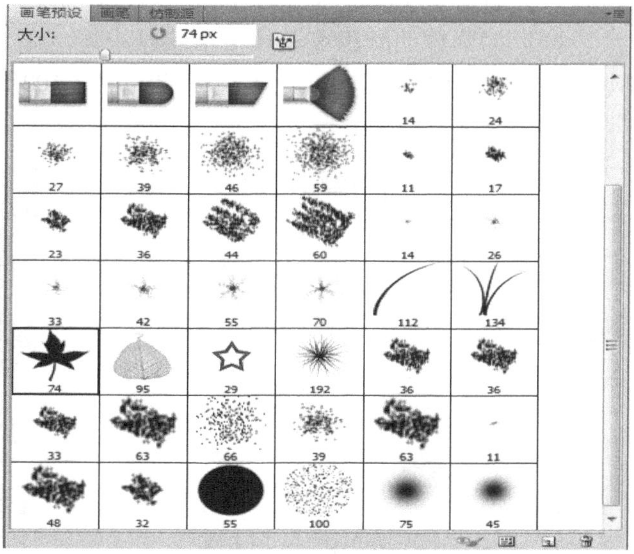

图2-98

（3）设置前景色为#ffee9b，在小汽车车体上绘画枫叶，不需要的用橡皮擦擦除，如图2-99所示。

（4）双击该图层，打开图层样式对话框，勾选“外发光”效果，参照图2-100进行参数设置。

图2-99

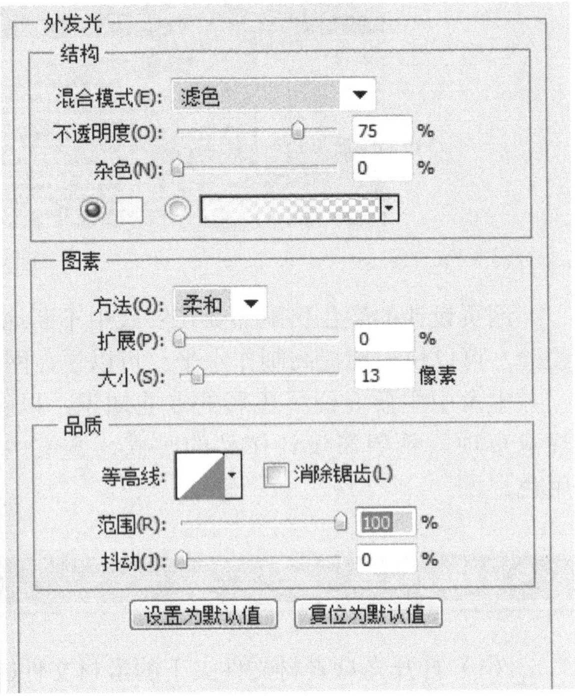

图2-100

（5）新建“图层2”，选择画笔形状为“沙丘草”，如图2-101所示。

（6）用同样的颜色在车体下部绘画小草，添加图层样式“外发光”，参数设置与枫叶图层一样（如图2-100所示），效果如图2-102所示。

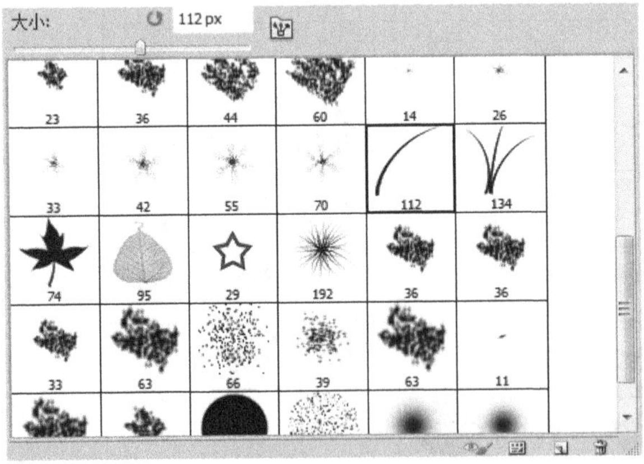

图2-101

图2-102

（7）新建“图层3”，设置前景色为#b29d99，用画笔喷涂两个车轮，如图2-103所示。

（8）将图层混合模式改为“颜色”，效果如图2-104所示。

图2-103

图2-104

（9）新建“图层4”，设置前景色#ffbe33，使用画笔工具给车体进行喷涂，不需要的用橡皮擦擦除，如图2-105所示。

（10）将图层混合模式改为“颜色”，效果如图2-106所示。

图2-105

图2-106

（11）新建“图层5”，在车身的不同部分涂抹颜色，色值如图2-107所示。

（12）将图层混合模式改为“色相”，如图2-108所示。

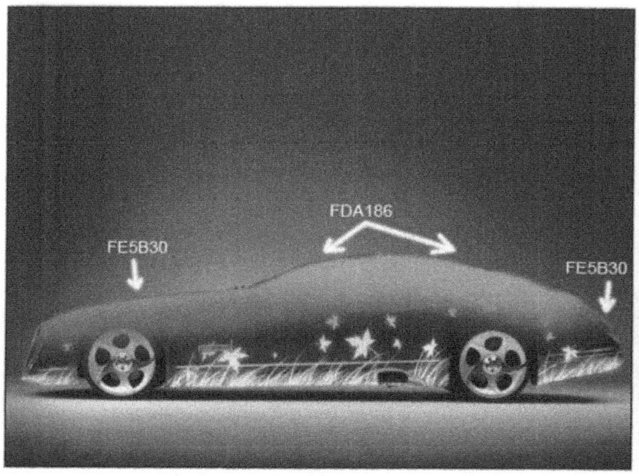

图2-107

图2-108

（13）新建“图层6”，设置前景色为#fefe00，用同样的方法喷涂车身上部，如图2-109所示，将图层混合模式改为“色相”。

（14）新建“图层7”，设置前景色为#cb8b02，用同样的方法喷涂车身下部，改变图层混合模式为“柔光”，最终效果如图2-110所示。

图2-109

图2-110

第3章　平面设计

平面绘图设计是美术的重要内容，也是Photoshop不可或缺的技能。Photoshop绘图设计功能的应用范围非常广泛，可用于绘制物体、标志、形状和图案等。

本章将介绍平面设计图形的绘制技巧和方法，包括各种轮廓线条的勾画和组合。重点要掌握平面设计的设计理念，通过本章学习应具备一定的绘图能力。

本章内容类似美术设计课程——绘图，即绘制各种图形图案表现事物和设计标志效果。

本章主要内容

- 绘制路径
- 形状绘图
- 绘制卡通人物
- 绘制卡通动物

评分细则

本章有4个评分点，每题15分。

序号	评分点	分值	得分条件	判分要求
1	绘制图形	4	根据形状要求建立图形	需保留工作路径和图层
2	填充图形	4	按照要求填充色彩	色彩相似即可得分
3	编辑变换	4	根据要求变换图形	编辑工具或命令不做要求
4	效果修饰	3	修饰效果图	允许一定的创意发挥

本章导读

如上所述，我们明确了本章所要学习的主要内容以及对应《试题汇编》的评分点、得分条件和判分要求等。下面先在“样题示范”中展示《试题汇编》中一道“绘制奇妙落日”的真实试题，并在“样题分析”中对如何解答这道试题进行分析，然后通过一些案例来详细讲解本章中涉及到的技能考核点，最后通过“样题解答”来叙述“绘制奇妙落日”这道试题的详细操作步骤。

3.1 样题示范

【练习目的】

从《试题汇编》中选取样题，了解本章题目类型，掌握本章重点技能点。

【样题来源】

《试题汇编》第三单元第3.2题。

【操作要求】

绘制奇妙落日，如图3-1所示。

图3-1

新建一个宽高为1024×768像素、RGB模式的文件。

1．**绘制图形**：填充渐变背景色（#db800d、#fee990），绘制草地。

2．**填充图形**：加载光盘素材文件夹下的Unit3\doublepeople.abr和Trees.abr画笔，绘制人物和树剪影，如图3-2所示。

3．**编辑变换**：载入光盘素材文件夹下的图形Unit3\sky.jpg，去色，与背景图层“柔光”混合处理。

4．**效果修饰**：绘制圆圈、星、光线装饰效果。

将最终效果以X3-2.psd为文件名保存。

图3-2

3.2　样题分析

本题是关于如何绘制场景和平面设计图形的测试题，这是Photoshop软件的重要功能之一。本题主要考查画面的构图能力，即通过各种元素搭配位置和比例的掌握，形成协调优美的画面意境。

要解答本题，首先要填充渐变和绘制草地，形成大地与天空分界区域，然后绘制人物和树木。最后绘制标志和符号装饰图形等场景，形成完整的作品。

解答本题需要掌握绘图相关操作技能，下面从这些技能要点开始介绍。

3.3　绘制路径

钢笔工具属于矢量绘图工具，其优点是可以勾画平滑的曲线，在缩放或者变形之后仍能保持平滑效果。钢笔工具画出来的矢量图形称为路径，路径可以是不封闭的开放状，也可以是把起点与终点重合的封闭路径。

3.3.1　直线与曲线

首先绘制一个简单的路径。在工具栏中选择钢笔工具，选择“路径”选项，用钢笔工具单击，在单击点之间会有线段相连，按住【Shift】键可以让所绘制的点与上一个点保持45°整数倍的夹角（如0°、90°等），这样可以绘制水平或者是垂直的线段。

在绘制路径过程中会发现，上述操作不是直接绘制线段，而是定义了各个点的位置，Photoshop软件会自动在点间连线成型。控制线段形态（方向、距离）的，并不是线段本身，而是线段中的各个点的位置。这些点称为“锚点”，锚点间的线段称为“片断”。锚点之间的线段是直线，所以又称为“直线型锚点”，如图3-3所示。

如果在起点按住鼠标，向上拖拽出一条方向线后放手，然后在第2个锚点拖拽出一条向下的方向线，在绘制出第2个锚点并拖拽方向线时，曲线的形态也会随之改变，以此类推，将画出曲线路径，如图3-4所示。

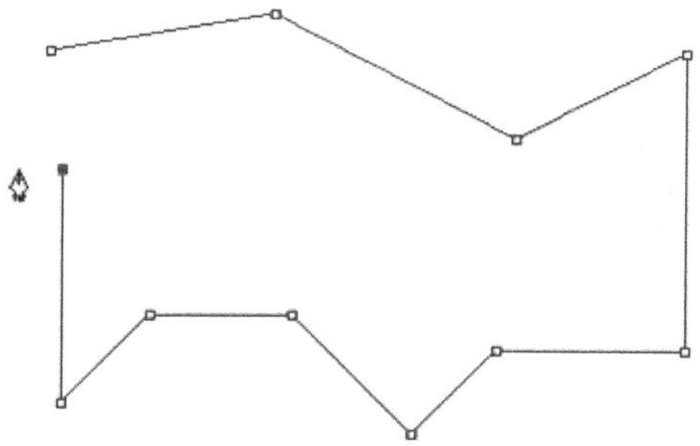

图3-3

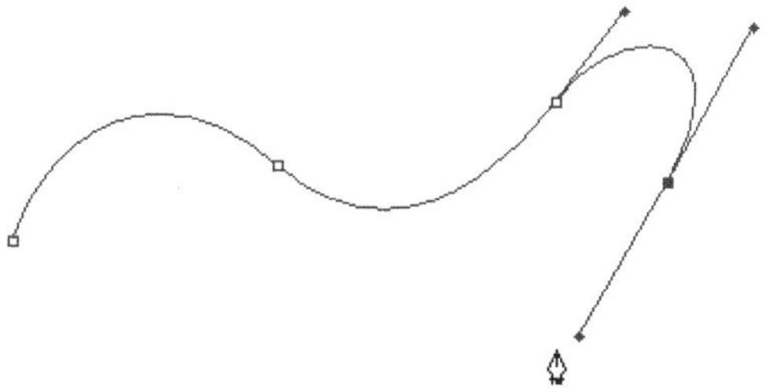

图3-4

3.3.2 曲线控制

究竟曲线是怎样生成的，又该如何来控制曲线的形态呢？曲线除了具有直线的方向和距离外，还多了一个弯曲度的形态，其方向和距离可以通过改变锚点位置来做到，但是弯曲度又该如何控制呢？

在工具栏中选择直接选择工具（↖），假设刚才绘制的4个锚点分别是A、B、C、D，用直接选择工具去点取位于AB之间的线段会看到刚才AB锚点的定义方向线。如图3-5所示的方向线的末端有一个小圆点，这个圆点称为“手柄”，单击手柄位置就可以改变方向线。试着改变AB锚点上的方向线，将会看到曲线弯曲度的改变。

图3-5

下面来观察方向线长短对曲线的影响。使用直接选择工具，在图3-5中的同一方向上拖拽方向线。对于一个锚点而言，如果方向线越长，那么曲线在这个方向上就会越长，反之则越短。当然，除了修改锚点之外，也可以利用直接选择工具，在线段上修改曲线的形态。

对于这条曲线，除了起点和终点的两个锚点，都存在两条方向线：一条是从上一个锚点“来向”的方向线；另一条是通往下一个锚点的“去向”的方向线。对于起点，只存在“去向”的方向线，对于终点，只存在“来向”的方向线。

3.3.3 C形与S形曲线

两个锚点之间的曲线形态分为C形和S形两种类型。

- C形曲线的几种形态和方向线，如图3-6所示。

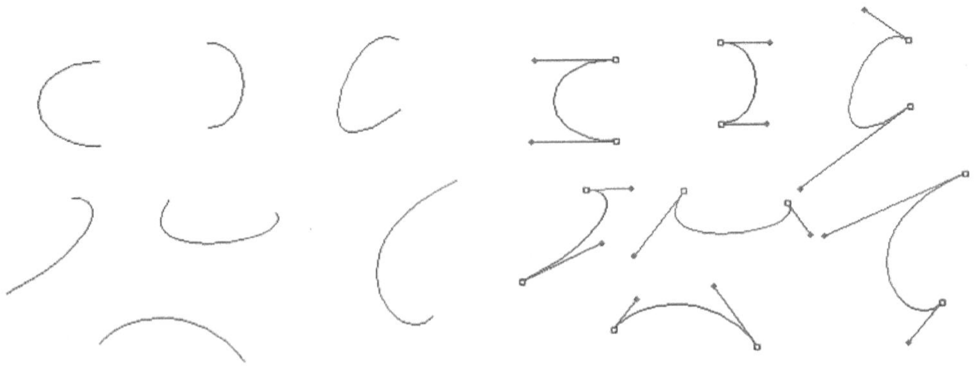
C型曲线形态　　C型曲线方向线

图3-6

- S形曲线的几种形态和方向线，如图3-7所示。

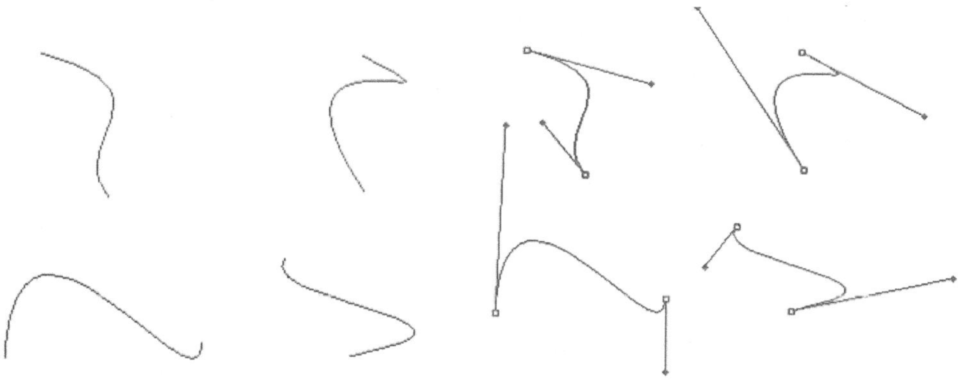

S型曲线形态　　S型曲线方向线

图3-7

小练习：绘制图3-8所示的M型和心形标志。

图3-8

3.3.4 半曲线锚点的绘制

如果一个锚点的左边是曲线、右边是直线，就需要用到一种新方法来绘制：在绘制锚点后，按住【Alt】键单击锚点，删除去向方向线，然后再单击另一个锚点即可，如图3-9所示。

还有一种方法可以实现，使用转换点工具，在锚点上先按住【Alt】键，再拖拽半曲线锚点将其转换为正常曲线锚点，或是使用转换点工具，按住【Alt】键在锚点上单击将正常曲线锚点转换为半曲线锚点，如图3-10所示。

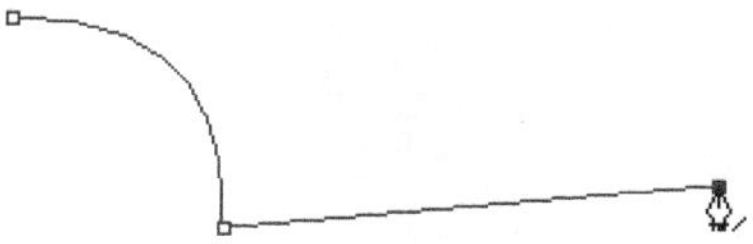

图3-9

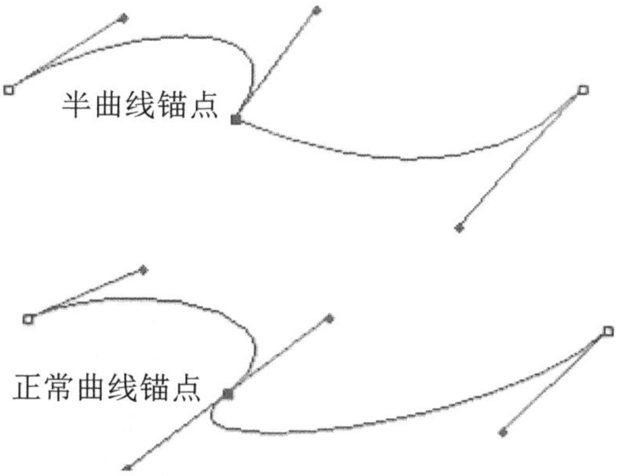

图3-10

下面通过2个实例来练习路径的绘制。

实例演练1：蜘蛛网

（1）制作如图3-11所示的螺旋或圆环状图形。

（2）选择并调整单一方向锚点的手柄，进行同步缩放变形，如图3-12所示。

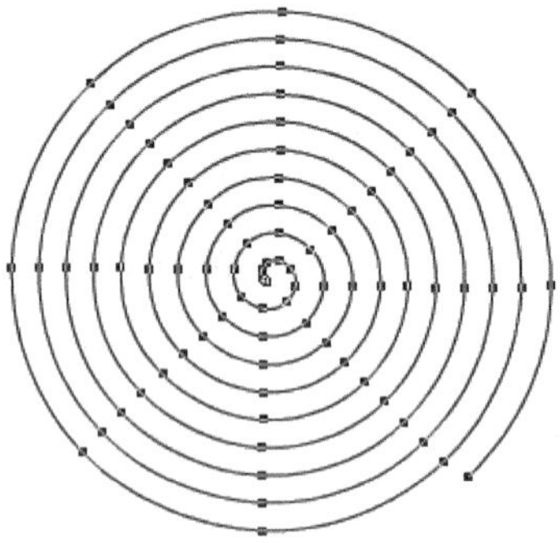

图3-11

图3-12

（3）进一步变形处理并勾画直线连接同方向的锚点，效果如图3-13所示。

图3-13

实例演练2：剥皮

（1）分别打开光盘素材文件夹下的素材文件Unit3\egg.jpg和chicken.jpg，如图3-14所示，使用钢笔工具勾画出鸡蛋外轮廓。

图3-14

（2）镂空原图，使用钢笔工具勾勒出需要镂空的地方，保存路径以备修改。转化路径为选区，然后删除，如图3-15所示，形成鸡蛋正面图层。

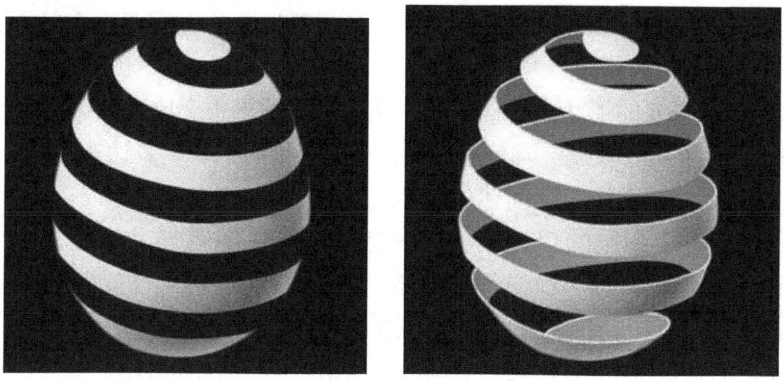

图3-15

（3）在此基础上充分发挥想象力，使用抽出滤镜选取出“小鸡”，并将其放入到剥皮鸡蛋内。为了做的真实，可再增加一些阴影，最终效果如图3-16所示。

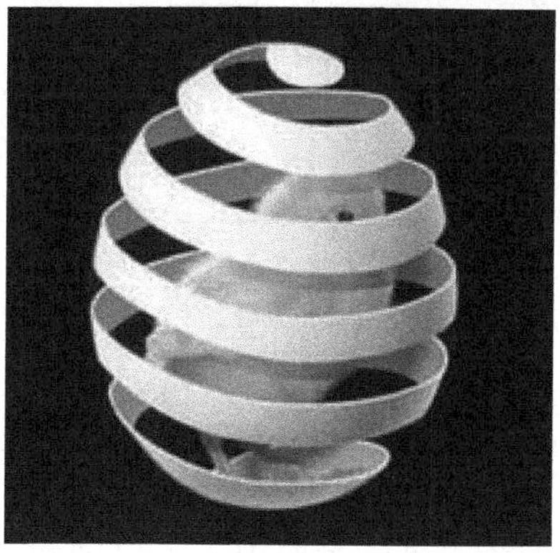

图3-16

由此看来，可以使用路径把其他物体进行剥皮处理，如图3-17所示为使用同样方法制作的另外两幅精彩作品。

图3-17

3.4 形状绘图

使用钢笔工具可以勾画任意的路径形状，但很多时候并不需要完全从无到有的来绘制一条新路径，Photoshop提供了一些基本的路径形状，可以直接用于绘制形状路径或者在此基础上加以修改形成需要的形状，这样不仅快速，而且效果也会比完全用手工绘制的要好。

形状工具包括了矩形工具、椭圆工具、圆角矩形工具、多边形工具、直线工具和自定义工具。在默认情况下，新创建的形状都包含纯色填充图层和定义了形状的矢量蒙版。可以很方便地改变图层的填充颜色，或是以渐变或图案来进行填充。

在添加形状时，先选择一种形状工具或是钢笔工具，然后在工具栏中将绘图方式设为“形状图层（▢）”，选择用于填充形状的前景色，在图像中拖拽鼠标，绘制矢量蒙版路径。完成之后，路径立即被前景色填充。在图3-18所示的图像中，选择了一个自定义形状作为矢量蒙版，并改变了该形状的图层混合模式和不透明度。

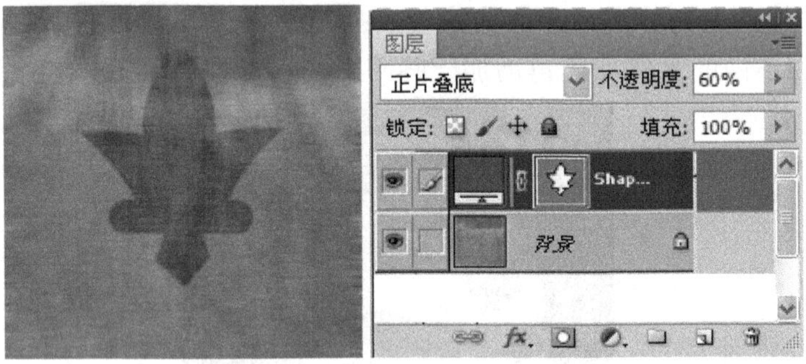

图3-18

3.4.1 自定义形状

很多时候，中规中矩的形状很难满足要求，可以创建新的自定义形状，并将其加入预设形状。具体的操作方法是：首先使用钢笔工具或是形状工具绘制需要的路径形状，然后单击相应的按钮增减组合路径，指定重叠形状相互作用的方式。对形状满意之后，执行“编辑”→“定义自定形状”命令，在弹出的“形状名称”对话框中命名即可。图像中的所有路径区域都会被定义为新形状。如果有相交路径，那么新形状将是它们的组合；如果一条路径被另一条较大的路径完全包围，那么将以较大路径来定义新形状，如图3-19所示。

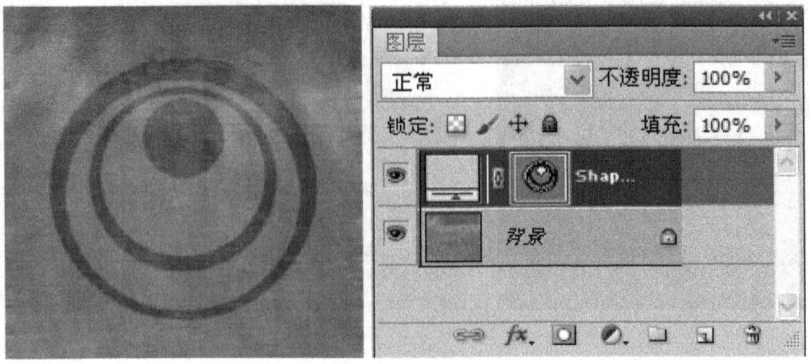

图3-19

另一个定义形状的途径是从Adobe Illustrator软件中复制、粘贴路径。相比较而言，Illustrator对矢量形状的控制比Photoshop更为精确。例如，在Illustrator中绘制一条简单的路径，选择并将其复制到剪贴板中。在Photoshop中，执行“编辑”→“粘贴”命令，并选择“粘贴为路径”或是“粘贴为形状图层”选项，即可创建一条单独的路径或是一个形状图层。然后可以用上面讲述的方法将之定义为新形状，加入到库中，以备将来使用。用这种方法，可以很方便地在Photoshop的图形库中加入各种Logo标识（如图3-20所示），甚至可以将其录入到动作库中，对图像进行批处理。

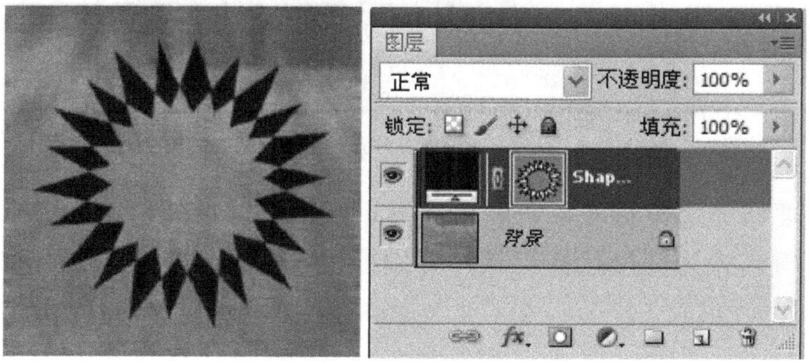

图3-20

3.4.2 改变形状

形状图层被创建之后，可以使用“图层”→“更改图层内容”命令来改变填充图层的内容，这将使形状可以被任意的渐变或图案所填充，或者是将形状图层改为调整图层，在矢量蒙版区域内对下面的图层进行调整。如图3-21所示，形状图层的内容被改为了渐变填充，同时又使用了图层样式中的内阴影效果，为形状增加了一些深度效果。

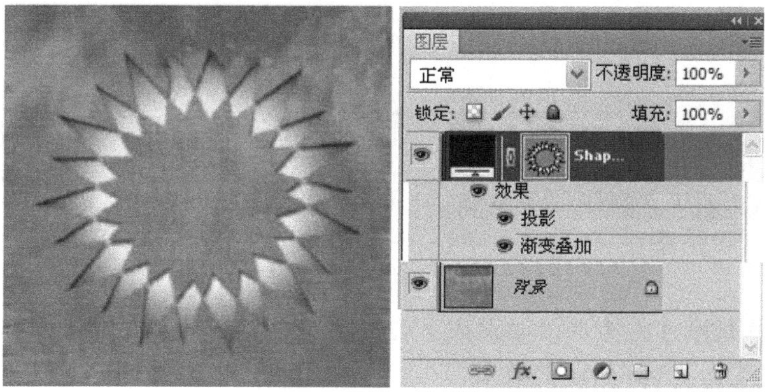

图3-21

实例演练1：绘制网页顶部Banner区域的形状

（1）使用矩形形状工具（）绘制一个矩形，如图3-22所示。

图3-22

（2）在图层面板上新建立了一个带路径的色彩填充层，单击如图3-23所示区域可以隐藏或显示路径，双击其前方的色彩块可以更改填充色。

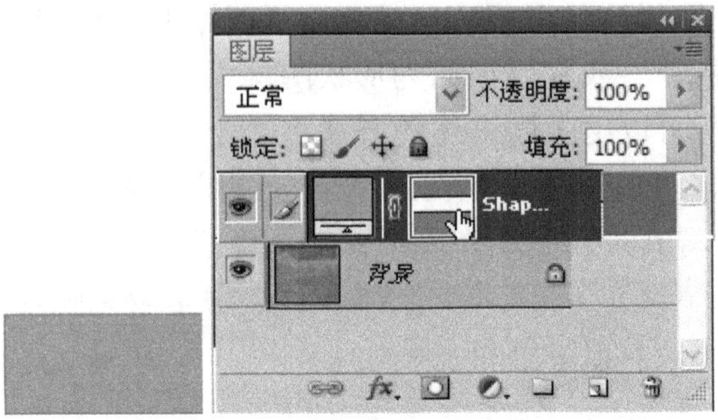

图3-23

（3）由于要修改这条路径，所以要先显示路径，然后使用增加锚点工具增加4个锚点，按【Ctrl】键转换为直接选择工具，分别拖拽右侧4个锚点向上移动即可，如图3-24所示。

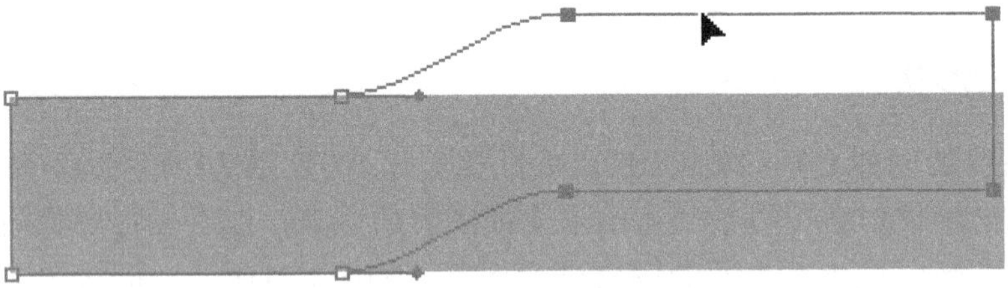

图3-24

图3-25所示的网页Banner就是使用这种方法制作出来的。

图3-25

（4）同样是刚才的矩形，如果在下边线添加两个锚点，右侧锚点上移，左侧锚点下移，就会出现如图3-26所示的效果。

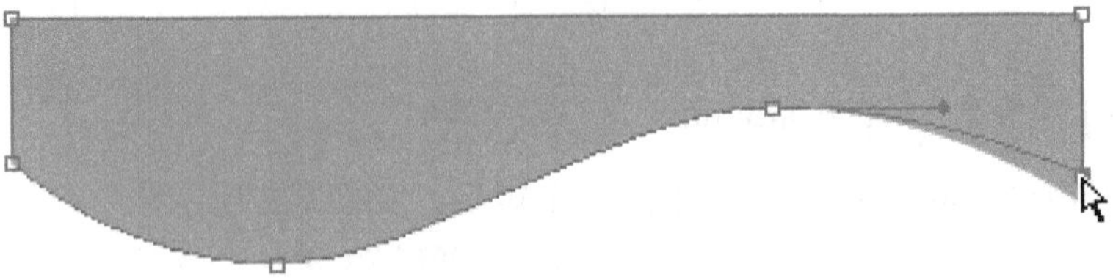

图3-26

图3-27所示的网页Banner就是使用这种方法制作的。

图3-27

思考：图3−28所示图形的形状变化过程和制作方法。

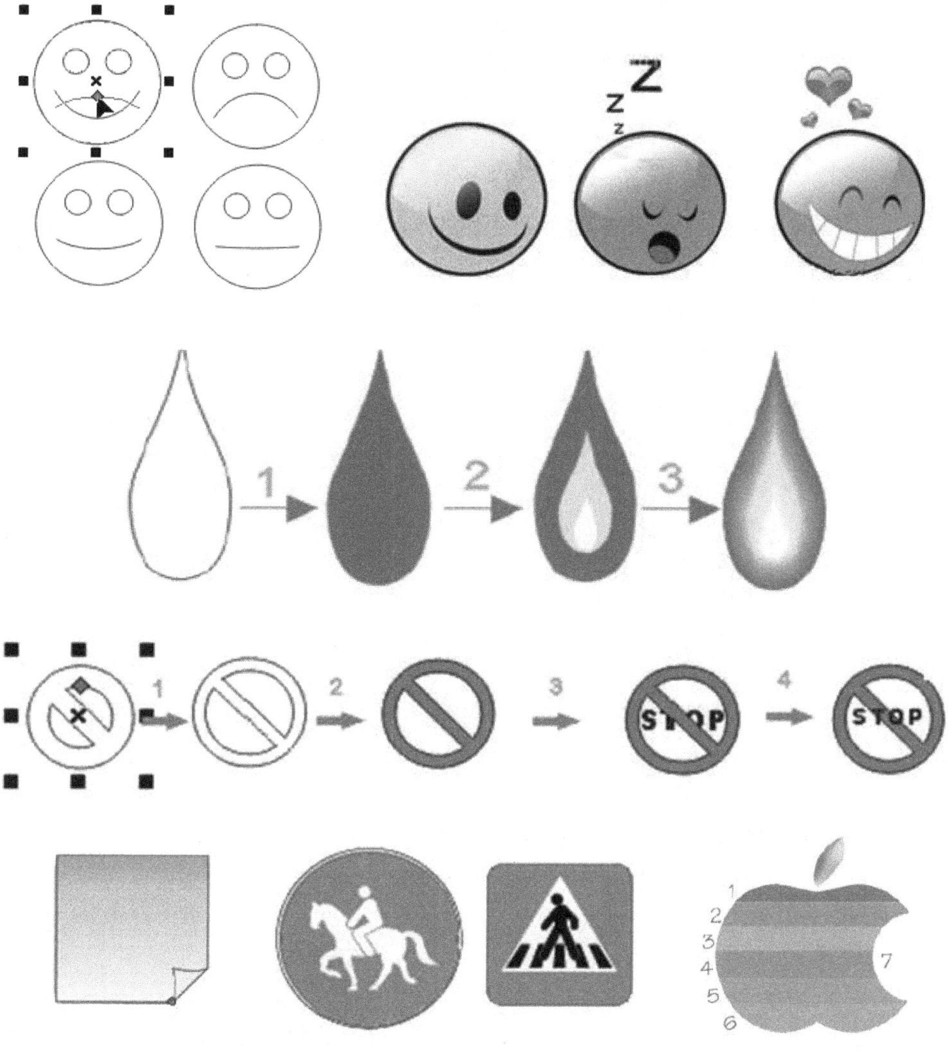

图3-28

实例演练2：绘制标签卡图形

（1）首先绘制两个圆角矩形，并进行对齐处理，如图3-29所示。

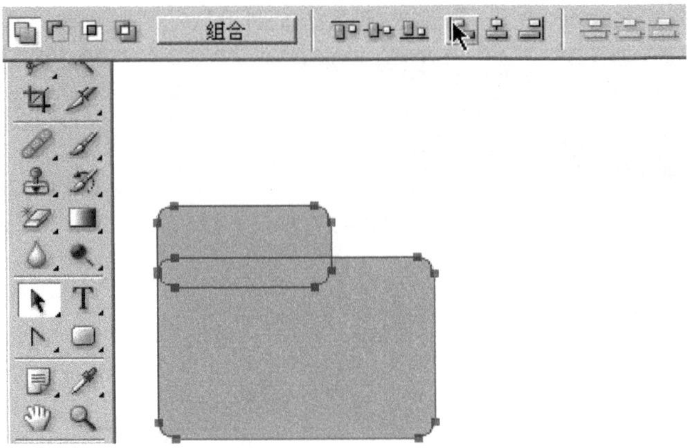

选择多条路径对齐

图3-29

（2）使用减少锚点工具（ ）删除最下端的两个锚点，再使用转换锚点工具（ ），分别将另两个下端锚点转换为直线锚点，如图3-30所示。

（3）将标签图形底部转换为直线，最终效果如图3-31所示。

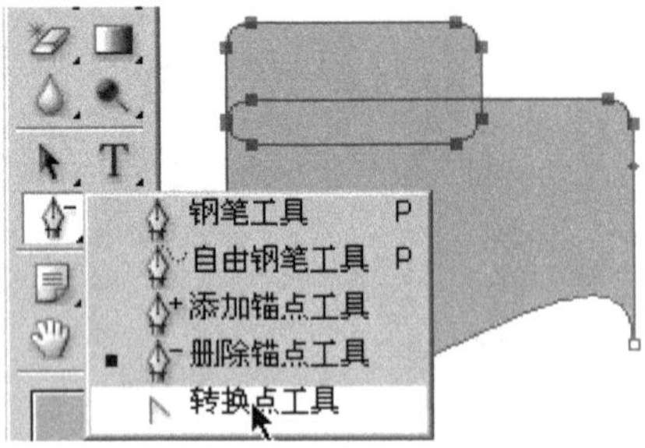

减去多余的锚点

图3-30

调整锚点为直线形

图3-31

实例演练3：绘制城市夜空

（1）制作多个长方形状排列，如图3-32所示。

（2）在长方形状内填充小方形，形成楼房图形，如图3-33所示。

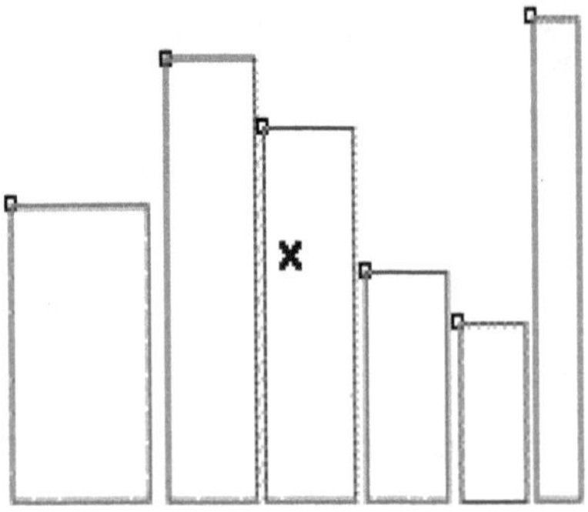

图3-32

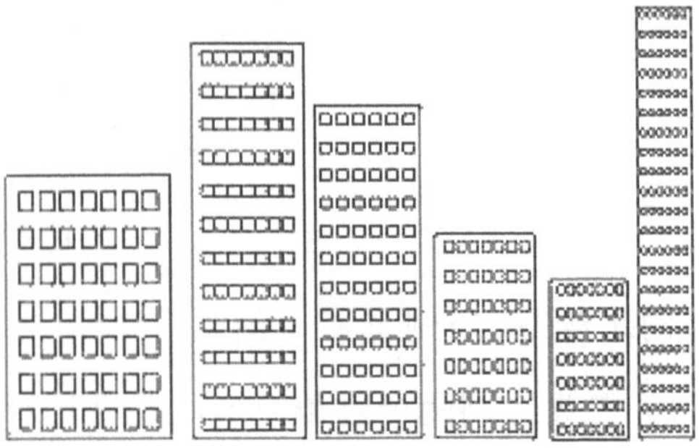

图3-33

（3）添加星星和月亮图形，将其与楼房的小方块（窗户）均填充为亮黄色，并添加黑色夜空，最终效果如图3-34所示。

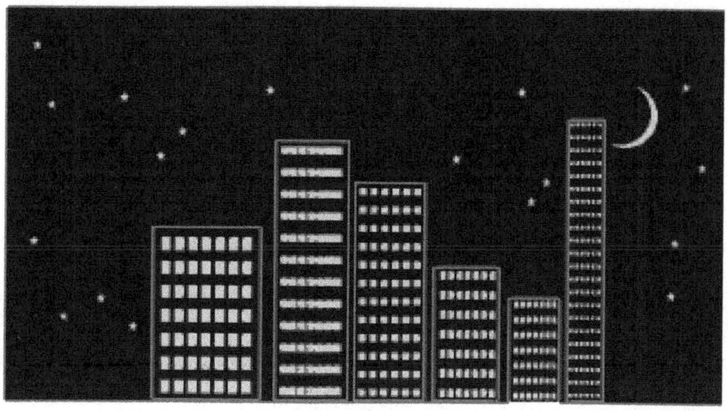

图3-34

实例演练4：绘制足球

（1）使用多边形工具绘制如图3-35所示的图形。

（2）使用滤镜进行球形化处理，并制作渐变背景，如图3-36所示。

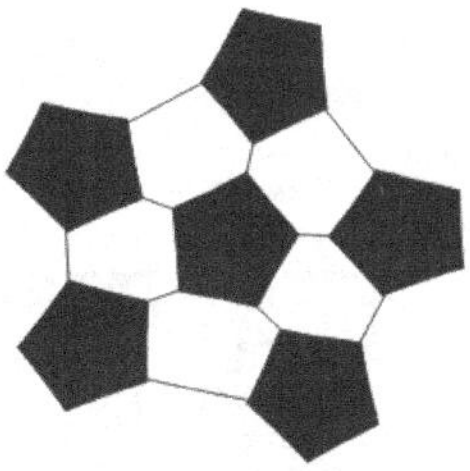

图3-35

图3-36

（3）使用画笔工具添加草地和阴影，最终效果如图3-37所示。

图3-37

实例演练5：形状组合

观察图3-38所示的图形，是一个完整的椭圆，被分割成为两个部分。这种效果在Illustrator中很容易实现，只需要在椭圆上绘制一条曲线，然后使用分割命令即可。而在Photoshop中就较为复杂一些（所以复杂的路径最好在Illustrator中制作）。

（1）使用椭圆形状工具，选择填充层绘图方式（），绘制一个蓝色椭圆，如图3-39所示。

图3-38

（2）隐藏该图层的路径，切换到单纯路径绘图方式（ ），绘制一个如图3-40所示的路径（可以由矩形修改而来），保持新画的路径在选中状态，按【Ctrl+C】快捷键复制到剪贴板。

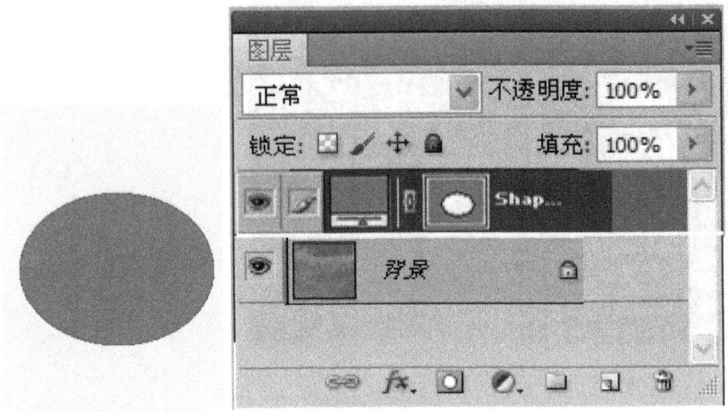

图3-39

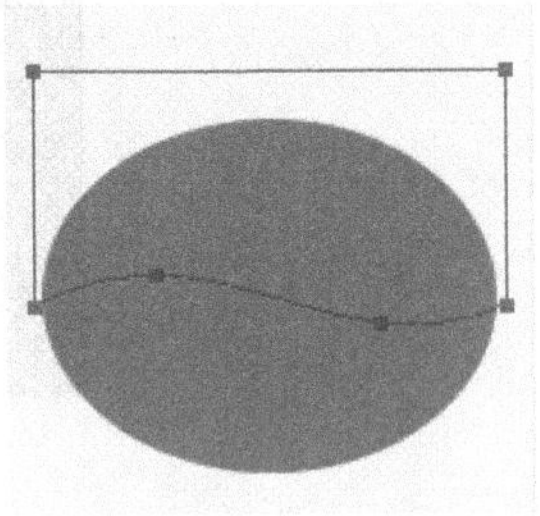

图3-40

（3）复制蓝色的椭圆图层，将其改为黄色，以便于区别。隐藏蓝色图层，显示黄色椭圆路径。将前面复制的路径粘贴到黄色图层的路径中，选择其与椭圆路径的运算关系（ ），并组合路径，如图3-41所示。

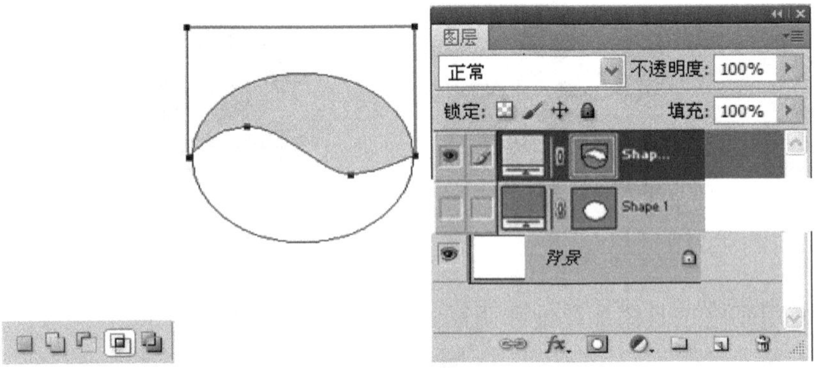

图3-41

（4）关闭黄色椭圆图层的显示，显示蓝色椭圆路径。将前面复制的路径粘贴到蓝色图层的路径中，选择与椭圆路径的运算关系（ ），并组合路径，如图3-42所示。

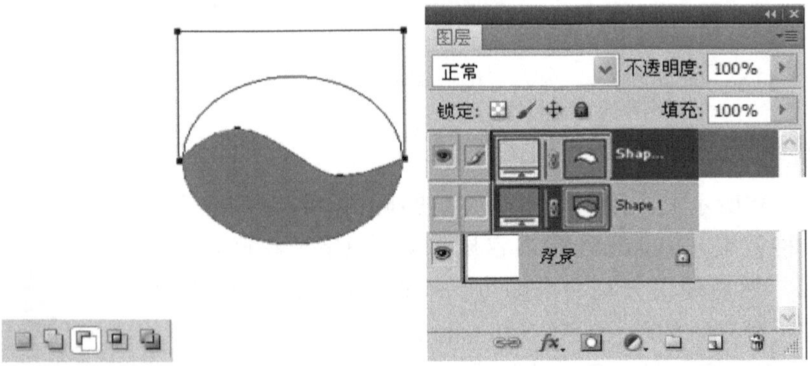

图3-42

（5）组合显示，最终效果如图3-43所示。

在以后的类似制作中，只需要制作黄色的部分就可以达到视觉要求的效果了，因为黄色图层层次高于蓝色部分，本身就能够产生遮挡蓝色的效果。

图3-43

实例演练6：绘制火炬

大多数的Photoshop菜单命令对路径不生效，然而在选定路径之后，“编辑”→“变换”子菜单中的命令将会被激活。如果选择“路径”或“锚点”，将会激活“编辑”菜单中的“自由变换路径”命令和“变换”子菜单。如果只选定部分路径，将会激活“自由变换”命令和“变换”子菜单。下面通过“绘制火炬”实例来进一步了解路径的变换。

（1）选择圆角矩形工具，在选项栏中设置半径为20，建立一个圆角矩形，如图3-44所示。按【Ctrl+T】快捷键，单击鼠标右键，在弹出的下拉菜单中执行“透视”命令，透视变换效果如图3-45所示。

（2）按【Ctrl+Alt】快捷键拖拽，产生复制图形。按【Ctrl+T】快捷键，对复制路径图形进行缩放、透视变换，如图3-46所示。

（3）使用矩形工具创建竖直的矩形，按【Ctrl+T】快捷键，对矩形进行透视变换，如图3-47所示。火炬手柄制作完毕。

图3-44

图3-45

图3-46

图3-47

（4）下面制作火焰。将前景色设置为红色，使用椭圆工具创建一个椭圆，使用直接选择工具选择椭圆路径，如图3-48所示。选择椭圆锚点，使用转换点工具单击其顶部和下部的锚点，如图3-49所示。

（5）按【Ctrl+T】快捷键，单击鼠标右键并选择“变形”选项，在选项栏的“自定形状”的下拉菜单中选择“旗帜”图形，然后对变形后的图形进行缩放、垂直翻转和旋转操作。图3-50所示为火焰的制作过程。

图3-48

图3-49

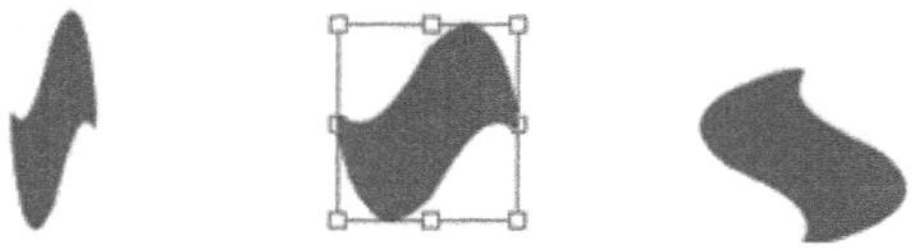

图3-50

（6）按住【Ctrl+Alt】快捷键拖拽，产生复制图形，缩放调整效果如图3-51所示。添加文字和背景效果，形成最终的火炬标志，如图3-52所示。

图3-51

图3-52

综合所述，可以感受到路径在应用中的强大功能。使用路径可以勾画平滑的曲线，在修改的时候非常方便，并且矢量图形固有的特性，使得其在旋转、拉伸等操作后依然清晰，而点阵图像则会变得模糊。

小练习：绘制如图3-53所示的一组图形。

图3-53

3.5　绘制卡通人物

用矢量图形来绘制卡通插画是个不错的主意。因为卡通图形本身的一些特点，如线条简单、色彩明快、需要有大量的重复等，恰好符合了矢量图形的特点。下面介绍基础卡通画法的思路，这样就会知道画卡通画从哪里入手了。

卡通形象只是大体形态，所以有时卡通人物反而比卡通动物更好画。卡通人物主要分为3个部分：头及面部变化、手部和身体。这3部分之间没有必然联系，可以依次或选择绘制。非常简单，在几分钟内就可以创造出一个矢量娃娃！

3.5.1　头部

有许多种方法可用来创建各式各样的卡通头部。观察如图3-54所示的卡通人物，其头部由4个椭圆形组成，其中3个保持了原来的形状，另一个则被转换成了线条。

如图3-55所示是一套脸部特征，打散卡通头部，可以进行不同的分配组合，有时会创造出意想不到的奇妙效果，可以充分发挥你的想象力！

图3-54

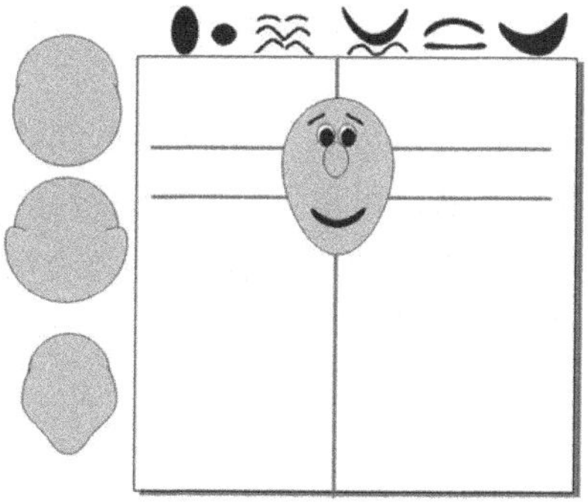
图3-55

3.5.2　手部

手在卡通画中是个很重要的部分。很多人有个错觉，认为手非常难画，一开始似乎如此。不过一旦了解了它的构造，不需要很长时间，就能创造出形形色色的手来！

开始创作手的最佳办法就是以自己的手为参照。从不同位置观察：在侧面、在面前摇摆、握住东西、竖起手指、尽量伸展等。

图3-56所示的这只手全部是由椭圆组成的，手腕部分用了一个矩形，在手掌中加入一条线段作为掌纹。

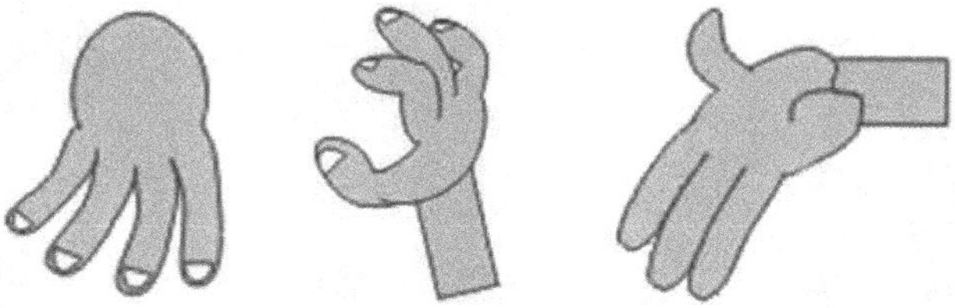
图3-56

通过绘制一只简单的手掌（如图3-57所示），便能掌握手的基本画法，这样就能创造出各种类型的更加逼真的手。如果把创作好的各种类型的手储存起来，以备将来参考和调用，就减少了重复性劳动。

注意：不要让掌纹和指甲同时出现在一个手掌上，不然手掌就没有手面和手背之分了，如图3-58所示。

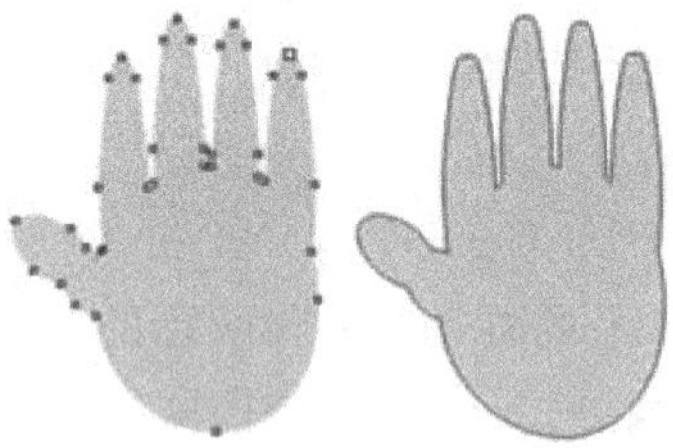

图3-57

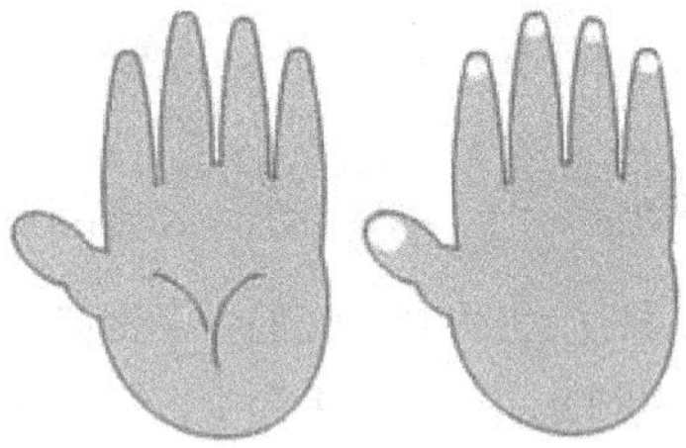

图3-58

3.5.3 身体

相对来说，身体形状是比较容易创建的。仅仅用一种简单的形状，就能快速地创建出一个身体形状来。可以从一个矩形开始，造型成所需要的形状。也可以从别的形状入手，这要根据所要塑造的人物形象来决定。如图3-59所示的是一个参考图例，可以从中仔细感受如何创建身体形状。

图3-59

图3-59中的最后这张是不是很有趣？也许可以缩短他的衬衣，再为他穿上一条鲜艳的夏威夷短裤？可以做的事无穷无尽！如果他厌烦了做男人，甚至可以把他变成姑娘！就看你的了！

3.5.4 女性身体

这虽然是一篇基础卡通教程，但是仍能绘制出各种千娇百媚的卡通女性。

对女性身体形状而言，难易程度掌握在设计者手中。也就是说，无论是寥寥数笔还是精致繁杂，都能很好的表现，就看需要哪种类型。

可以采用一个小提琴形状来创建，也可以根据自己的需要选择起始形状。同男性一样，女性的身体形状也有很多种类型，需要根据人物的体态来选择一种合适的形状，尽量接近所需要的样子。图3-60所示的图形可能有些夸张，但也不能太离谱了！

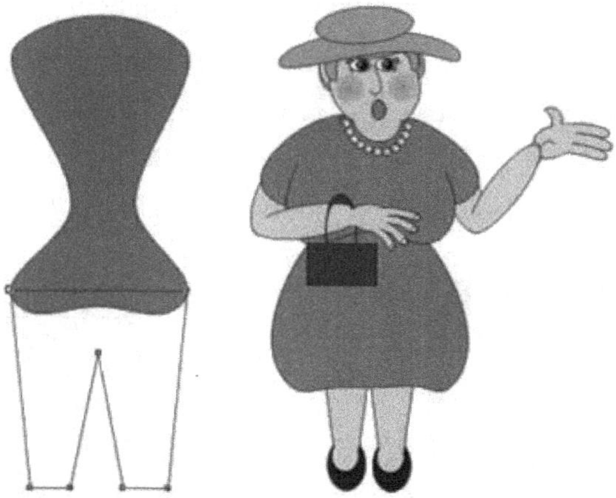

图3-60

如果将一个身体的形状分开来看，每一部分都很简单。通常使用3种形状来创作，在需要时再将它们拼合在一起。图3-61中最左面展示的是3种很简单的形状，右边的3个图形是以它们为基础创作出来的卡通形象。

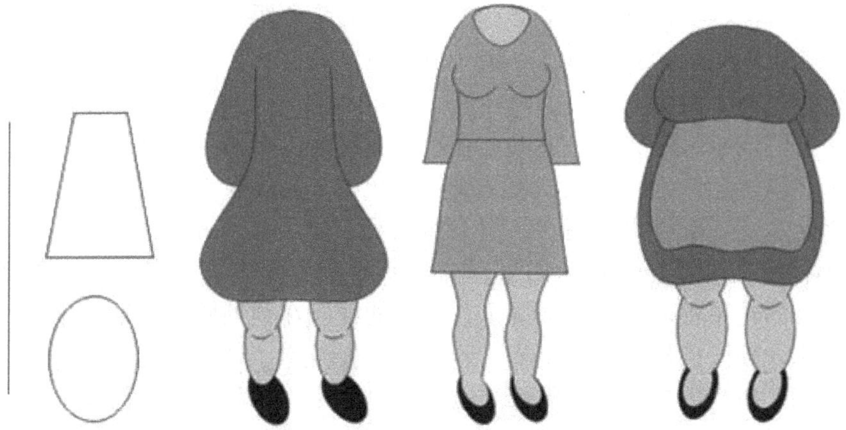

图3-61

3.5.5 年龄的变化

下面要介绍的是年龄的变化。年龄的变化，在形体上固然有所改变，但最主要的还是脸部。要在同一张脸上表现出年龄的变更，不是件容易的事。但在卡通画中，脸部的年龄变化还是比较容易表现的，只要遵循地心引力的规律就可以了。年轻时，地心引力的作用没那么明显；随着岁月的增长，慢慢衰老，脸上开始出现皱纹，皮肤也开始松弛下来。在本小节中，将用绘制一个男性面部年龄变化的例子来做示范。

图3-62所示的是一张年轻人的脸庞，皮肤光洁，没有皱纹，脸部线条紧实。

衰老最先从眼部开始。很多人都错误地以为，到了四十岁以后才有必要注意年龄的问题。其实25岁以后，人体机能逐步下降，身体就开始衰退。而眼部肌肤是身体中最脆弱的部分，最早留下岁月痕迹的就是眼角。

要想使他更成熟一些，就在他的眼角处添加一些鱼尾纹，并将它们延伸至脸部的边缘。在眼部下方，开始出现眼袋，这时只是浅浅的。随着年纪的增长，外眼角开始向下倾斜。脸颊和下巴上的肌肉也开始松弛，在鼻子两旁出现细纹，人中部位也开始下陷，下颌上出现细纹。头发的颜色也要改变，加入适当的灰色成分，但不很明显，当然，发型的变化是在所难免的。在不知不觉中，脸颊变宽，前额更宽阔，如图3-63所示。

图3-62

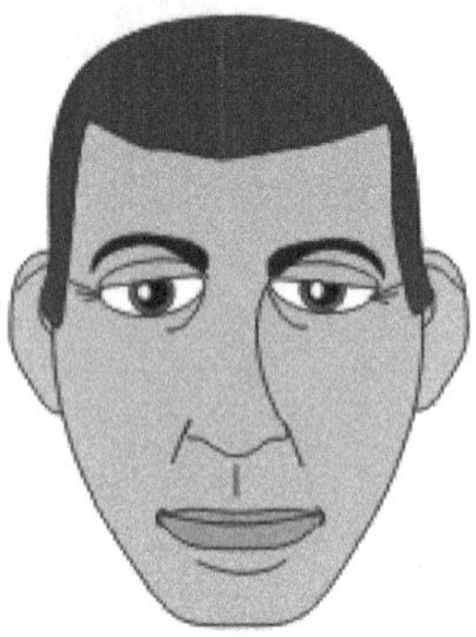
图3-63

中年以后，面貌变化就更大了。首先，头发的颜色明显灰白，连眉毛的颜色也变白了。前额开始出现皱纹。外眼角进一步向下倾斜，眼皮也会往下覆盖的多一些。眼袋的范围更加扩大。鼻子两旁的纹路已延伸到了嘴角。脸部肌肉渐渐失去弹性，轮廓不再鲜明清晰，脸部的线条弧度加大，下巴上开始出现赘肉，如图3-64所示。

又过去了许多年，当年生机勃勃的少年已变成了垂垂老者。前额的头发掉了很多，剩下的几乎全白了。皱纹更多更密。眉毛和头发一样，稀少且变白。视力的退化，使我们不得不为他戴上老花镜。眼角的下垂非常明显了，眼皮也更加松弛，眼神失去了光彩。眼袋也开始往下垂，鱼尾纹加深了。更多的线条在他的脸上呈现出来，下巴和脸颊上的赘肉更多，使脸部轮廓不再紧凑。脸部比年轻时宽了许多。这个时期，皮肤失去张力，肌肉下垂，所有的皱纹和赘肉都应该表现出这一点，如图3-65所示。

图3-64

图3-65

还有一点不太容易发觉的地方，那就是鼻子部位的细微变化。从中年以后，鼻端开始渐渐下垂，鼻梁也不再挺拔，鼻子慢慢变宽。

就是这样，仅仅做了一些小小的改动，就能在几分钟内将一个年轻人变为老人。这4张图都是同一张脸，但加上了皱纹和下垂，年纪就明显大了起来。

3.6 绘制卡通动物

下面介绍几种卡通动物的画法，如熊、青蛙、马、猫和老鼠等。为什么说这几种很常见的动物甚至比人物更难画呢？这是因为一般情况下没有模特，所以画动物时就多多少少要加上一点想象和总结。

3.6.1 熊

就从画卡通熊开始吧，如图3-66所示，一些基本形状加上路径曲线就可以完成所有的工作。

图3-66

当然，如果仅是简单地把各部分堆砌在一起，那么它只是一堆“零件”的组合。要真正使它成为一个整体，还有一点要做的，就是在小熊身体的各个连接部位，不能出现碍眼的线条。就是这不起眼的部分，才是赋予图像生命的关键。

3.6.2 青蛙

青蛙形状都是由一些基本的矩形或椭圆转化而来的，再通过编辑锚点，添加和移动锚点，就得到了所需要的形状，如图3-67所示。

图3-67

3.6.3 马

当笔者第一眼在一本卡通书上看到这个类似的动物时，就喜欢上它了，当然，描摹比想象要来的容易得多。这本书是《How to Draw Animation》，作者是Christopher Hart。如果有意学习卡通画的话，这是本很好的教材。图3-68所示的这张图就是从这本书中取材，在一些细节上进行夸张而来。

图3-68

在这张卡通画中，大部分对象都是由椭圆转化而来的。这样，在转换曲线时就会有更多的灵活性，也不用为参差的锯齿担心。刚开始进行创作时，要时时记得提醒自己转化这一步，熟练以后，自然而然就不会忘记了。

3.6.4 猫和老鼠

如果到现在都在怀疑前面所介绍的那些很基础的东西能否足以构成动人的图画，那么请来看看下面这张图（如图3-69所示）：满脸鄙夷的老鼠掂量着手中的乳酪，像是在说：“你管这玩意儿叫午餐？”，而一只看似狡猾的猫正在满脑子打着坏主意。

图3-69

这张插画不再一步步详细解释了，因为全部的技巧在前面都介绍过，无一遗漏。所用的不过是转化曲线、调整节点等等。作为一个卡通画家，最重要的不是技巧和经验，而是丰富的想象力，保持一颗童心，这样才会使创作的源泉永不枯竭。

3.7 样题解答

（1）新建一个宽和高为1024×768像素、RGB模式的文件。

（2）选择渐变工具，设置前景色为#db800d、背景色为#fee990，在背景图层上，从上到下填充线性渐变。

（3）设置前景色为黑色，新建“图层1”，使用多边形套索工具建立如图3-70所示的选区，填充黑色。

（4）新建“图层2”，选择画笔工具，选择“小草”画笔，取消选中“颜色动态”和“传递”复选框，如图3-71所示。

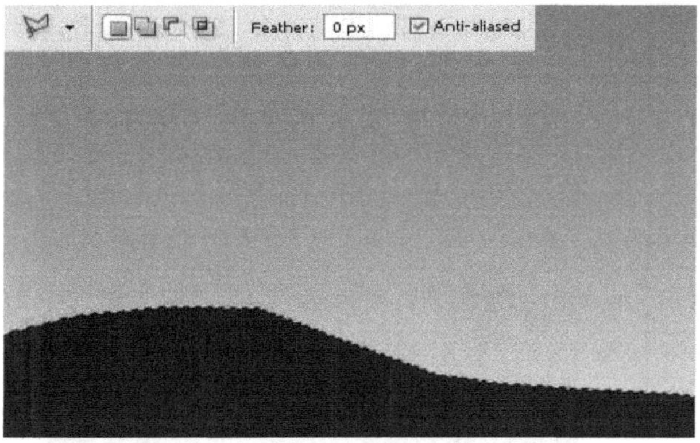

图3-70

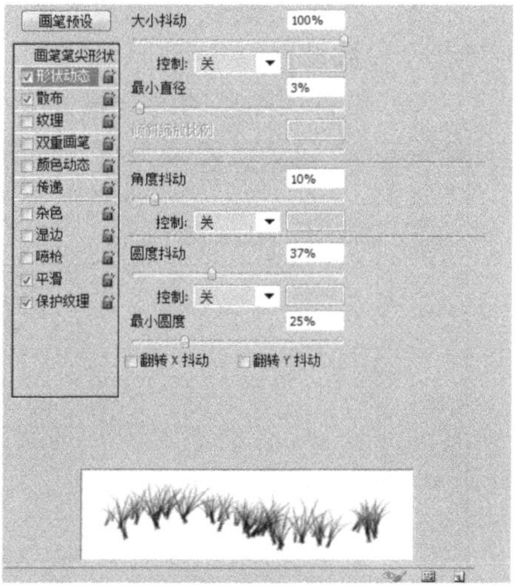

图3-71

（5）改变画笔的大小，绘画小草，效果如图3-72所示。

（6）新建“图层3”，打开画笔面板，载入光盘素材文件夹下的画笔文件Unit3\doublepeople.abr和Trees.abr，绘制人物和树剪影，效果如图3-73所示。

图3-72

图3-73

（7）打开光盘素材文件夹下的素材文件Unit3\sky.jpg（如图3-74所示），将其移到当前文件中，执行“图像”→“调整”→“去色”命令，再执行“编辑”→“变换”→“垂直翻转”命令，按【Ctrl+T】快捷键调整大小，效果如图3-75所示。

图3-74

图3-75

（8）执行“图像”→“调整”→“曲线”命令，打开“曲线”对话框，参照图3-76进行参数设置。

（9）设置该图层的混合模式为柔光，效果如图3-77所示。

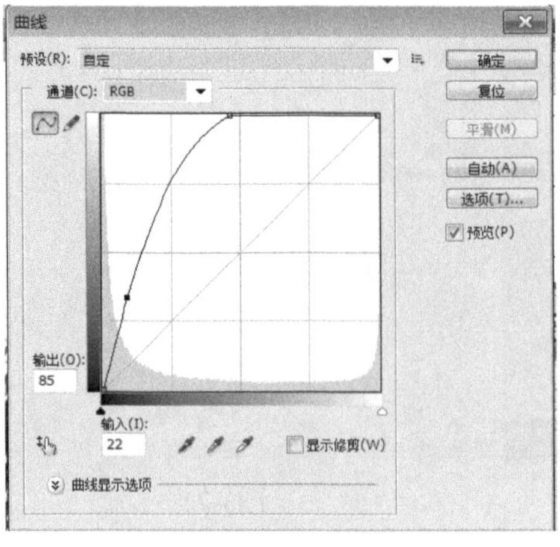

图3-76

图3-77

（10）在天空图层的上方新建“图层4”，使用椭圆选框工具建立几个大小不同的选区，参照图3-78分别填充颜色。

（11）双击该图层，打开“图层样式”对话框，勾选“描边”效果，设置大小为5、颜色为#f8e275、外边框描边。在图层面板上单击图层蒙版，添加径向渐变，如图3-79所示。

（12）用同样的方法绘制其他圆环效果，如图3-80所示。

图3-78

图3-79

图3-80

（13）合并背景图层与天空图层，对合并后的图层执行“滤镜”→“渲染”→“镜头光晕”命令，参数设置如图3-81所示，光晕效果如图3-82所示。

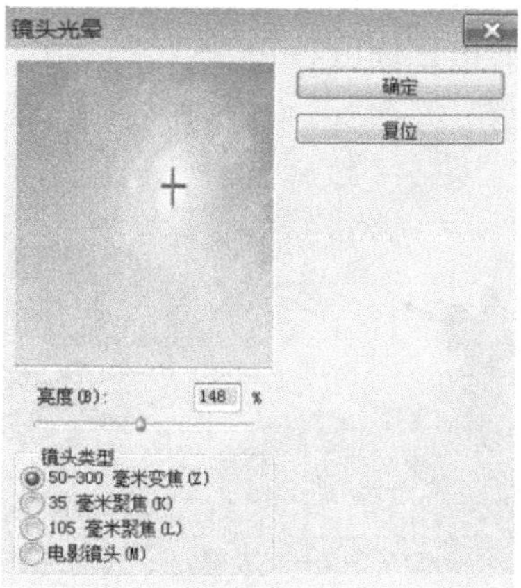

图3-81

图3-82

（14）新建“图层5”，选择自定义形状工具中的“五角星边框”形状，绘画形状如图3-83所示。

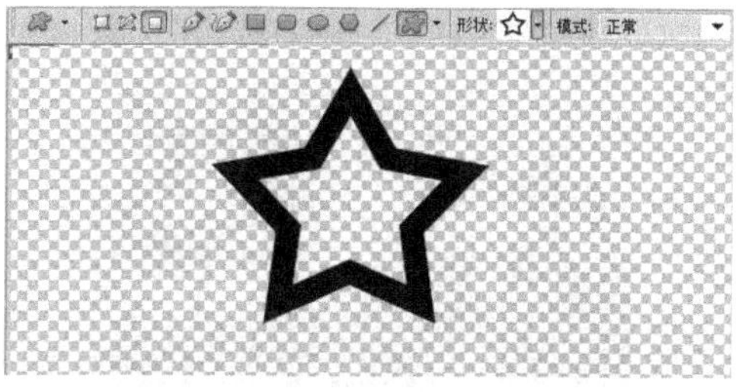

图3-83

（15）载入五角星边框选区，执行“编辑”→“定义画笔预设”命令，打开画笔面板，参照图3-84进行参数设置。

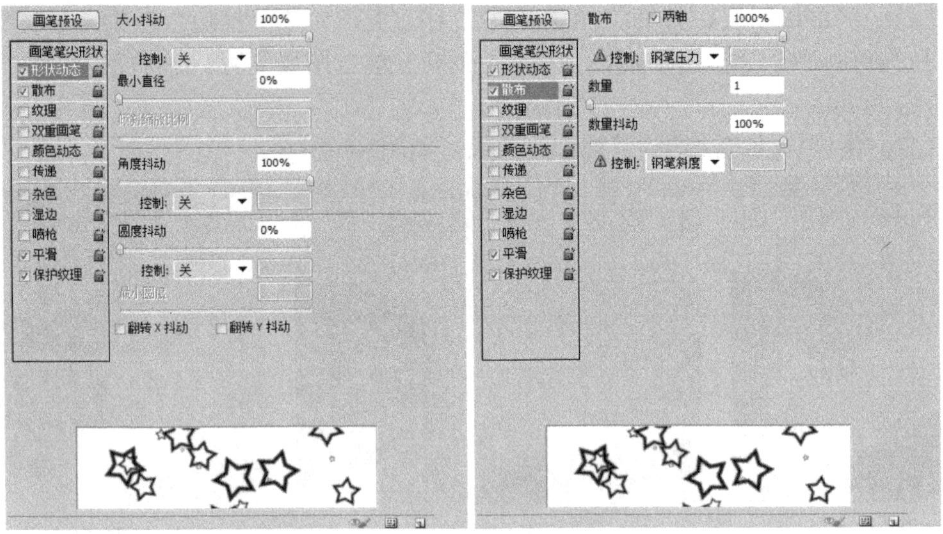

图3-84

（16）按【Ctrl+A】快捷键，选择“图层5”，按【Delete】键删除，在本图层中绘画星星，改变图层混合模式为“叠加”，效果如图3-85所示。

（17）新建“图层6”，建立如图3-86所示的白色选区。

图3-85

图3-86

（18）将图层混合模式改为“叠加”，降低不透明度为35%，最终效果如图3-87所示。

图3-87

第4章　艺术文字

使用Photoshop可以创建矢量文字轮廓，生成的文字带有清晰的、与分辨率无关的边缘；在保持图形品质的同时，可随意地调整文字的大小，或是存储为PDF或EPS格式的文件，或是将其打印到 PostScript 打印机。也可为图像添加栅格化文字，栅格化后字符将由像素组成，且与图像文件具有相同的分辨率。但此时输入的文字在放大后会显示锯齿状边缘。

Photoshop提供的各种工具和命令，尤其是图层的效果样式以及各种滤镜的使用，都可以使文字产生很多的艺术效果。

本章重点介绍文本的基本编辑以及使用图层样式制作各种文本的方法，还有文本在平面设计中的常识。其中，要重点掌握的是使用图层样式制作各种文字效果的相关内容。

本章主要内容

- 文字属性
- 变形文本
- 文字与路径
- 图层样式
- 平面设计中的文字

评分细则

本章有4个评分点，每题10分。

序号	评分点	分值	得分条件	判分要求
1	输入文字	3	按照要求创建文字	文字不符合要求不给分
2	文字编辑	3	正确设置编辑文字	设置编辑不正确不给分
3	效果变换	3	按照要求变换调整	不符合要求不给分
4	添加装饰	1	按照要求修饰效果图	允许一定的创意发挥

本章导读

如上所述，我们明确了本章所要学习的主要内容以及对应《试题汇编》的评分点、得分条件和判分要求等。下面先在“样题示范”中展示《试题汇编》中一道“制作雪字效果”的真实试题，并在“样题分析”中对如何解答这道试题进行分析，然后通过一些案例来详细讲解本章中涉及到的技能考核点，最后通过“样题解答”来叙述“制作雪字效果”这道试题的详细操作步骤。

4.1 样题示范

【练习目的】

从《试题汇编》中选取样题，了解本章题目类型，掌握本章重点技能点。

【样题来源】

《试题汇编》第四单元第4.4题。

【操作要求】

制作雪字效果，如图4-1所示。

图4-1

1．**输入文字**：打开光盘素材文件夹下的素材文件Unit4\Noel.jpg，如图4-2所示。

2．**文字编辑**：创建文字新图层选区，填充白色，创建图层蒙版，擦除部分文字区域。

3．**效果变换**：扩散和风滤镜处理，内阴影和外发光处理。

4．**添加装饰**：载入光盘素材文件夹下的图形Unit4\image.jpg，图层混合“柔光”处理，形成雪景。

将最终结果以X4-4.psd为文件名保存。

图4-2

4.2　样题分析

本题考查的是艺术字体的制作方法。文字一直都是重要的设计内容，几乎每个设计作品里面都离不开它。文字可以指名道义、准确快速地传达设计主题。

本题主要表现文字的雪景效果，要解答本题，首先使用蒙版擦涂的方式来表现积雪区域。然后使用滤镜加工处理风雪效果，最后添加风雪背景。

解答本题需要掌握文字编辑等技能，下面从文字与滤镜、图层和图像组合的表现技法开始介绍。

4.3　文字属性

选择文字工具，在图像上任意单击，Photoshop会自动创建一个文字图层，此时可直接在屏幕上输入，如图4-3所示。在工具选项栏中，可以选择各种文字选项，如字体、字型、文字大小、消除锯齿的方式、文本对齐方式、颜色等。

文字颜色也可以通过改变前景色来设定，可以在一行文字中设定不同的颜色。在一般情况下，使用文字工具选中的文字及其下的图像都会出现反色，这样就很难正确判断对文字使用的颜色是否合适，此时可以按住【Ctrl+H】快捷键隐藏选择，不让反色影响视线。

图4-3

4.3.1　文字属性的设置

单击工具栏中的“切换字符和段落面板”按钮，会出现字符和段落面板，在这里，可以为文字设置更多的选项。其中，字符面板除了可以设置工具选项中所有涉及到的选项外，还可设置字符的行距、间距、水平缩放、垂直缩放、所选字符间字距调整、字距微调、基线偏移等各种参数。除此之外，还可以将文字设置为粗体、斜体、全部大写字母、小型大写字母、上标、下标、下划线、删除线等特殊文字格式。单击面板顶部右端的小三角按钮，还可以选择更改文字方向等选项。在处理OpenType字体时，如果该字体提供了合字和旧样式印刷数字，则可以在文字中使用它们。

如图4-4所示，将Revive这几个字母的字距和字距微调做了一点改动，同时，将大写字母R的文字大小增大了一些，使之不同于其他字母。

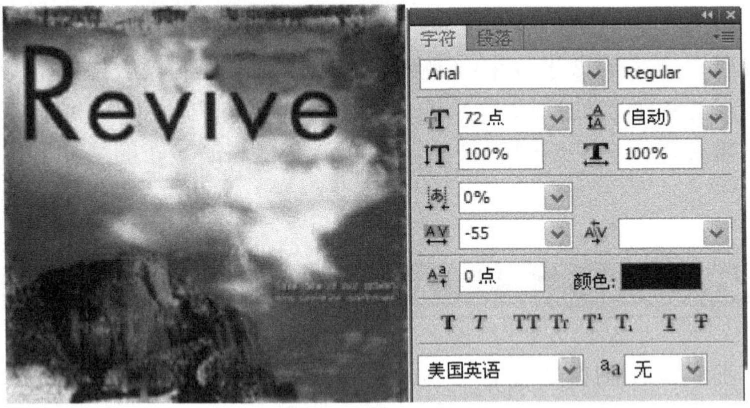

图4-4

在Photoshop中还可以创建文本区域，其方法是使用文字工具在图像中拖拽，定义一个矩形框，在框内输入文字或从外部粘贴文字。

段落面板的选项包括对齐文本方式、缩进规则、段落前后添加空格规则、避头尾法则、间距组合及连字等选项，如图4-5所示。单击面板顶部右端的小三角按钮，在弹出的面板中还有更多的用于控制段落格式的选项，如悬挂标点等。

图4-5

4.3.2 字体的安装

经常能在书上、网上或招贴画上看到一些很特别的字体及效果，也一定会为这些特殊的字体而感到心动。其实只要有了丰富的字体资源，就能在Photoshop中方便地实现这些效果。

但是在Photoshop中实际使用字体的时候会碰到这样或那样的问题，特别是字体安装、字体名显示和单位大小的一些问题。下面就重点介绍针对这些问题的解决方法。

Photoshop中所使用的字体其实是调用Windows操作系统的系统字体，所以只需要把字体文件安装在Windows系统目录下的Fonts子目录中就可以让Photoshop来使用这些字体。

目前比较常用的字库有汉仪字体、文鼎字体、方正字体等，而这些字体的安装方法基本上有以下几种方法。

（1）自动安装。打开光驱，放入字体光盘，光盘会自动运行安装字体程序，选择所需安装的字体，然后按照提示要求就能把字体安装到Windows系统的Fonts子目录中。

（2）手动安装。有些字体光盘没有自动安装程序，这个时候就需要手工安装了。以Windows XP操作系统为例，首先使用资源管理器打开C：\Windows\Fonts文件夹，然后执行“文件”→“安装新字体”命令，在打开的“添加字体”对话框中选择并复制字体即可，如图4-6所示。

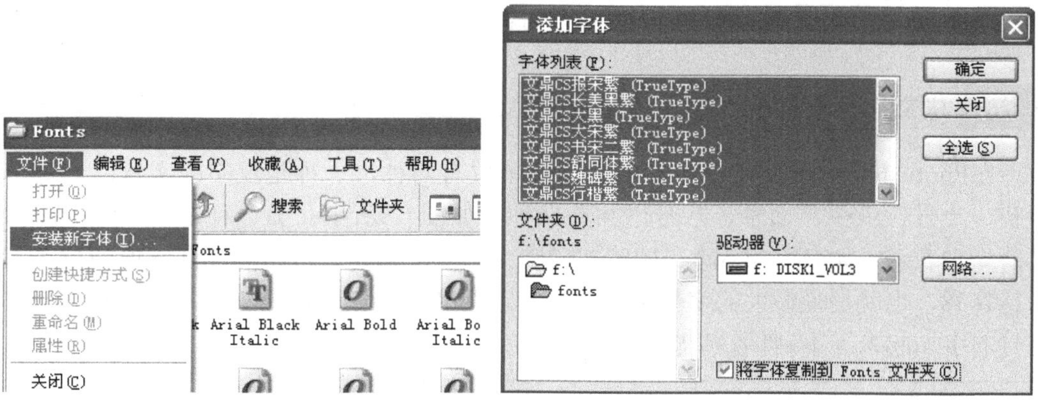

图4-6

（3）直接复制。直接使用【Ctrl+C】快捷键将字体文件复制，然后再使用【Ctrl+V】快捷键将其粘贴到Fonts文件夹中。

（4）简易安装。字体文件很大，按照上述的办法安装，对一些机器配置比较高的用户来说不是问题，但是对机器配置低的用户来说，就会占用很多硬盘空间，从而使整个Windows系统运行缓慢，这个时候可以使用简易安装的方法：首先使用手动安装的方法，把所有的字体文件都复制到其他硬盘驱动器上，注意要在对话框中取消选中“将字体复制到Fonts文件夹”复选框，单击“确定”按钮进行安装，最后为这些字体文件建立快捷方式并复制到Fonts目录下即可。

注意：不能删除这些复制到其他硬盘上的字体文件，因为此时Windows系统是通过这些快捷方式来调用这些字体的。

在字体安装完成后，在Photoshop中选择文字工具，此时在文字属性栏里会出现字体，不过这时显示的字体名称可能是英文的。那么，怎样让Photoshop显示字体的中文名称呢？执行“编辑”→“首选项”→“文字”命令，在打开的“文字选项”对话框中取消选中“以英文显示字体名称”复选项后，就能看到文字属性栏里的字体显示出了中文名称，如图4-7所示。

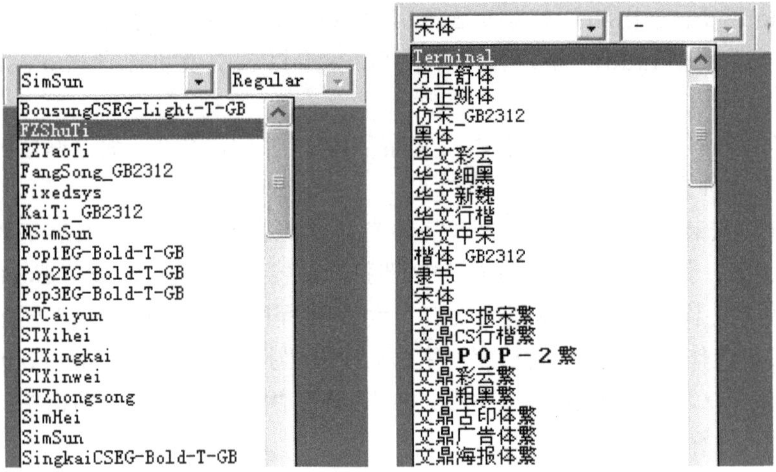

图4-7

4.3.3 中文字号与磅的关系

在Photoshop中，表述字体大小的计量单位有两种，一种是汉字的字号，如初号、小初、一号、……、七号、八号，共计16种，如图4-8所示；另一种是用国际上通用的“磅”来表示，如4磅、4.5磅、10磅、12磅、……、48磅、72磅等，其磅值的数字范围为1~1638，也就是说最大的字号可以是1638，约58平方厘米，最小的字号为1，3个这种字号的字加起来还不到1毫米宽。

中文字号	初号	小初	一号	小一	二号	小二	三号	小三
磅	42	36	26	24	22	18	16	15
字样	永	永	永	永	永	永	永	永
中文字号	四号	小四	五号	小五	六号	小六	七号	八号
磅	14	12	10.5	9	7.5	6.5	5.5	5
字样	永	永	永	永	永	永	永	永

图4-8

在中文字号中，数值越大，字就越小，所以八号字是最小的；而在用“磅”表示字号时，数值越小，字符的尺寸越小，数值越大，字符的尺寸也越大。那么，1磅有多大呢？2.83磅等于1毫米，所以28磅大概就是1厘米高的字，约相当于中文字号中的一号字。

一般A4纸可容纳的最大字的磅值为630左右，而在实际使用过程中可以根据需要来设置字的大小，想要特大字，或是袖珍字都可以。

4.4 变形文本

文字工具的另一项重要功能是创建变形文本，使用这个功能可以创建多种类型的弯曲变形文本。这种简单的扭曲虽然不能像Adobe Illustrator可使文字跟随路径那样精确，但也可以提供一些很有特点的弯曲效果。

单击文字工具栏中的“创建文本变形”按钮，打开“变形文字”对话框，在其中的下拉菜单里提供了15种预设样式。每一种样式都提供了水平和垂直两种变形方式，并通过“弯曲”、“水平扭曲”、“垂直扭曲”这3个参数来设定不同的变形。即使在变形之后，文字层也依然保持了完全的可编辑性，所以不用担心它破坏了文字，可以随时进行或撤消变形。

在文字输入前后都可以进行变形。在使用变形后，图层面板上的文字层缩览图将会出现变形文字的标识，如图4-9所示。

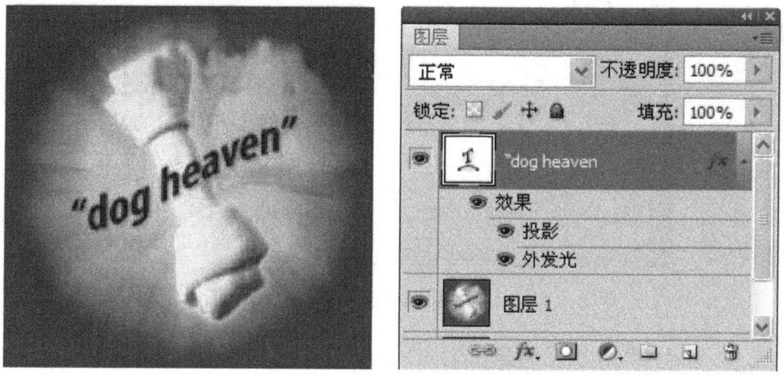

图4-9

实例演练：制作视窗效果

（1）新建文件，新建图层，使用文字工具在新建图层中输入“■■■■”4个方块字符号，排列成田字形，将字体大小设为450 pt，并在字符面板中设置合适的参数，如图4-10所示。

（2）选中4个方块字符，单击文字工具栏中的“创建文本变形”按钮，打开“变形文字”对话框，在下拉列表中选择“旗帜”变形，将弯曲设置为+20，如图4-11所示，设置完成后单击“好”按钮。

图4-10

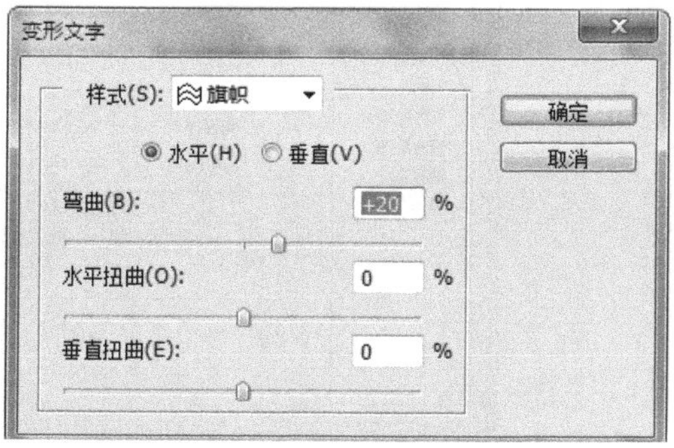

图4-11

（3）对变形符号填充颜色，依次填充的颜色值为#ff6e0e、#a8de40、#9e0afb和#fbf812，效果如图4-12所示。

（4）制作光影效果：使用魔棒工具选择其中一个板块，单击“图层”面板上的调整按钮，选择“渐变”选项，打开“渐变编辑器”对话框，参照图4-13进行渐变设置，效果如图4-14所示。

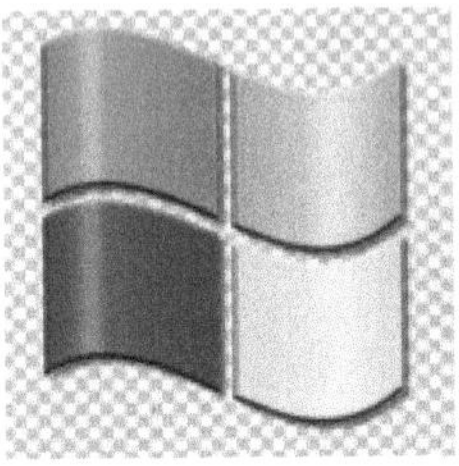

图4-12

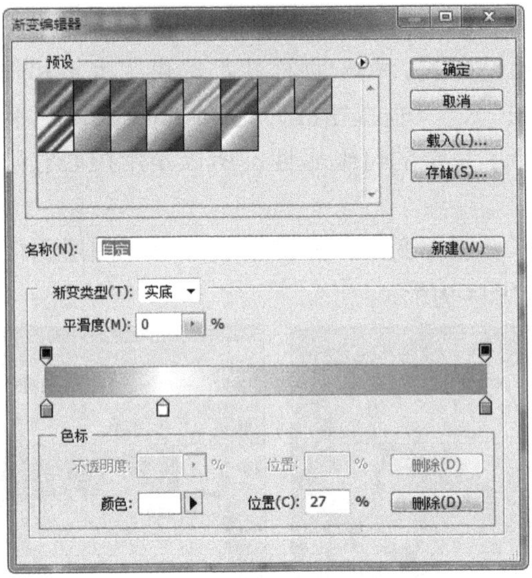

图4-13

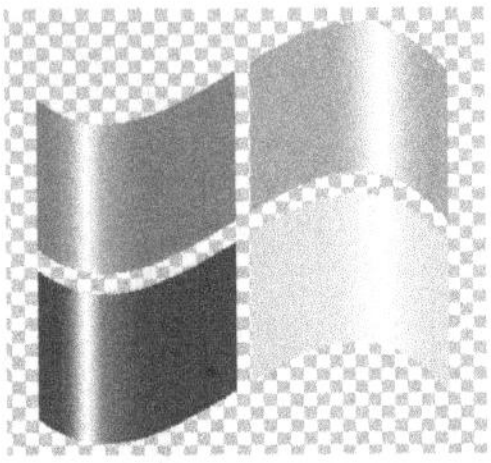

图4-14

（5）制作标志图形的立体效果：拼合所有图层，图形的边缘会有明显的锯齿，可以对图形进行羽化边缘，羽化值为1像素，这样可使其边缘更加平滑柔和。然后对图形进行自由变换，将图形旋转一定角度，并进行一定的拉伸。双击该图层，在打开的“图层样式”对话框中勾选“斜面和浮雕”、“投影”等效果，参数设置如图4-15和图4-16所示，设置后的效果如图4-17所示。

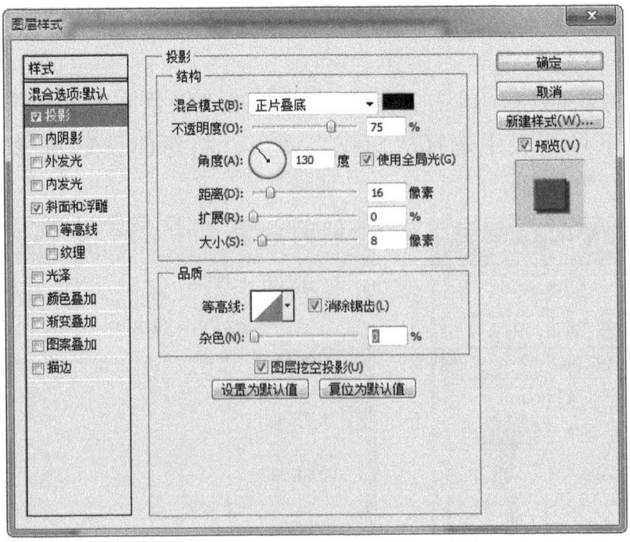

图4-15

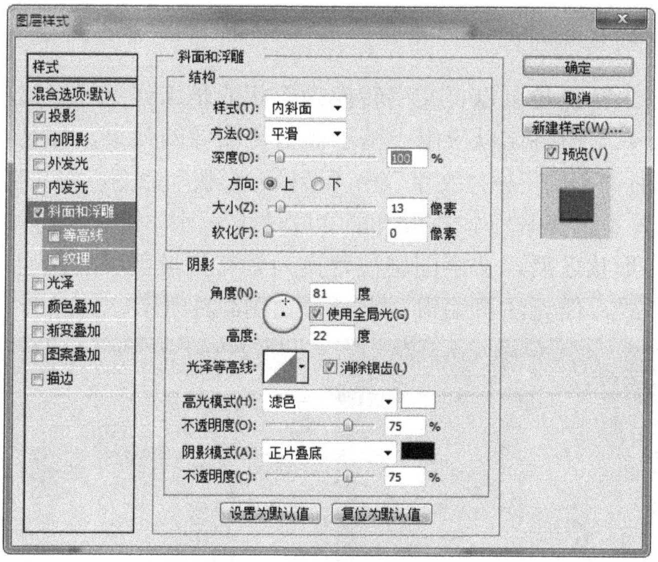

图4-16

（6）制作背景图：只有标志未免太单调，还可以对整幅图形进行修饰。新建图层，将其作为背景图层，根据个人喜好进行修改并添加一些文字，最终的视窗效果如图4-18所示。

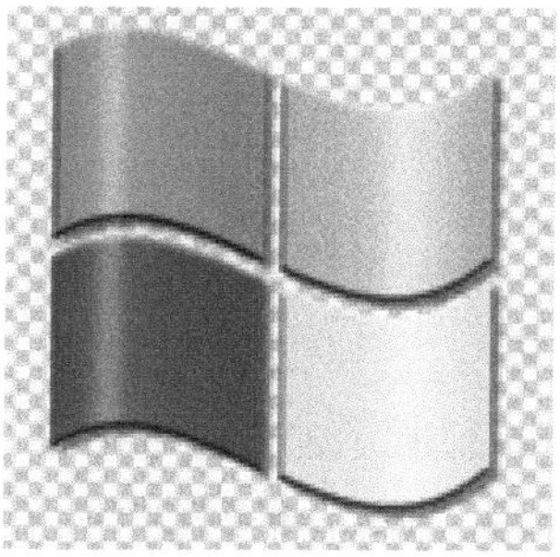

图4-17

图4-18

4.5 文字与路径

文字除了可以以正常方式排列外，还可以依照路径来排列。可在开放路径上形成类似行式的文本效果，图4-19所示为呈波浪形排列的开放路径上的文字。还可以将文字排列在封闭的路径内，形成类似框式的文本效果，图4-20所示为封闭形路径内的文字。

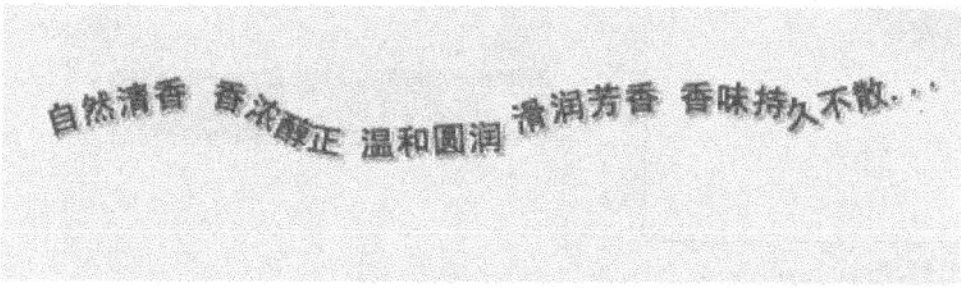

图4-19

图4-20

4.5.1 转化为形状或路径

文字层的另一个特征是可以将文字转换为形状或是工作路径（这样就可以单独操作某个字符形状），或是栅格化以应用于基于栅格化图像的效果，如某些滤镜等。

在本例中，执行“图层”→“文字”→“转换为形状”命令，将文字转换为形状图层。用路径选择工具（ ）选择第一个字母d和h，以及最后一个字母n，增加它们的高度。

将文字转换为形状之后，文字图层被替换为具有矢量蒙版的图层，可以编辑矢量蒙版并对图层应用样式，但无法再编辑文字了，如图4-21所示。

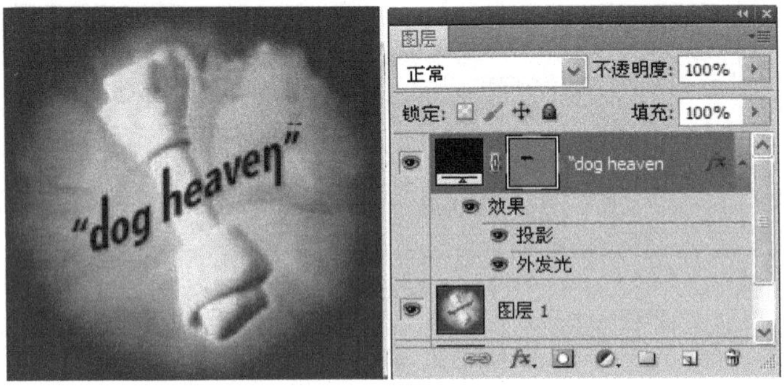

图4-21

4.5.2 文本绕图

下面用一个实例来展示使文本沿路径排列的具体方法。

实例演练：制作爱心图案

【实例来源】：《试题汇编》第四单元第4.19题。

（1）选择自定形状工具中“心”形状，如图4-22所示。按【Shift】键，绘制一个心形，在图层面板中将形成一个色彩填充形状的图层。双击缩略图可以更改填充颜色，在图层缩略图的右侧是矢量蒙版缩略图，其特点是以灰色来表示被隐藏的区域。

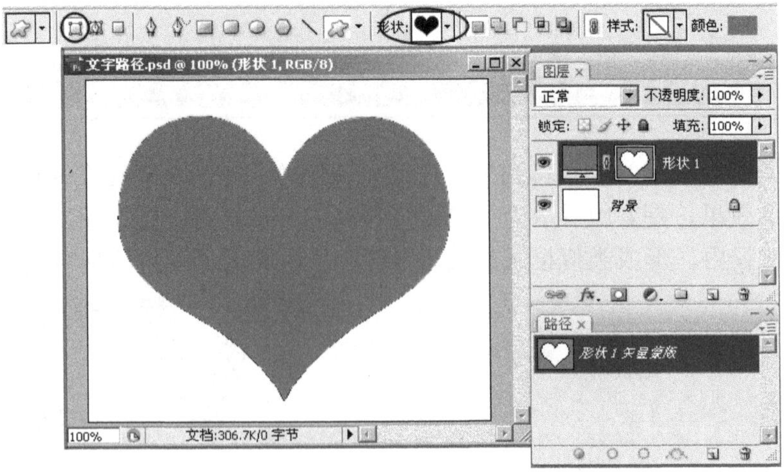

图4-22

（2）在路径面板中单击路径蒙版缩略图，选中路径蒙版路径，然后选择文字工具，将光标移到路径上，依据停留位置的不同，光标会有不同的变化。当光标停留在图形之内，光标转变为，表示在封闭区域内排版文字，如图4-23所示；当光标停留在路径之上时，光标变化为，表示沿着路径走向排列文字，如图4-24所示。

图4-23

图4-24

（3）设置文字在封闭区域排版：选择文字工具，将光标停留在心形之内，输入文字并使其充满整个图形。此时，文字在图形内的排列并不对称，在段落面板中设置居中，并适当设置左缩进和右缩进的数值（如5 px），效果如图4-25所示。

图4-25

（4）隐藏或删除心形形状图层，在文字外围仍然会保留有一条封闭路径，如图4-26所示。使用直接选择工具对路径进行修改，可改变文字的排版布局，如图4-27所示。

图4-26

图4-27

（5）设置文字沿路径排版：将文字图层隐藏，单击形状图层的矢量蒙版，使其路径处于显示状态。将文字工具停留在路径的线条上（注意光标将变化为），单击即可输入文字，设置字体和字号，即可形成沿路径走向排列的文字效果，如图4-28所示。

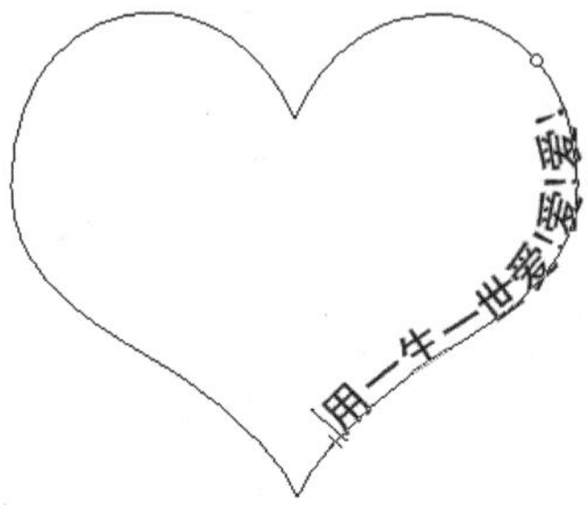

图4-28

（6）改变文字在路径上的位置：选择路径选择工具，将光标移动到小圆圈标记处，根据其位置不同就会出现相应的光标，分别表示文字的起点和终点，如图4-29所示。如果两者之间的距离不能完全显示其文字，终点标记将变为图4-30中箭头所指的形状，表示有部分文字未显示。

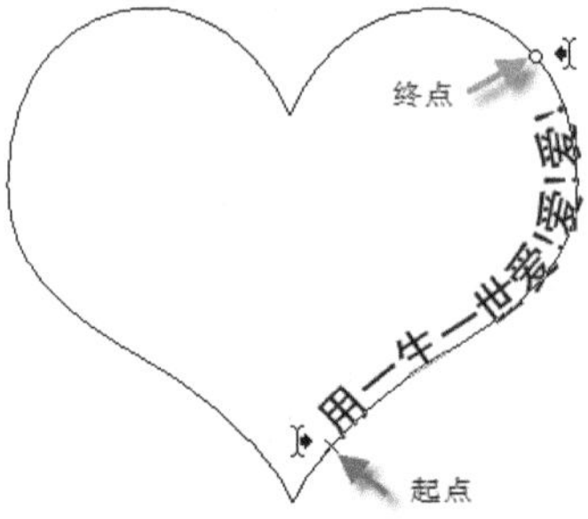

图4-29

图4-30

（7）如果将起点或终点标记向路径的另外一侧拖拽，将改变文字的显示位置，同时起点与终点将对换，如图4-31左图所示。将起点往右下方拖拽，文字将从路径内侧移动到路径外侧，如图4-31右图所示。

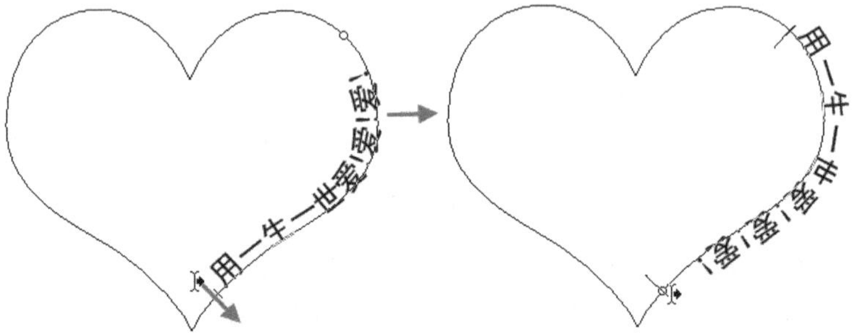

图4-31

（8）文字沿路径走向的一个特点就是它都是以路径作为基线的，无论是内侧还是外侧，文字的底端始终都以路径为准，如果需要将文字排列在一个比现有的心形路径更大（或更小）一些的心形路径上，只需要在字符面板中更改竖向偏移的数值，就可以达到效果。图4-32所示为将英文图层中竖向偏移的数值设置为-20 px后所形成的效果。

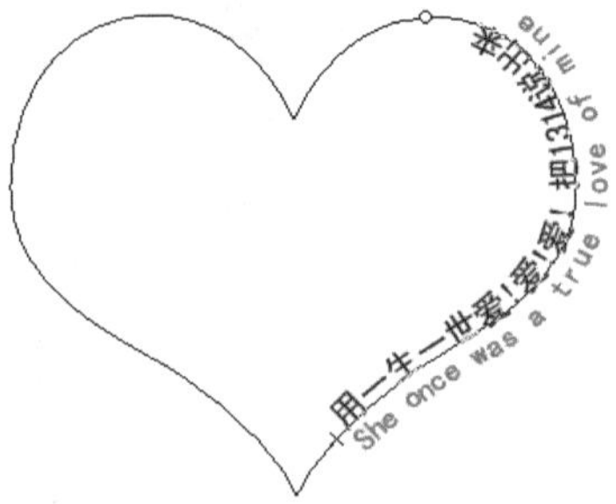

图4-32

（9）可以尝试在原有的心形路径上排列多个文字图层，并将颜色、字号、字体、竖向偏移等选项各自调整，形成错落有致的效果。另外，也可以隐藏形状填充层并更改相应文字的颜色，形成如图4-33所示的文字沿路径排列的效果。

图4-33

4.5.3 将文字转换为路径

可以将文字转换为矢量路径或带矢量蒙版的形状图层，从而得到封闭路径。具体的操作方法是首先选中相应的文字图层，然后执行“图层”→“文字”→“转换为路径”命令，就可得到原文字路径，如图4-34所示。

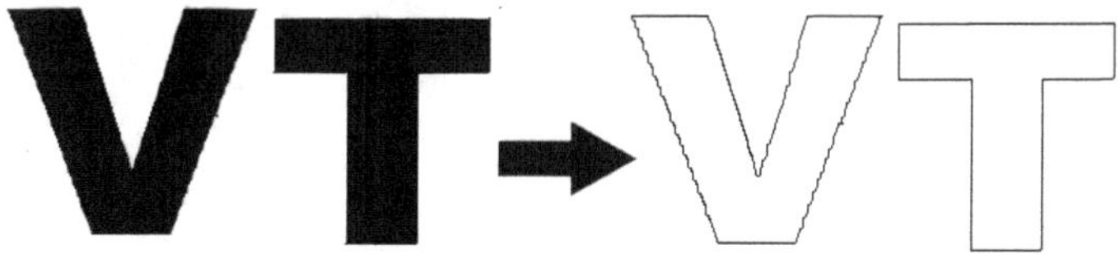

图4-34

实例演练：制作Adobe公司标识

（1）使用文字工具输入大写字母“A”，字体为“Arial Black”，建立文字图层，如图4-35所示。

（2）执行“图层”→“文字”→“创建工作路径”命令。回到“图层”面板，将文字层删除，即可将文字图层转为文字路径，如图4-36所示。

图4-35

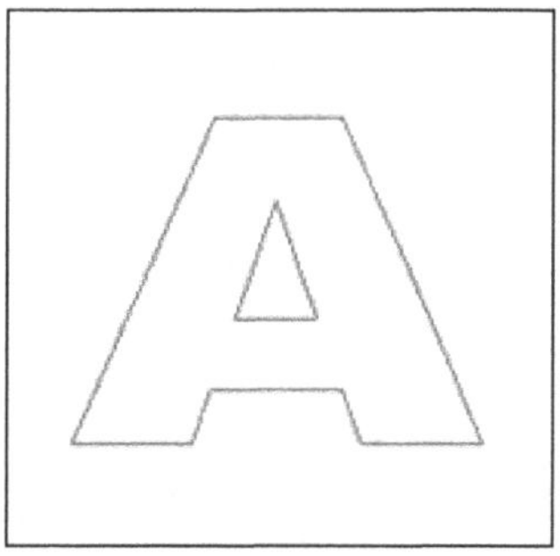

图4-36

（3）选择矩形工具，在选项栏选择“路径”选项，将路径运算设置为“重叠形状区域除外”，依据原文字轮廓创建如图4-37所示的两路径运算的矩形路径。

图4-37

（4）使用直接选择工具对工作路径形状进行编辑，如图4-38所示。

（5）按【Ctrl+Enter】快捷键，将创建好的路径转换为选区，并填充红色，如图4-39所示。

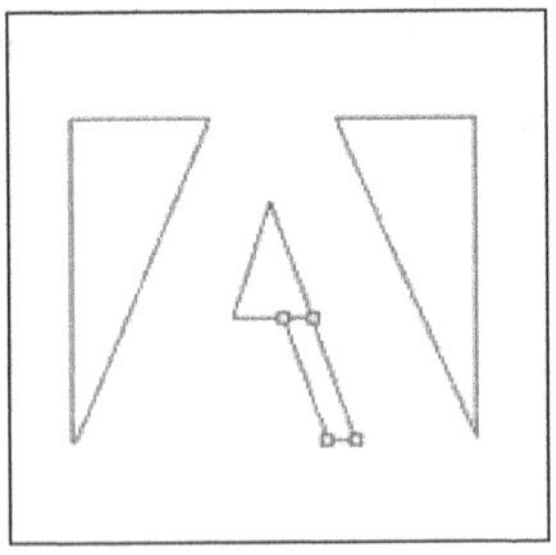

图4-38

图4-39

4.5.4 文字与路径

下面通过一个实例来强化文字与路径的知识。

实例演练：制作文字效果

【实例来源】：《试题汇编》第四单元第4.20题。

（1）新建文件，背景色为米黄色（#f3f3d7）。输入绿色（#669f58）字符“COEUR DES VINS”，字体为“Arial Narrow”，大小为25点，如图4-40所示。

图4-40

（2）双击文字图层，打开“图层样式”对话框，勾选“投影”效果，参照图4-41进行参数设置，效果如图4-42所示。

（3）使用钢笔工具勾画路径，如图4-43所示。

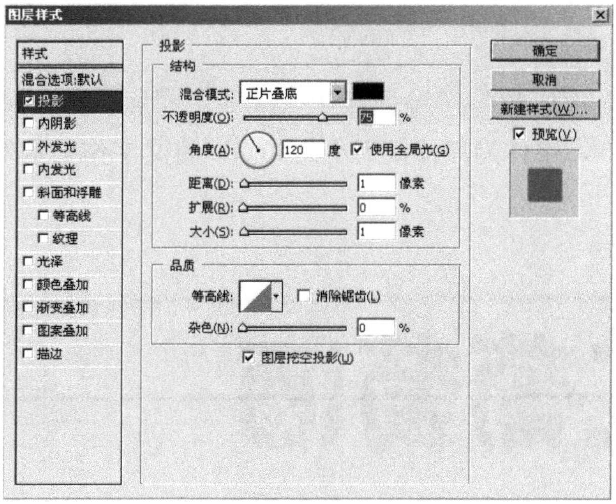

图4-41

图4-42

（4）选择文字工具，在路径首端单击并输入50%黑色的文字“自然清香 香浓醇正 温和圆润 滑润芳香 香味持久不散...”，字体为黑体，大小为12，如图4-44所示。

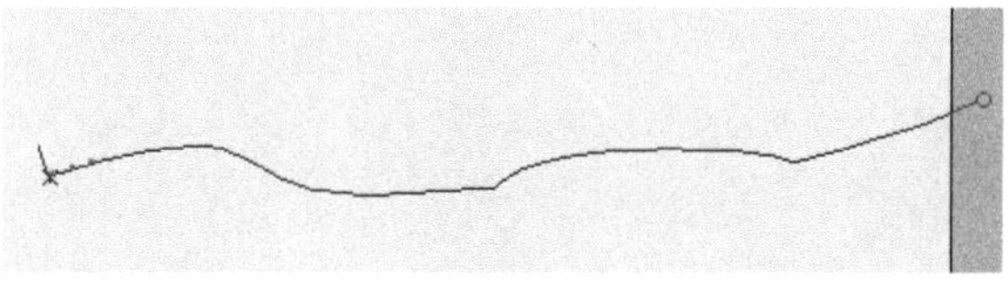

图4-43

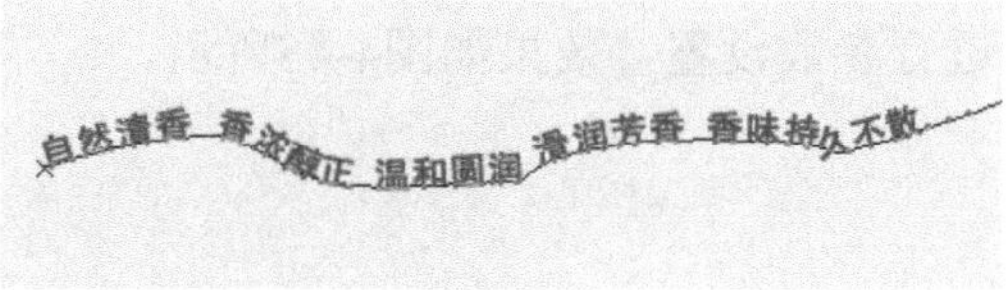

图4-44

（5）双击文字图层，打开“图层样式”对话框，勾选“投影”效果，参照图4-41进行参数设置。

（6）勾选“描边”效果，参照图4-45进行参数设置，效果如图4-46所示。

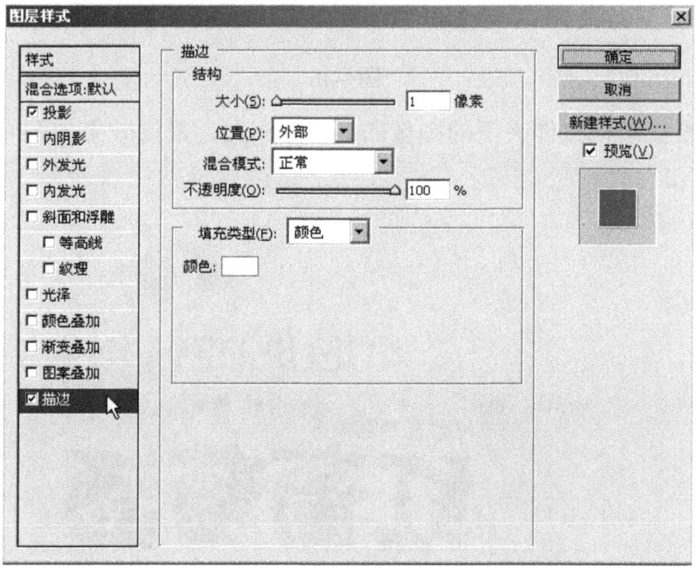

图4-45

图4-46

（7）输入黑色文字“红葡萄酒”，字体为黑体，大小为60点，将文字作艺术处理，效果如图4-47所示。

图4-47

（8）双击文字图层，打开“图层样式”对话框，勾选“投影”效果，参照图4-41进行参数设置，效果如图4-48所示。

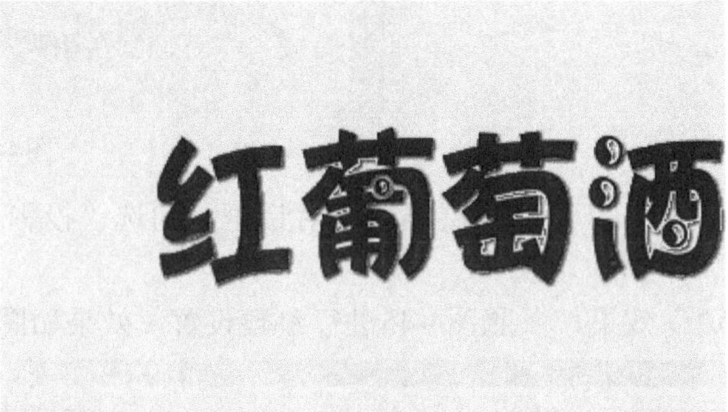

图4-48

（9）合成光盘素材文件夹下的图像Unit4\logo.jpg，最终效果如图4-49所示。

图4-49

4.6 图层样式

在Photoshop中，图层样式可以在不破坏图层像素的基础上，赋予图像各种特殊效果。Photoshop中任何类型的图层，不管是普通图层、文字图层、形状图层还是各种调整图层等，都可以添加图层样式。但对背景、锁定的图层或图层组则不能应用图层效果和样式。对于不能直接应用效果和样式的背景或是锁定的图层，可以采取转换为普通图层或解锁的方法。

4.6.1 关于图层样式

1．图层样式与图层内容相链接

图层效果作用于图层中的不透明像素，且与图层内容相链接，当移动或编辑图层内容时，图层样式也会相应修改。图层样式可以随时添减，而不用担心图层会遭到破坏。如图4-50所示，黑色的文字处于单独的一个图层中，且在背景图层之上，此时执行“图层样式”→“投影”命令即可为文字层添加“阴影”效果。当文字层的内容被改变后，投影也会立即改变。任何类型的图层效果都基于图层的内容，无论图层做出怎样的变化，一直都随着图层内容的变化而改变，以适应图层内容。

图4-50

图层样式包括投影、内阴影、外发光、内发光、斜面和浮雕、光泽、颜色、渐变、图案叠加、描边等10种效果。利用这些效果，可以迅速地改变图层内容的外观。很多时候，可以对图层应用一种以上的图层效果，所使用的各种图层效果的组合被称为图层样式。

为了便于管理和存储这些效果或其组合，可以将某种样式命名并保存为特定样式，存放在样式面板中。这样就可以将这种组合样式随时应用到其他图层或图像中，方便而快捷。

2．“图层样式”对话框

执行“图层”→“图层样式”命令，打开“图层样式”对话框，在其列表中可勾选要添加的样式，也可以直接双击要添加样式的图层或者单击图层面板底部的样式按钮（fx）来打开“图层样式”对话框。图4-51所示为在背景增加一个文字层，并为文字层添加“斜面和浮雕”样式。

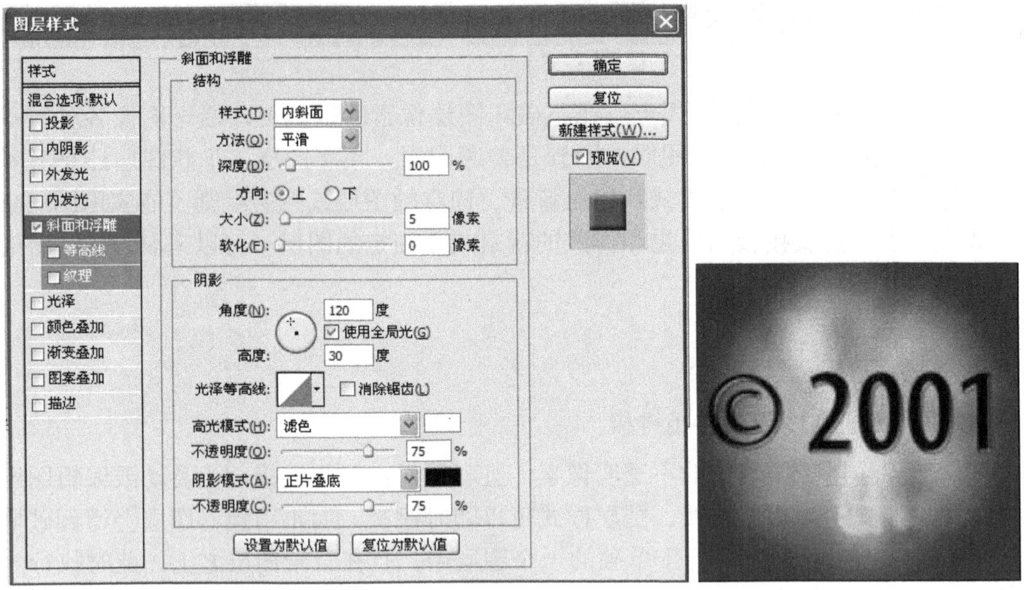

图4-51

除了10种默认的图层效果之外，还可以在样式面板中定义不同的样式，将一种或几种效果集合保存在一种新样式中，从而直接应用于其他图像或文字中。在创建并保存了自定义的样式后，它就会出现在样式面板中。所有被储存的组合效果都会在样式面板中显示，这就是所谓的样式，是一种或更多的图层效果或图层混合选项的组合。

单击“图层样式”对话框中的三角按钮（◉），将弹出一个菜单，如图4-52所示，在其中可执行复位、载入、存储、替换样式等命令，还可以选择下面的一些预设样式，使其直接应用于各种图层。

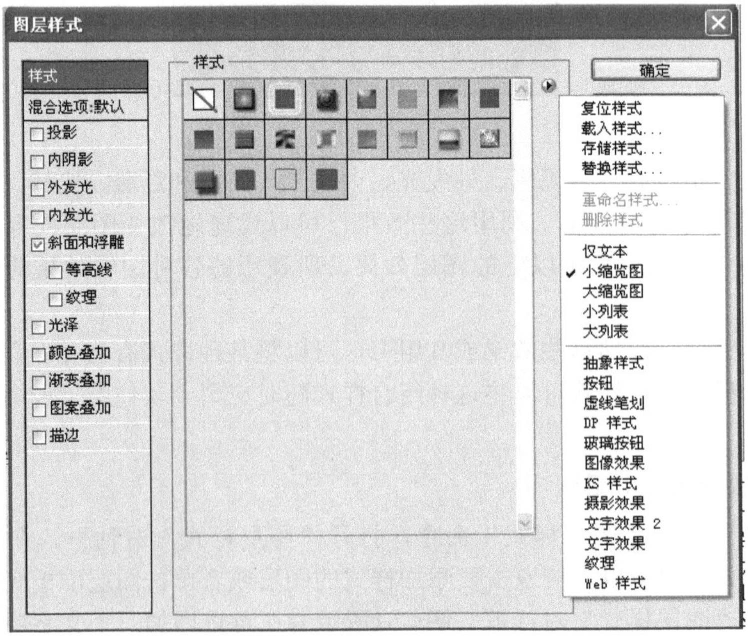

图4-52

图层样式是最重要的Photoshop财富之一，使用它可以节省大量的时间和精力。每个Photoshop专家都会有大量独家“秘方”，这会使他们的创作与众不同。

有些时候，也许在偶然之间会试验出效果很特别的样式，需要赶紧保存下来。因为样式可以包括很多不同类型的图层效果，各种各样的组合让人眼花缭乱。差不多的效果可能会由完全不同的图层效果来构成，要在众多的效果中找到其细微差别真是不太容易。

模仿一种样式要比自己创造更困难（至少在开始是这样）。很多时候，许多特别的样式都是在不经意间出现的，而你殚精竭虑也未必能做得一模一样，这就是妙手偶得的乐趣！将现成的样式应用于图像是非常简单的，特别是拥有大量特别样式的时候，会发现创作变得如此简单！

思考：如图4-53所示的外发光的制作方法。

图4-53

思考：如图4-54所示的斜面和浮雕的制作方法。

图4-54

4.6.2 混合选项

下面介绍如何使用多种混合选项来合成一张工业主题的图像。

首先选择两张扫描图片做为源图像，把每张图片放在一个单独的图层中，如图4-55所示。

图4-55

1．挖空文字效果

使用文字工具建立一个新的文字层。双击图层，打开“图层样式”对话框，在“混合选项”面板的“高级混合”选项区域中，在“挖空”选项中选择“浅”，将填充不透明度减低到40%，如图4-56所示。

“挖空”选项是用当前活动层的像素来显示其他层的像素，浅挖空仅穿透下面的一层，深挖空一直穿透到背景层。如果没有背景层，深挖空会造成透明。随着填充不透明度的降低，能看到的下面的图像也就越多。

图4-56

2．改变混合模式

混合模式可以指定Photoshop以何种方式将一层的像素颜色和它下面一层的像素颜色相混合。如图4-57所示，如果要在图像中添加一些带羽化的黄色条纹，可在“混合模式”文本框中选择“颜色减淡”选项，并将“填充不透明度”的滑块移至76%。

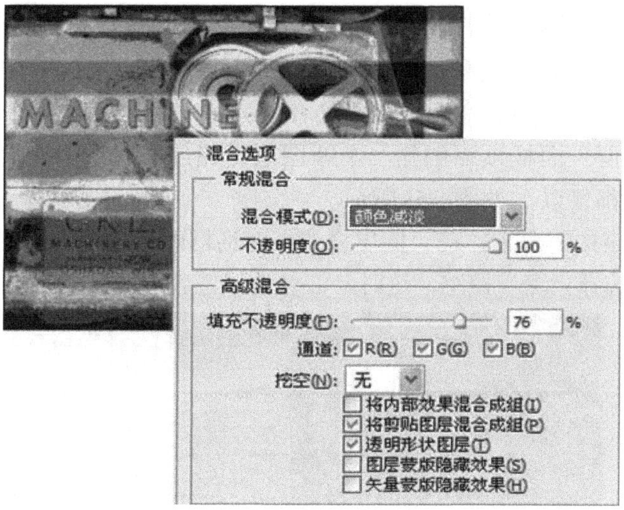

图4-57

3．用混合颜色带来减小颜色范围

通过“混合选项”面板中的“混合颜色带”选项区域可以控制当前活动图层中的像素，以及其下的可见图层中的哪些像素出现在最终的图像中。可以设定单色通道，也可以只选定灰色通道作用于所有通道。

首先，在图层面板中选择建筑物图层，在“图层样式”对话框中设置填充不透明度为47%，从“混合颜色带”文本框中选择“红”选项，把那些暗红色的像素从图像中排除，然后向右拖拽黑色的三角形。如果希望过渡的柔和些，可以按住【Alt】键后再拖拽三角形，如图4-58所示。

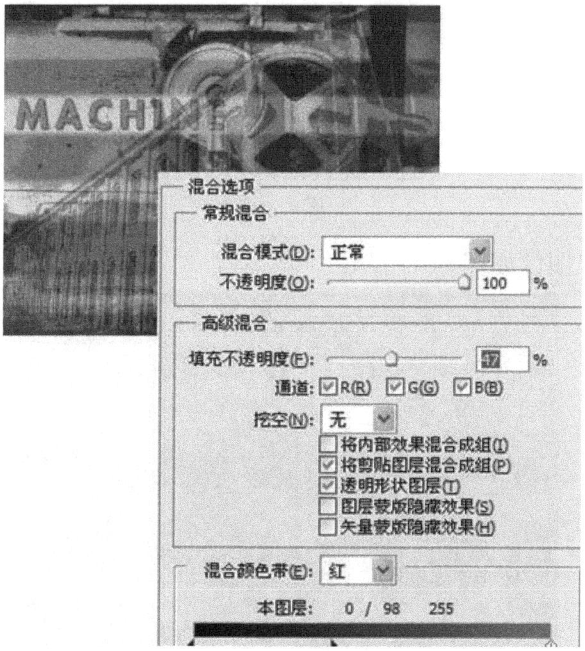

图4-58

4．使用挖空效果来显示底层的部分

在合成的过程中，会发现在底图中有一个较为显眼的元素（机器上的红色标签）被隐没了，可以使用深挖空使它在合成图中再次显现。

首先，在“图层”面板顶端创建一个新图层，然后在底层中想要显露的地方设定选区，填充任何颜色都可以，如图4-59所示。

在顶层为活动层的情况下，在“图层样式”对话框中将填充不透明度设为0%，在“高级混合”选项区域选择“深”挖空，这时，红色的标签就会显露出来了，如图4-60所示。

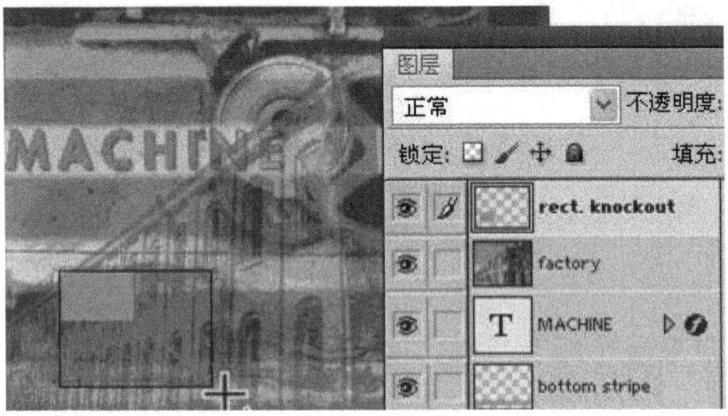

图4-59

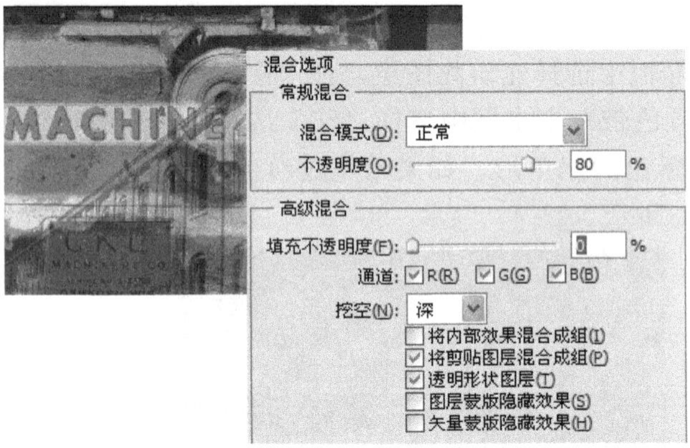

图4-60

最终的合成效果图像如图4-61所示。

图4-61

实例演练：绘制软盘

【实例来源】：《试题汇编》第一单元第1.12题。

（1）新建一个宽高为360像素、RGB模式、白色背景的文件。使用矩形工具，按【Shift】键建立一个正方形选区，并将其移到中心位置。

（2）进入“快速蒙版模式”，使用多边形套索工具在正方形区域的右上角建立小三角形的选区。设置前景色为黑色，用前景色填充选区。这样，小三角形的选区也成为蒙版区。取消选区，效果如图4-62所示。

图4-62

（3）使用相同的方法，为正方形的其他3个角倒切圆角。这3个角倒的是圆角，也比第一个角小得多，效果如图4-63所示。按【Q】键退出“快速蒙版模式”，建立的选区如图4-64所示。

图4-63

图4-64

（4）新建图层并命名为“图层1”，用蓝色（R110、G160、B253）填充选区，然后取消选区。

（5）新建图层并命名为“图层2”，建立矩形选区，执行“编辑”→“描边”命令，用1像素的任意颜色中间描边。按【Ctrl】键并单击“图层2”，载入选区（该选区实际上是一个宽度仅为1像素的框）。

（6）使用线性渐变工具从左上到右下填充一条从黑到白的渐变，取消选区，效果如图4-65所示。

以上操作的目的是使矩形区域看起来像是凹进去的。

（7）新建图层并命名为“图层3”。按步骤4～6所述的方法，再制作如图4-66所示的凹进区域效果。

图4-65

图4-66

（8）建立矩形选区，按【Q】键进入“快速蒙版模式”，使用多边形套索工具对矩形的左下角和右下角进行倒切角。再按【Q】键退出“快速蒙版模式”。

（9）新建图层并命名为“图层4”。使用线性渐变工具从左向右填充一条“深灰—浅灰—灰”的渐变，效果如图4-67所示。

（10）建立矩形选区，按【Delete】键清除选区，然后取消选区。双击“图层4”，打开“图层样式”对话框，勾选“斜面和浮雕”效果，设置参数：样式为“内斜面”、方式为“光滑”、大小为0、角度为120度。如果效果不够理想，可重调这些选项，使软盘的读写孔盖显现较明显的立体效果，如图4-68所示。

图4-67

图4-68

（11）新建图层并命名为“图层5”，建立矩形选区（写保护孔），黑色填充选区。双击“图层5”，打开“图层样式”对话框，勾选“斜面和浮雕”效果，设置参数：样式为“枕状浮雕”、深度为41%、大小为0、角度为135度、阴影模式下面的不透明度为0%。如果效果不够理想，可重调这些选项，直至使软盘的写保护孔盖出现较明显的凹进效果。然后按【Ctrl+J】快捷键，将当前的“图层5”复制为“图层6”。将“图层6”中的图像水平移动到图4-69所示的位置。

（12）新建图层并命名为“图层7”，然后制作软盘左上角的箭头和右上角的标签。创建标签的过程并不复杂，这里不再细述。

图4-69

（13）将除背景图层以外的所有层合并成新的“图层1”。按【Ctrl】键单击“图层1”，载入软盘形状的选区，选择移动工具，按住【Alt】键，交替按向下和向左方向键多次，使软盘逐渐呈现立体化。反选选区，执行“滤镜”→“渲染”→“光照效果”命令，参照图4-70进行参数设置。如果效果不够理想，可适当调整这些参数，最终的软盘效果如图4-71所示。

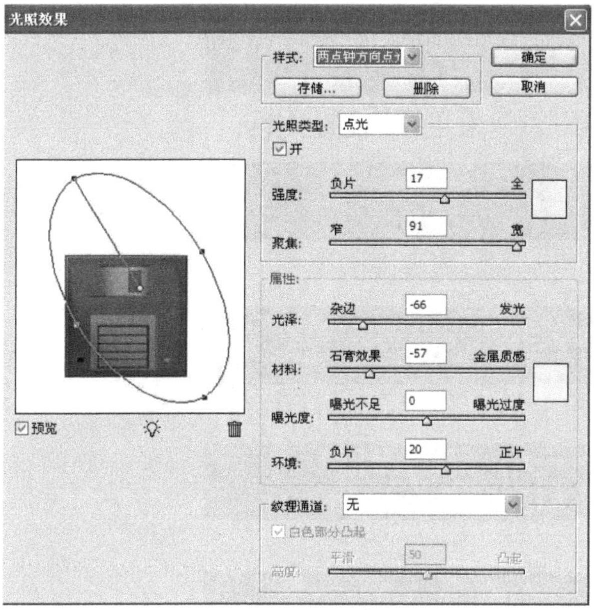

图4-70

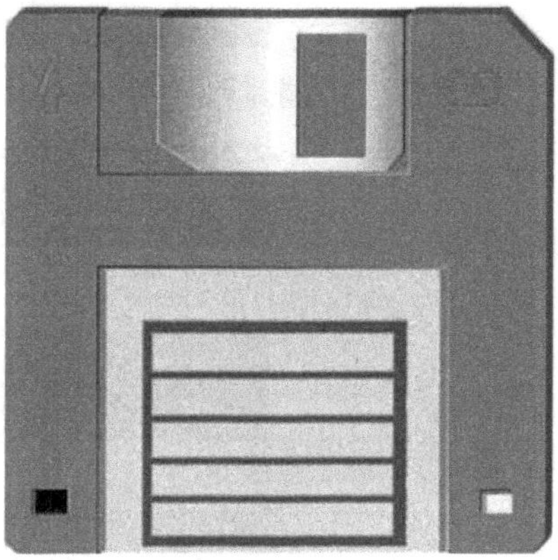

图4-71

4.7　平面设计中的文字

文字是人类文化的重要组成部分。无论在何种视觉媒体中，文字和图片都是两大构成要素。文字排列组合的好坏，直接影响着版面的视觉传达效果。因此，文字设计是增强视觉传达效果，提高作品的诉求力，赋予版面审美价值的一种重要构成技术。

在这里，主要介绍在平面设计中文字设计的几条原则以及文字组合中应注意的几点内容。这部分工作应该是创意完成的工作，计算机是无法代替的。

4.7.1 提高文字的可读性

文字的主要功能是通过视觉效果向大众传达作者的意图和各种信息。要达到这一目的，必须考虑文字的整体诉求效果，以便给人以清晰的视觉印象。因此，设计中的文字应避免繁杂零乱，让人易认易懂，切忌为了设计而设计，忘记了文字设计的根本目的是为了更好更有效地传达作者的意图，表达设计的主题和构想意念。

要让表达的内容清晰、醒目。

要避免使用不清晰的字体（除非需要这种效果）。

要恰当的选择所需要的字体。

但是，经过特别的处理，可以使用一些本来并不合适的字体。

要注意文字编排时的方向。

如果

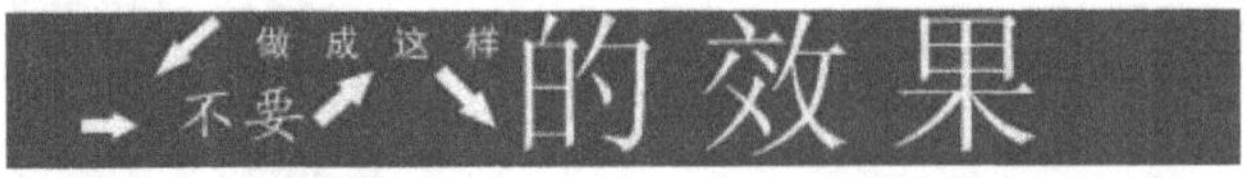

那么，可以做成这样。

或者是这样也可以。

最后一点，通常情况下应该

文字组合的目的，是为了增强其视觉传达功能，赋予审美情感，诱导人们有兴趣的进行阅读。因此在组合方式上就需要顺应人们心理感受的顺序。一般来说，在水平方向上，人们的视线一般是从左向右流动；在垂直方向时，视线一般是从上向下流动；大于45°时，视线是从上而下的；小于45°时，视线是从下向上流动的。

4.7.2 在画面中的整体要求

1．文字位置

在画面中的安排要考虑到全局的因素，不能有视觉上的冲突，否则会在画面上造成主次不分，容易引起视觉顺序的混乱，而且作品的整个含义和气氛都可能会被破坏。这是一个很微妙的问题，需要去体会，计算机是无法替代的。细节的地方一定要注意，1个像素的差距有时候也会改变整个作品的味道。

要安排好文字和图形之间的交叉错合，既不要影响图形的观看，也不能影响文字的阅览。

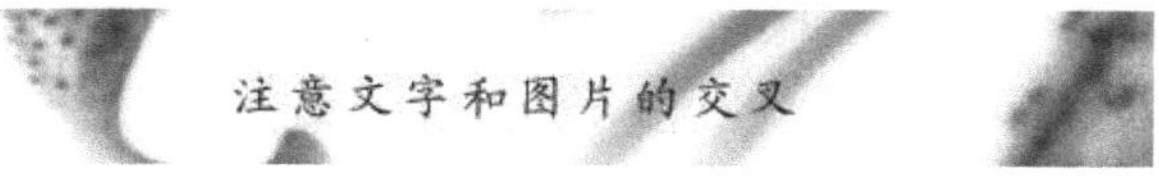

如果不小心做成了这样（有意安排这种效果的除外）。

文字一定不要全部都顶着画面的边角，这样看起来很不专业。

再说一点细节上应该注意的问题：不要让文字和边线没有距离。这是容易忽视的地方，也是容易出问题的地方。

这样看起来就好一点了。

文字不仅要在字体上和画面配合好，甚至其颜色和部分笔画都要加工，这样才能达到更完整的效果。这些细节地方需要的是耐心和功力。记住一定要有自己的想法和感受在里面。如果想表达自己对作品的态度，就不要在文字上偷懒，这也是不能偷懒的地方。

2．整体风格

对作品而言，每一件作品都有其独特的风格。在这个前提下，一个作品版面上的各种不同字体的组合，一定要具有一种符合整个作品风格的风格倾向，形成总体的情调和感情倾向，不能各种文字自成一种风格、各行其是。总的基调应该是整体上的协调和局部的对比，统一之中又具有灵活的变化，从而具有对比和谐的效果。这样，整个作品才会产生视觉上的美感，符合人们的欣赏心理。 除了以统一文字个性的方法来达到设计的基调外，也可以从方向性上来形成文字统一的基调，以及在色彩方面来达到统一基调的效果等。

3．组合关系

图4-72所示画面中所有出现的文字元素都经过了仔细处理，这是根据主题的需要所必须做的。如果没有这样的文字设计，或许作品本身的感染力会弱得多。

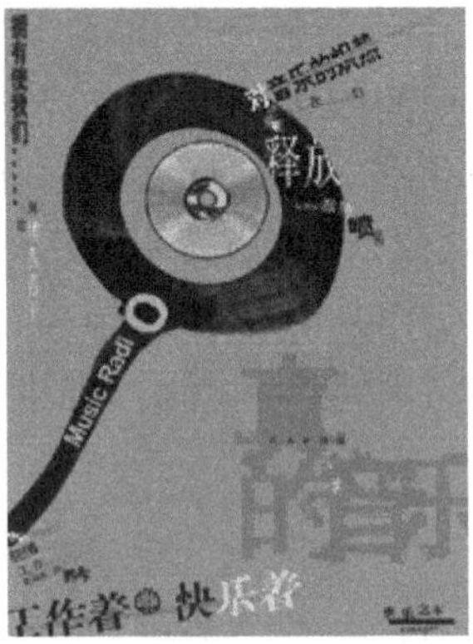

图4-72

在有图片的版面中，文字的组合应相对较为集中。如果是以图片为主要的诉求要素，则文字应该紧凑地排列在适当的位置上，不可过分变化分散，以免因主题不明而造成视线流动的混乱。

4.7.3 在视觉上体现文字的美感

在视觉传达的过程中，文字作为画面的形象要素之一，具有传达感情的功能，因而必须具有视觉上的美感，才能给人以美的感受。字型好、组合巧妙的文字能使人感到愉快，留下美好的印象，从而获得良好的心理反应。反之，则使人看后心里不愉快，视觉上难以产生美感，甚至会让人拒而不看，这样势必难以传达作者想要表现的意图和构想。

下面是一个带有图形的文字版面，也许会认为这样也不错了。

但是是不是太平淡了呢？改一下文字的位置和大小，效果又会怎么样呢？

或者也可以

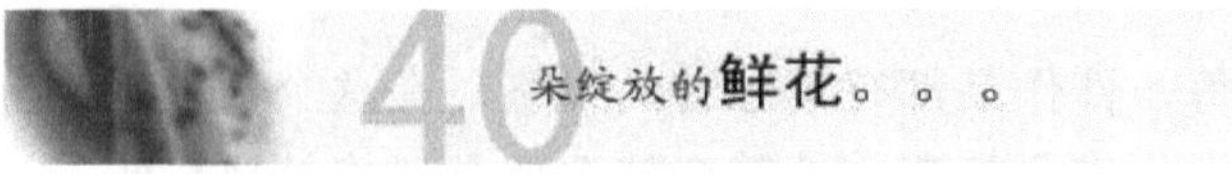

感觉到了什么吗？其实就是这么微妙，有时只是一点小变化，味道却很不一样。

再看看字间距的问题。

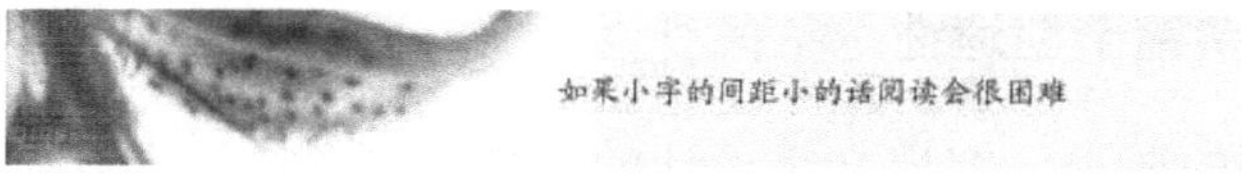

改一下看看，好一点了吗？

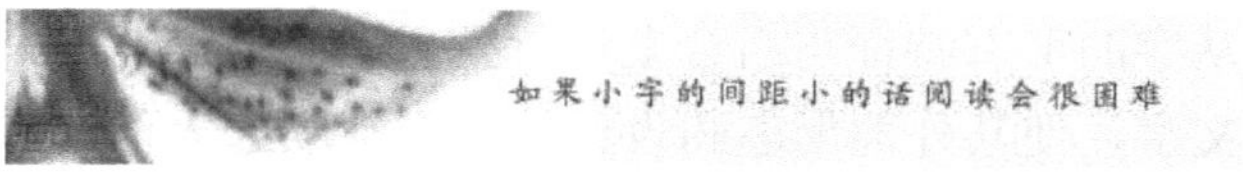

对于大的字体如果照搬上面的做法，看起来字与字之间会比较松散。

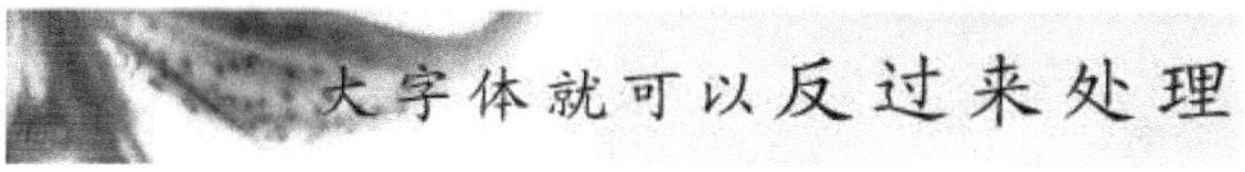

调整后是这样，看起来紧凑多了，字与字之间的对应关系也出来了。

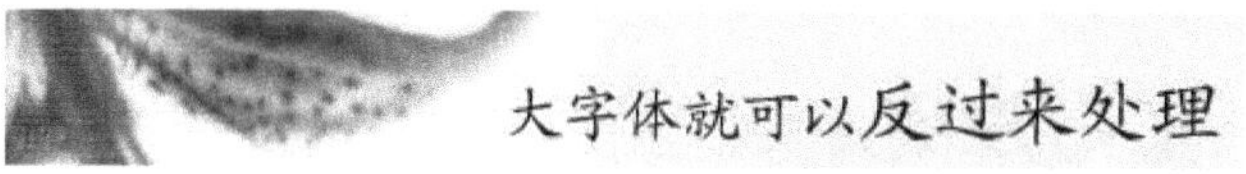

字体加大后，段落之间的距离也应该随之调整（在这里，小字体同样应用这一规则，不过是相反的）。

例如，没有调整段落距离的时候

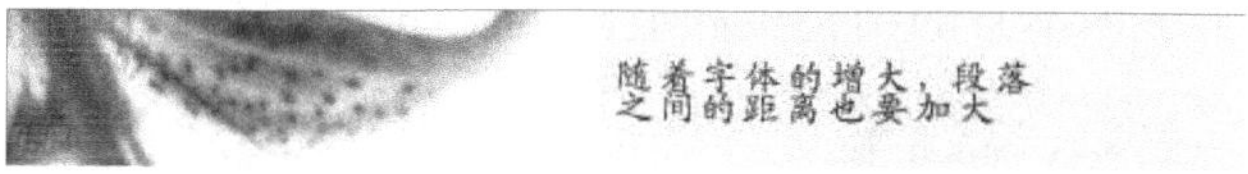

调整后可以是这样

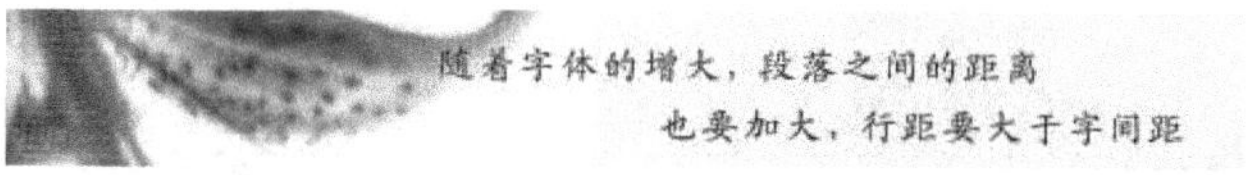

如果有多个段落，就要注意更多的问题，例如主次和轻重，以及在内容表达方面的重要程度等。

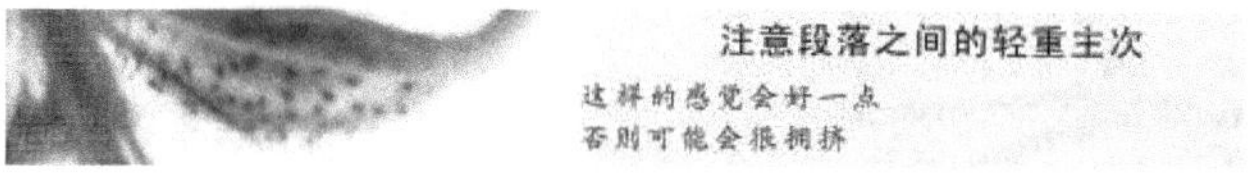

图4-73所示的画面就是个不错的版面处理。

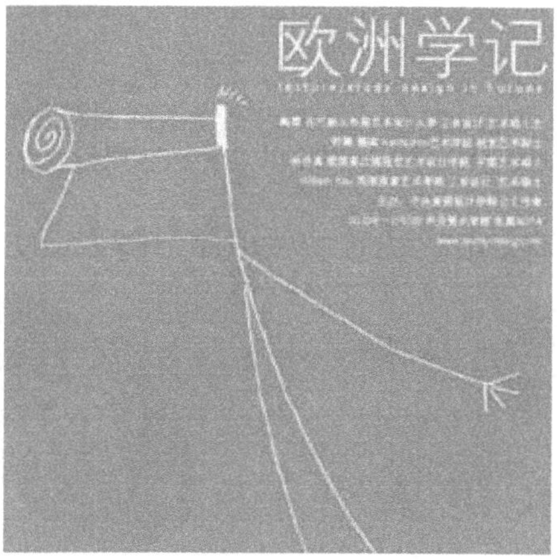

图4-73

4.7.4 在设计上要富于创造性

根据作品主题的要求，突出文字设计的个性色彩，创造与众不同的独具特色的字体，可给人以别开生面的视觉感受，有利于作者设计意图的表现。

在设计时，应从字的形态特征与组合上进行探求，不断修改、反复琢磨，这样才能创造出富有个性的文字，使其外部形态和设计格调都能唤起人们的审美愉悦。

这是一个很普通的文字版面。

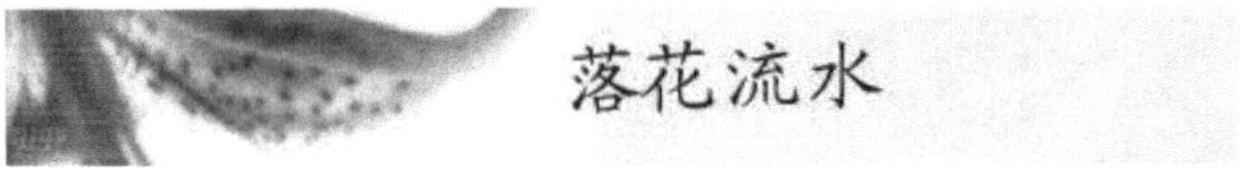

那么加一点自己的感受在里面，对文字的大小、间距、透明度做些调整，就会是完全不同的效果了。

根据画面或作品的要求，可以使用一些图形化的文字（这可是汉字设计的一种新观点）。所谓“文字图形化”即将文字笔画做合理的变形搭配，使之产生类似有机或无机图形的趣味，强调了字体本身的结构美和笔画美，如图4-74所示。

图4-74

（左）总感觉文字在这里面的表现力有些苍白了。对主题的表达没有什么帮助。那么试着改一下行不行？

（右）味道出来了吗？在一定的条件下，确实不能用计算机中提供的字体，必须要自己创造，这也是汉字的魅力所在。

又如，在没有太多考虑的情况下的效果如图4-75所示，设计后的效果如图4-76所示。

图4-75

图4-76

差别就在这里，也许只是一点小改动，但是需要思考的却很多。有时候对文字的笔画做特殊的加工处理往往会产生一些意想不到的效果。而这样的处理是带有创造性的，同时人性化的味道也会更浓一些。这是计算机字体无法替代的效果，其所带来的感受自然也会强烈得多。

文字版面的设计也是创意，创意是设计者思维水准的体现，是评价一件设计作品好坏的重要标准。在现代设计领域，一切制作的程序都由计算机代劳，而使人类的劳动仅限于思维上，这是好事，省去了许多不必要的工序，为创作提供了更好的条件。但是，在某些必要的阶段上，还是不能完全让计算机来做。人，毕竟才是设计的主体。

思考：文字的创意设计方法，如图4-77所示。

图4-77

4.8 样题解答

（1）打开光盘素材文件夹下的素材文件Unit4\Noel.jpg，如图4-78所示。

（2）创建字母选区，按两次【Ctrl+J】快捷键，将字母分别复制到两个新图层中，并分别命名为“文字1”和“文字2”。选择上面的“文字2”图层，使用画笔工具把文字涂画为白色，如图4-79所示。

图4-78

图4-79

（3）对图层“文字2”添加图层蒙版，使用铅笔工具在文字蒙版上涂画，显露出部分的文字区域，效果如图4-80所示。

图4-80

（4）在图层蒙版上，单击鼠标右键，选择应用蒙版。执行“滤镜”→“风格化”→“扩散”命令，打开“扩散”对话框，参照图4-81进行参数设置。

（5）执行“编辑”→“变换”→“旋转90度（逆时针）”命令，再执行“滤镜”→“风格化”→“风”命令，打开其对话框，参照图4-82进行参数设置。

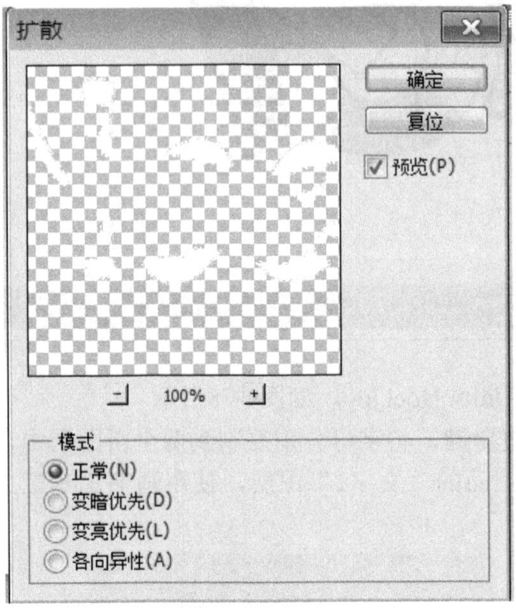

图4-81

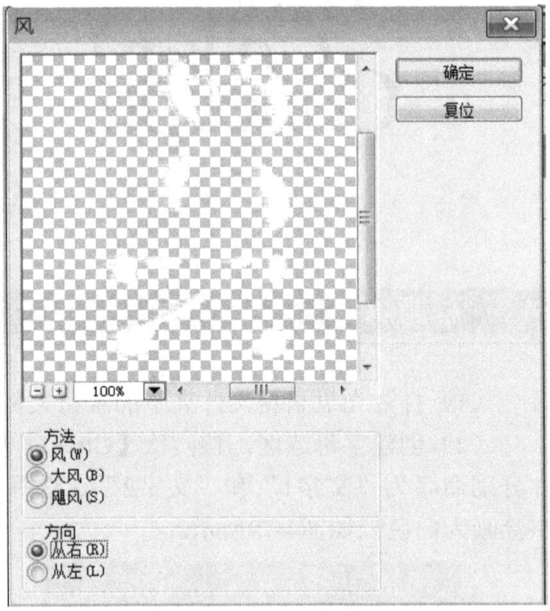

图4-82

（6）执行“编辑”→“变换”→“旋转90度（顺时针）”命令，双击该图层，打开“图层样式”对话框，勾选“内阴影”和“外发光”效果，参照图4-83进行参数设置，效果如图4-84所示。

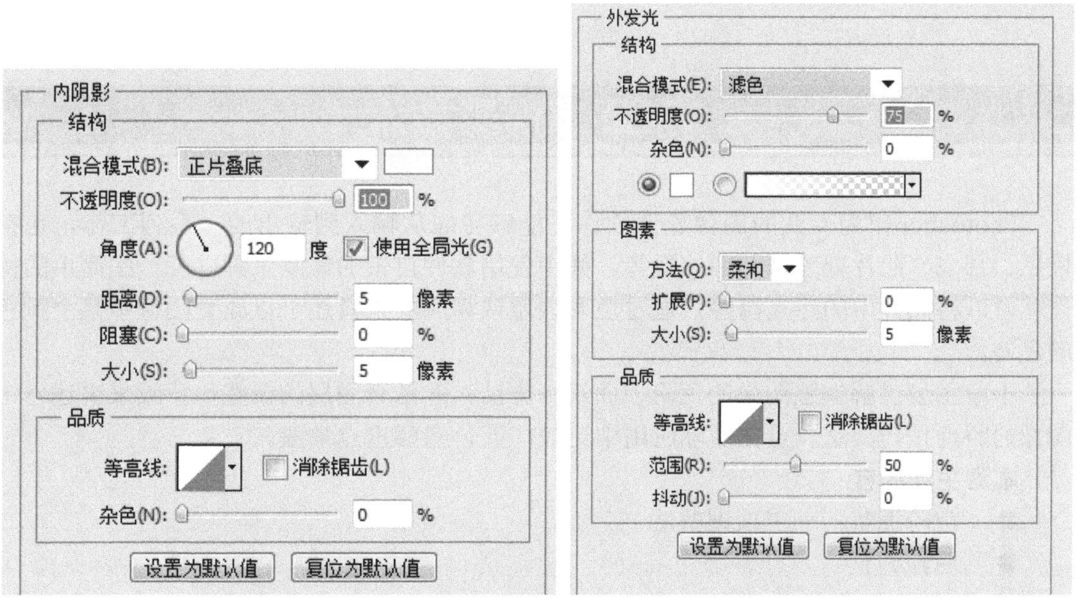

图4-83

图4-84

（7）复制图层“文字1”为“文字3”，并放置在“文字2”之上，设置图层混合模式为“叠加”。载入光盘素材文件夹下的图像Unit4\image.jpg（如图4-85所示），将图层混合模式改为“柔光”，处理形成雪景，最终效果如图4-86所示。

图4-85

图4-86

第5章　摄影技术

Photoshop作为专业的图像处理软件，能够完成从输入到输出的一系列工作，包括校色、合成、照片处理、图像修复等，其中使用软件自带的修复工具进行一些简单的操作就可以将照片中的污点清除，通过色彩调整或相应的工具还可以改变图像中某个颜色的色调。

本章主要讲解调整图像的色阶、曲线等方法，并结合图层的调整和蒙版来讲述修饰图像的照片技巧。这一点在实际应用中比较广泛，需要重点掌握。

本章主要内容

- 色阶调整——三项调节法
- 曲线调整
- 调整图层
- 图层蒙版
- 合成图像的技巧

评分细则

本章有3个评分点，每题15分。

序号	评分点	分值	得分条件	判分要求
1	编辑修复	5	按照要求编辑修复照片	没达到要求不给分
2	图像调整	5	达到照片要求调整效果	对调整命令不要求
3	图层修饰	5	按照要求修饰照片	未达到效果不给分

本章导读

如上所述，我们明确了本章所要学习的主要内容以及对应《试题汇编》的评分点、得分条件和判分要求等。下面先在“样题示范”中展示《试题汇编》中一道“制作化妆照效果”的真实试题，并在“样题分析”中对如何解答这道试题进行分析，然后通过一些案例来详细讲解本章中涉及到的技能考核点，最后通过“样题解答”来叙述“制作化妆照效果”这道试题的详细操作步骤。

5.1　样题示范

【练习目的】

从《试题汇编》中选取样题，了解本章题目类型，掌握本章重点技能点。

【样题来源】

《试题汇编》第五单元第5.2题。

【操作要求】

制作化妆照效果，如图5-1所示。

图5-1

1．**编辑修复**：打开光盘素材文件夹下的素材文件Unit5\girl.jpg，如图5-2所示，复制照片图层作为皮肤层，高斯模糊处理，调整图像亮度对比度（+30、+10），产生皮肤美白效果，调整图层混合模式为“变亮”，以清晰五官。

2．**图像调整**：选择眼睛并复制成新图层，用黑色外发光、“线性加深”混合模式，制作眼线效果。选择嘴唇并复制成新图层，用颜色叠加（#f80047）、“柔光”混合模式，降低不透明度，制作口红效果。

3．**图像修饰**：使用红色不透明度30%，“颜色加深”混合模式，涂抹眼影。使用红色不透明度39%，“叠加”混合模式，涂抹腮红。

将最终结果以X5-2.psd为文件名保存。

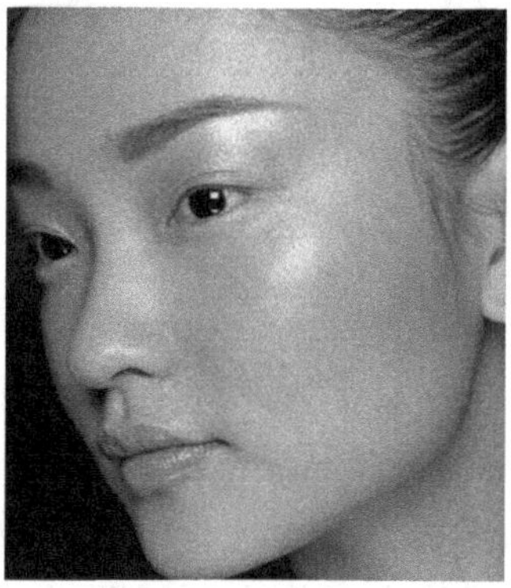

图5-2

5.2 样题分析

本题考查的是为人物绘制彩妆效果的摄影后期处理技术。

要解答本题，首先使用模糊滤镜处理图像与原图层混合处理，这是常见的美白润肤手段。然后涂绘各部分色彩，使其与相应部分的皮肤混合形成化妆效果。

照片拍摄时的光学缺撼，可以通过后期色彩色调调整来补偿，而破损照片也可以使用修饰修复等技法来处理。

解答本题需要掌握本章中的相关操作技能，下面就从这些技能要点开始介绍。

5.3 色阶调整——三项调节法

图像最不可捉摸的方面就是对色彩的控制，对于摄影作品，首要的是色彩校正。

色彩调整是Photoshop中最基本的技巧之一，一般常用的是“图像”→“调整”子菜单中的“色阶”、“曲线”和“色相/饱和度”命令。其中“色阶”和“曲线”是图像调整的集大成，掌握它们的原理和技巧，其他命令也就迎刃而解了。

由色彩构成的基础知识可以知道，每一个色彩都是由明度、色相、饱和度这三个关键要素来决定。这就是调整的基本思想，即通过组合调整图像的三项要素，来达到控制色彩的目的。

下面通过一张样图来介绍三项调节法，如图5-3所示，左图为原图，右图为调整后的效果图。

图5-3

5.3.1 明度调节

明度是指色彩的明亮程度。“显示器亮度调节”按钮☼所控制的就是明度。在无色中，明度最高的色为白色，最低为黑色。

使用Photoshop的色阶调节图像，其对比度和饱和度损失小，最能保持图像的原汁原味。同时，在使用命令时能够放大图像来进行即时观察，而且可以通过数字输入方式，控制精度高而准确，是非常专业的调整命令。

执行菜单中的“图像”→“调整”→“色阶”命令，或按【Ctrl+L】快捷键，即可打开“色阶”对话框，如图5-4所示。

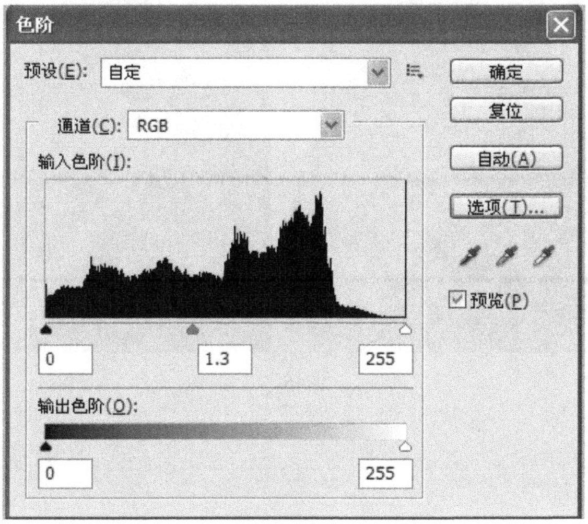

图5-4

（1）直方图代表了整个图像或是选定区域内的色阶分布。水平轴表示色阶值，有0～255的变化。垂直轴表示该色阶所拥有的像素个数，高的地方表示此色阶处的像素较多，相反就表示其像素较少。

- 色阶分布在右边，说明图像的明亮部较多。
- 色阶分布在左边，说明图像的暗部较多。
- 色阶分布在中间，说明图像的中色调较多，缺少色彩对比。
- 色阶像梳子状，说明图像色阶有跳阶的现象，某些色阶像素缺乏，无法表达渐变、平滑等效果。

（2）拖拽直方图下方中间的灰色三角，或直接在“输入色阶”文本框中输入数据即可调节明度，初始值为1，最大值为9.99，最小值为0.01。勾选“预览”复选框，可在调节的同时即时预览图像调整效果。

随着明度的提高，会降低图像的对比度（清晰度）和饱和度（颜色纯度），反之则提高其对比度和饱和度，所以调节明度，事实上就是在找一个既改善明度又不过份影响对比度和饱和度的适中位置。

（3）使用吸管工具可以直观地对图像进行色阶调整。三个吸管工具分别代表暗部对应黑点、中间色对应中性点和亮部对应白点。在图像上拾取颜色，就能改变Input数值和相应三角滑块位置。

设置黑、白和中性点，可以定义图像的暗部、亮部和中性色，然后通过调整色阶三角滑块，扩大色阶范围。

当扫描仪得到的图像色阶被压缩时，就可以通过设置黑点和白点再扩大的方式来加大图像的暗区和亮区，使图像色阶更加丰富，同时也加大了图像的明暗反差。

观察样本图像（如图5-5左图所示）的明度分布，发现其明度太低，把明度提高到

1.3左右，效果较好，而对图像的层次和对比影响不大，效果如图5-5右图所示。

图5-5

5.3.2 色相调节

色相就是色彩的相貌，即在色谱上所能看到的红、橙、黄、绿、蓝、靛、紫等不同的色彩特征。

Photoshop中的“色相/饱和度”命令是较直接和简单的方法，也能放大图像即时观察，而且同样有数字输入方式，可以调出整个色谱所有颜色。

执行菜单中“图像”→“调整”→“色相/饱和度”命令，或按【Ctrl+U】快捷键，即可打开“色相/饱和度”对话框，如图5-6所示。

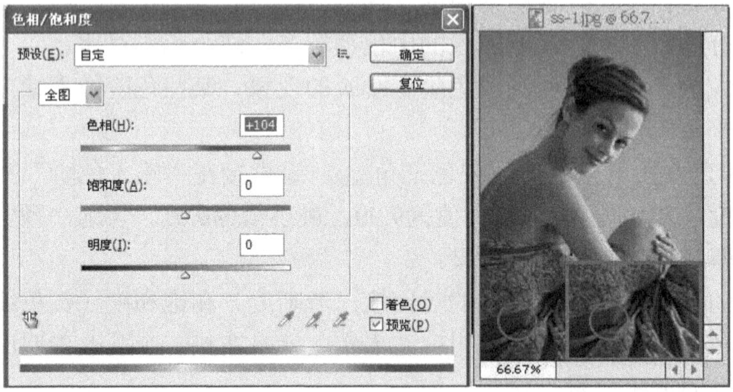

图5-6

可以直接拖拽“色相”选项的三角，或是直接输入数据来调节色相，初始值为0，最大值为+180，最小值为-180。

对话框的下方有两条色带，色带上的颜色是按色谱的顺序排列的，上面是指原图的色彩，下面是指调节后的色彩。如果既要调节的颜色得到改善，又要尽量保留原图中想要保留的颜色，则可以选择调节单色通道。

观察样本原图（如图5-7左图所示），发现其颜色偏冷色（少红色），可把色相向左提高到-10左右，使色调变暖，同时对其他地方的色调影响不大，如图5-7右图所示。

其实仔细观察，会发现原图中嘴唇部分的红色被改成了较暗的洋红色，这就是颜色在调节中的损失，不过可以通过提高明度来修正。

图5-7

5.3.3 饱和度调节

饱和度指的是色彩的鲜浊程度，在光谱上决定于某一种颜色波长的单一程度，就像显示器色彩饱合度调节按钮。

需要注意的是，饱和度和明度是两个截然不同的概念，比如说蓝色，当混入白色时，虽然明度提高了，但它的饱和度也随之降低，成为淡蓝色，如图5-8所示。

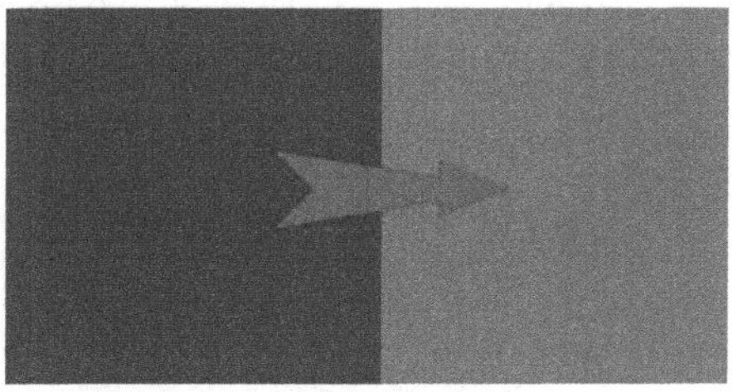

图5-8

在Photoshop菜单中执行“图像”→“调整”→“色相/饱和度”命令，或按【Ctrl+U】快捷键，即可打开“色相/饱和度”对话框，如图5-9所示。

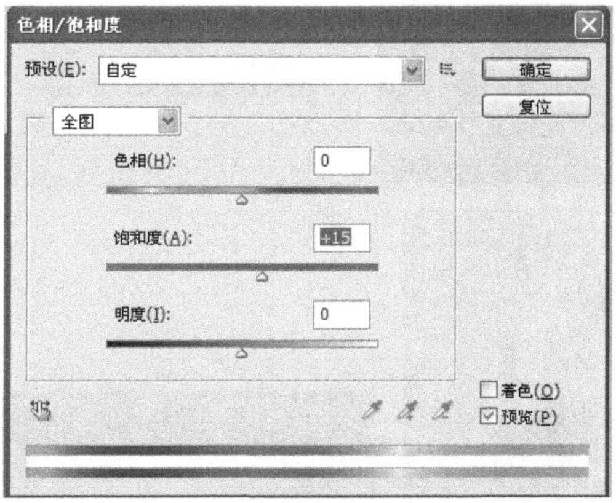

图5-9

可以拖拽中间的“饱和度”选项的小三角，或直接输入数据来调节饱和度，初始值为0，最大值为+100，最小值为-100。

与明度调节的问题一样，随着饱和度的提高，明度会有所降低，对比度会升高，层次感会减弱。过高的饱和度会让图像失去层次感，降低颜色过渡的变化。

观察样本原图（如图5-10左图所示），饱和度偏低，提高到+15左右，效果较好，图像的层次影响不大，效果如图5-10右图所示。

图5-10

在实际工作中，需要更多地反复组合来调节图像，这比单一使用更为重要。

再观察一例，体会图像两次调整的效果，如图5-11所示。

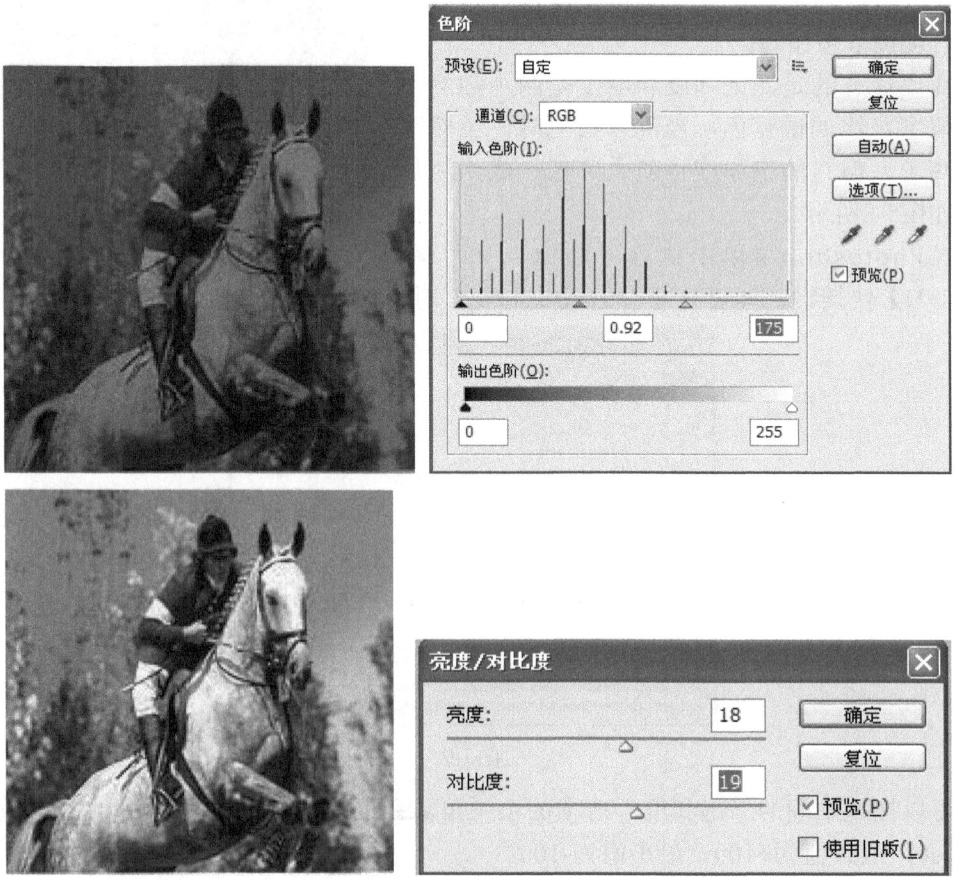

图5-11

5.4　曲线调整

在处理图像时会遇到对比度不够或是色调有缺陷的图片，必须自如地掌握“曲线”调节，这是Photoshop中极为重要的图像校准工具。掌握“曲线”工具，将极大地提高工作效率，才有可能达到专业级图像处理水平。

实际上不只是Photoshop，在各种等级的扫描仪操作界面中都集成了“曲线”，在每次操作中都可以进行调节整体对比度或色调范围、调节局部对比度或色调范围、调节色彩等操作。这些操作都具有极高的精确度，能够使那些看上去不能使用的图片重新焕发光彩。

5.4.1　认识曲线

执行“图像”→“调整”→“曲线”命令，或按【Ctrl+M】快捷键，即可打开“曲线”对话框，如图5-12所示。

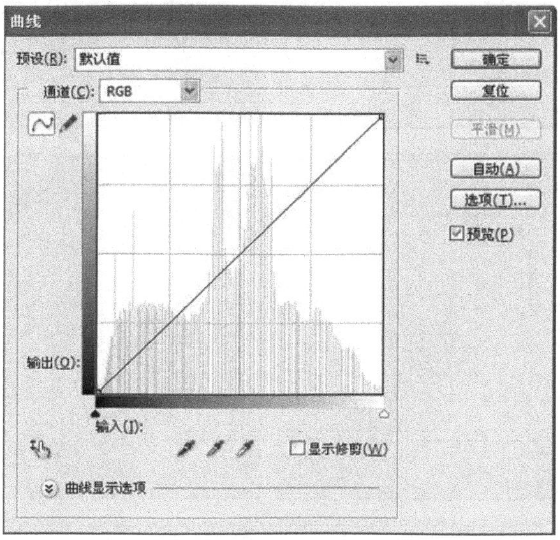

图5-12

如果“曲线”对话框没有足够的辅助方格线，可以按【Alt】键在方格内单击，增加辅助方格线的密度，这对“曲线”的功能本身不会有任何影响，但可使调整色调的操作过程更为清晰明了。

“曲线”的原理是亮度值的重新分布（Remapping Brightness Values）。每一个像素都有其初始的亮度，可以调节得更亮些或更暗些，如图5-13所示。底部的色调条表示图像调整前的色调值，垂直的色调条带表示图像调整后的色调值。

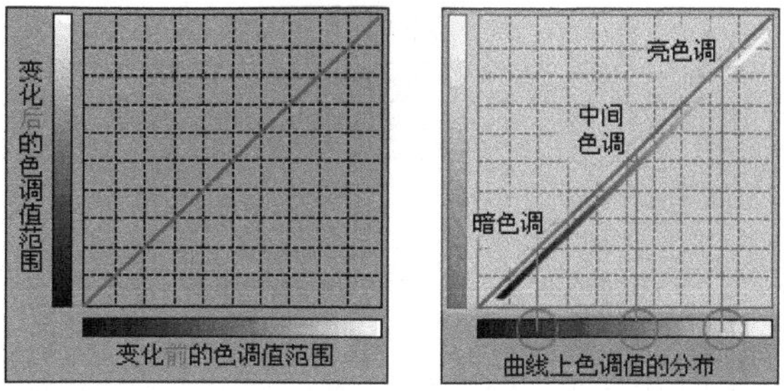

图5-13

单击这条线上的任意一处，即可建立某个“点”，拖拽到方格线内的任何位置从而可使设定值发生变化，亮一点或暗一点将取决于向上或是向下拖拽。因为产生的变化是以曲线的方式，所以图形的变化可以自然地融合在一起。如果曲线变化突然，则可以产生更为突出更为明显的色调变化。

5.4.2 改进灰阶图像的色调范围

在天色朦胧的傍晚拍摄的图像一般会缺乏对比度，观察图5-14所示的原图及曲线调整效果，在处理这个问题时会发现，使用曲线将其调整得亮一些或是暗一些，并没有显著的效果。

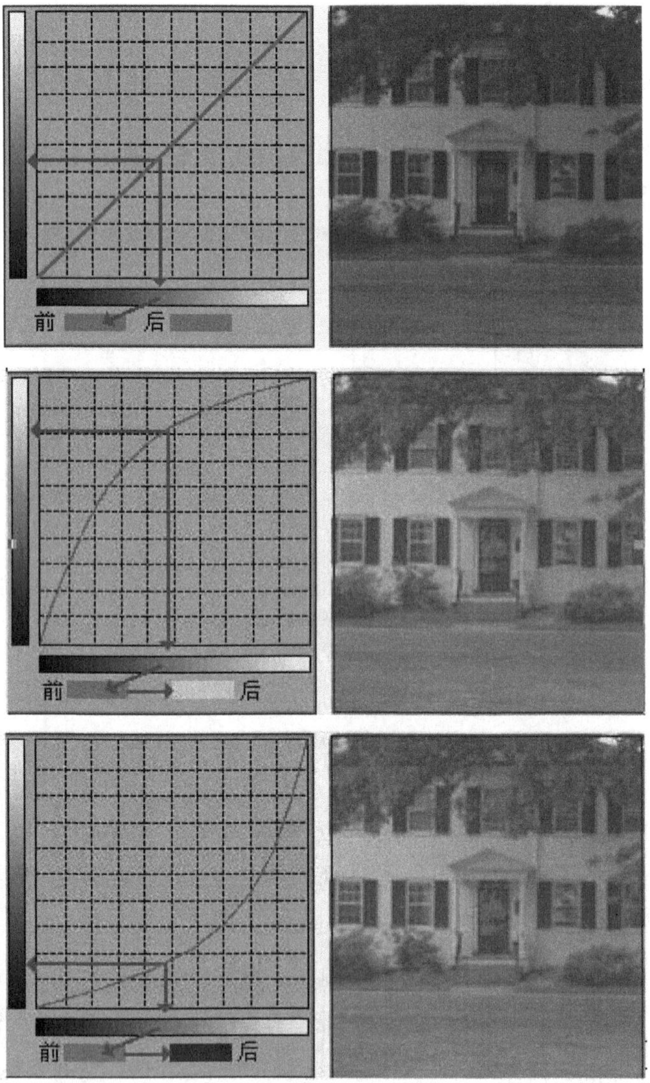

图5-14

如果把两者最好的部分结合起来，会怎么样呢？在同一条曲线上既提高明度又降低暗度，如图5-15所示。部分区域变亮，部分区域变暗，增加了图像的层次感和立体感。

事实上，对这样一张既非纯黑也非纯白的图像，首先要做的是将图像色调值的变动范围扩展至全部标度。如果使“曲线”保持直线，但坡度较陡一点，图像就会出现纯黑和纯白，而其中的色调对比也会相应增加，那些沉闷、单调、平板、乏味的图片就会层次更丰富。

使用“曲线”还可以快速翻转图形或是线条。把黑色末端的点从左下端拖拽到左上端，把白色末端的点从右上端拖拽到右下端。这个操作的效果相当于“反相”处理。如果充分利用所有的动态色阶范围，无疑图像就会更亮丽，如图5-16所示。

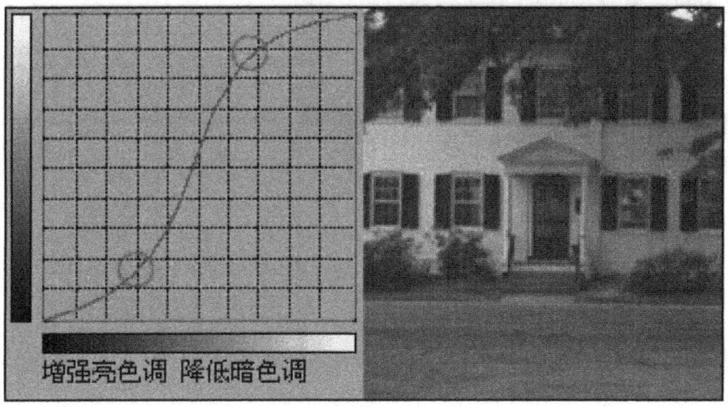

图5-15

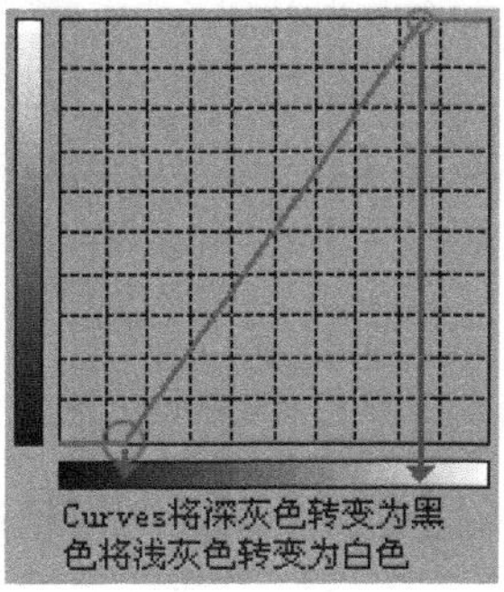

图5-16

下面介绍的3个技巧将使你事半功倍，它们也同样适用于彩图（只是在灰阶中比较容易说明问题）。因此即使工作中并不常涉及灰阶图像，也不要忽略这些技巧。

技巧1：用“吸管”来设定范围

如图5-17所示，“预览”复选框应该保持选中状态，这样可以实时看到所做的变动对图像的影响。“自动”按钮一定要谨慎使用，单击这个按钮将会把图像中的最亮值设定为白色，最暗值则定为黑色。这样会比较省时间，但是这小小的捷径并非总是最佳方案。在彩图中这样做甚至是危险的，因为彩图最暗与最亮的点应该是“中间色”。

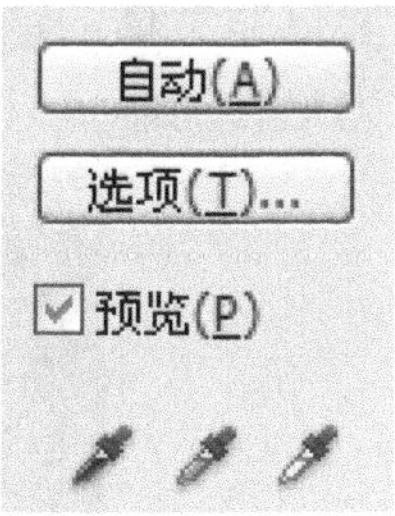

图5-17

通常具有实际意义的最亮点与最暗点只能根据特定的图像背景来决定，单击黑色吸管，在图像窗口单击要定为黑色的区域即可，对于灰色和白色也可使用同样的方法。这么做既快速又精确。如果有既定的目标值，双击任何一个吸管就会打开色彩选择窗口，直接选择图像色调所要变化成的精确颜色值即可。

技巧2：在曲线上定位色值

如果想了解图像中某一特定点色值在曲线上的位置，可把光标移进图像窗口中，此时光标会变成一个图标，单击该点曲线上将会出现一个小的标识。或是在单击图像的同时按住【Ctrl】键，系统不仅会在曲线上标注出显示色调的位置，还会自动在曲线中插入一个控制点，如图5-18所示。

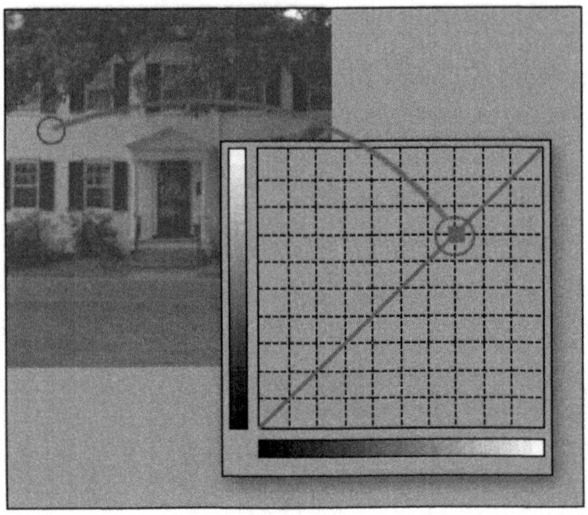

图5-18

技巧3：加强局部对比度

前面已经介绍过如何把图像中可用的色调范围最大化，现在要更进一步考虑如何将图像主体某个特定范围内的色调最大化。许多图片都由背景、前景和主体组成。以肖像为例，大多数情况下，把注意力更多集中在主体（即人物）而非背景上。所以，要尽可能地使主体看起来更富有光彩和活力。

利用在增大曲线斜度时对比度将增强的方法，在图像窗口中按住鼠标并拖拽，仔细观察曲线上标识所处的大概范围——现在知道如何在曲线上找到主体色调的大致范围了吧？加大这部分曲线的斜度就会增加主体的对比度。主体所得到的效果在某种程度上是要以非主体的牺牲为代价的。多数情况下两者难以兼顾，权衡利弊，这还是值得的，因为牺牲的毕竟只是背景。图5-19所示的是修改前后的对照效果和变动曲线。

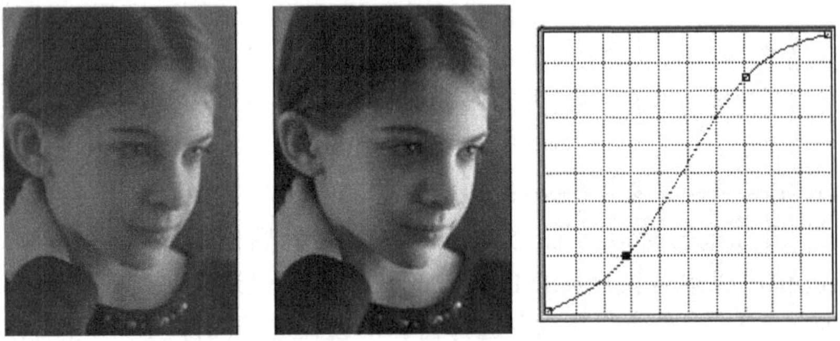

图5-19

有了一定的实践经验后，就可以很快从曲线上直接认出相应颜色的位置，同时也会变得更有把握、更果断。在使用“曲线”之前先做个大概的分析，这样在开始行动前对将要做些什么就有一个全面的构想。曲线上设置好的点仍然可以移动，当设置好一个点并开始移动曲线时，预览图像就成了一个极为有用的反馈功能，可以轻而易举地调节点的位置及曲线的斜度，进行反复精细地修改，从而使图像更和谐。

应该有这样的意识：离开图形单独存在的曲线是没有任何意义的。每一幅图像都是独特的，并有着自己独特的曲线。

现在知道该如何与不同的图像打交道了吧——对！在图像窗口移动鼠标，记下色调变化范围的位置，提高这部分曲线的斜度。观察如图5-20所示的两个例子，细细体会。

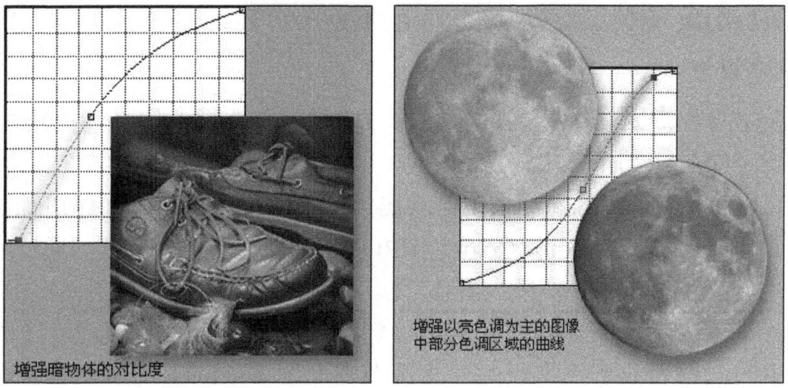

图5-20

5.4.3 调整RGB彩色图像

1．调整色彩通道

上述三个技巧对彩色图像有什么用呢？首先，上一节使用灰阶图像来讲解是为使概念更容易阐明。其次，RGB彩图可以而且应该被看作是由一个复合通道和三个基本的灰阶通道（各自包含了三原色的明亮度）组成的，如图5-21所示。可以用一条曲线来编辑一个通道，就像在灰阶图像中所做的那样。但这时的改变除了对比度外，还有红、绿、蓝色值的改变。一个通道一个通道地进行编辑，可以有效而巧妙地平衡色彩，这就是曲线——这个Photoshop中最强有力而精确的色彩校正工具的真正本质。

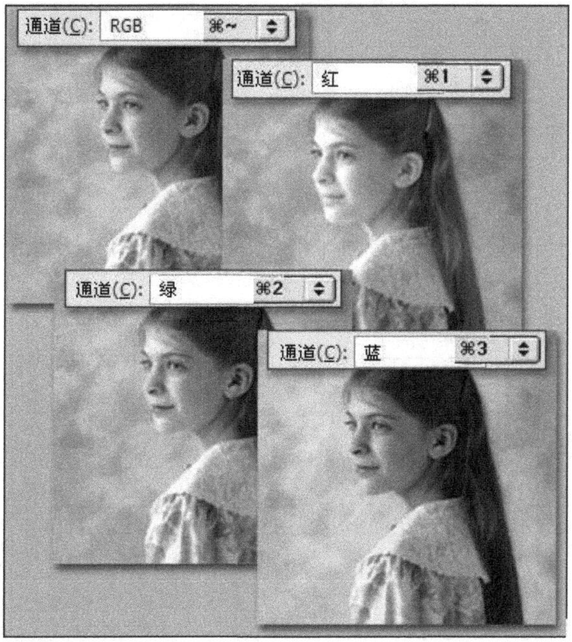

图5-21

当对RGB图像使用“曲线”命令时，弹出的对话框的顶部默认的通道是复合通道——RGB通道。如果图像色彩很好，只是需要变得亮些、暗些或明暗差别强烈一些，那么只要同灰阶图像一样快速拖拽复合通道的曲线就可以了。

2．调整中间色调

如果颜色本身也需要修改的话，就会比较麻烦。首先要观察图像是否有偏色，打开“信息”面板，如图5-22所示。

在图像上移动光标，在信息面板上会列出当前的RGB色值。中间色在颜色校正过程会起到重大的作用，中间色（Neutral Color）即RGB三个色值一致的像素。通过显示器可以很好地对颜色进行估计，但对于黑色、白色，尤其是中间色都必须在信息面板中确定。

可能无法说出皮肤是什么颜色，也无法判断草绿或藏青色的衣服该是什么明暗度，但可以使用中间色作为参考点。当然并非每个图像都有中间色可循，但如果仔细观察，就会发现许多照片中都有一些可以作为中间色参考点的东西，如一件白衬衫、一个轮胎、桌上的一张纸、柏油路面、一道白色栅栏、花岗岩底座等。从图5-22所示的信息面板中可以看出，这肯定不是一个中间色！蓝色的色值比红色或绿色要低很多。

如图5-23所示，这个图像是用一台数码相机在一个照明极好的房间拍摄出来的。一直认为明亮光照会导致红色不足，会偏向绿色。将光标置于任何一个眼睛认为应该是中间色的东西上，信息面板就会提示蓝色非常少，光和照相机共同作用的结果是更倾向于蓝色的补色——黄色，而非绿色。

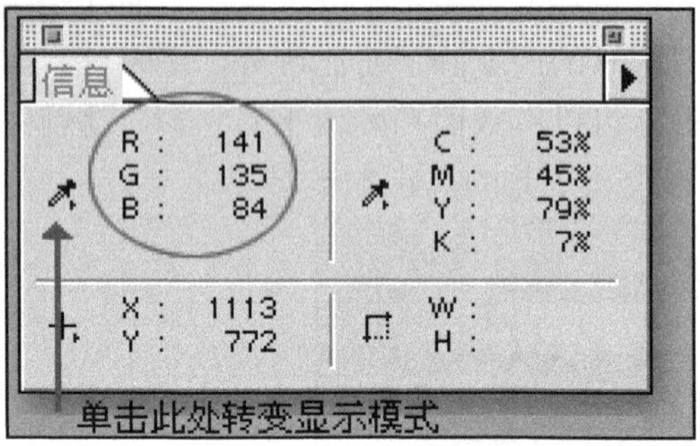

图5-22

图5-23

图5-24所示为选择的参考点在信息面板上的显示，以及所做的修改。调整后的效果如图5-25所示。

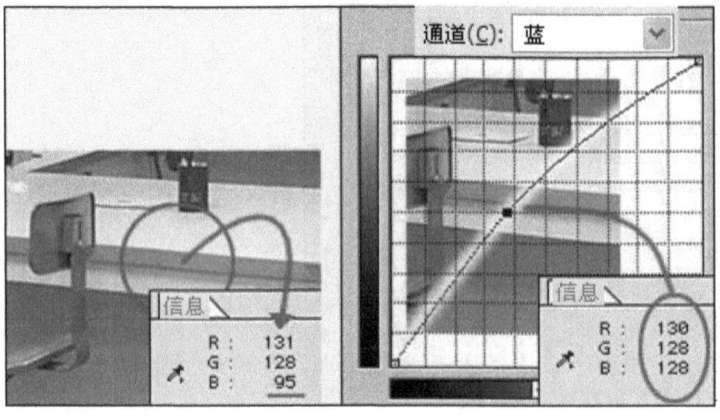

图5-24

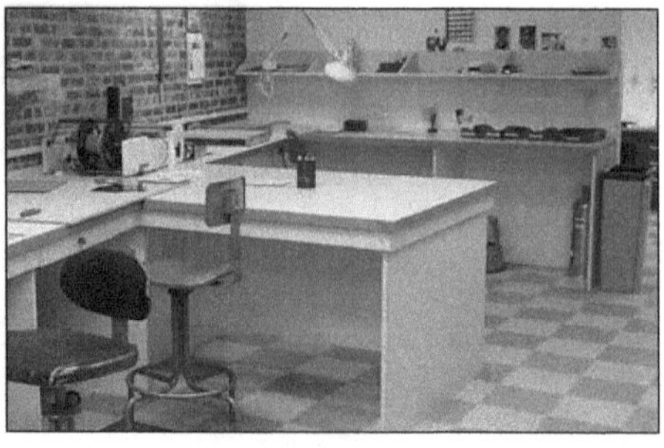

图5-25

用信息面板确定问题的来源，在“曲线”对话框中直接调整有问题通道。将光标从图像窗口移到“曲线”对话框时，信息面板的信息就消失了。但如果对某条或更多曲线做过修改的话，将光标再次移进图像窗口时，就会罗列出修改前后的信息，如图5-26所示。

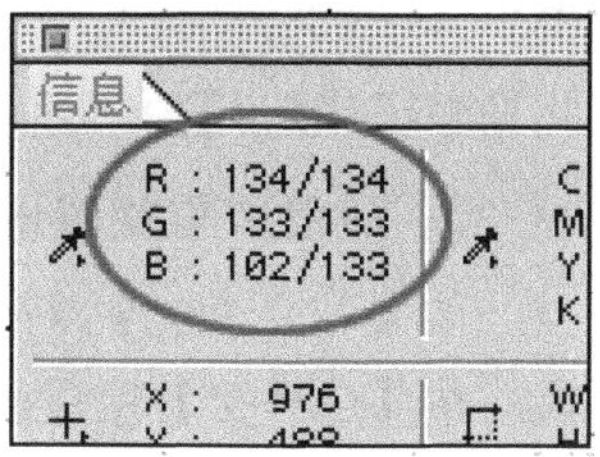

图5-26

就像操作灰阶图像一样，在图像窗口按住【Ctrl】键单击，就会在曲线上设置一个点。例如，选择了蓝色通道，那么这个点就被直接设置在这个通道的曲线上。当然不是所有图像都如此简单，关键在于要不断尝试在单通道内对控制点进行拖拽，观察其所产生的不同效果。但在一个已知的中间色的基础上拖拽整体曲线会使得这个工作极其简单。

注意：上文描述了如何在一个图像中分辨及去除色偏，把它变成中间色。但不是所有图像都需要变成中间色调！例如，有时想要强调棕褐色，突出日落或使草坪显得亮些，有时图像色调需要温和一些或冷一些，以便与其他图像协调起来。

3．使用色样工具

这是一个很有用的工具，使用该工具在图像上想要的点上单击，可将其作为参考点，这时会有一个小十字型图标停留在那里，同时在信息面板上出现了一个新的读数行。现在调整曲线就简单了，修改前后的读数都显示在面板上作为参考，直到取消或接受修改，如图5-27所示。

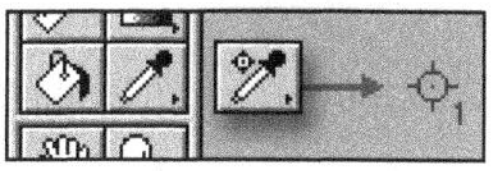
图5-27

4．使用吸管工具

“曲线”对话框中的吸管，在灰阶中同样有用，而且在彩色图像中位于中间的“中间色”吸管按钮具有更重要的实用意义，如图5-28所示。

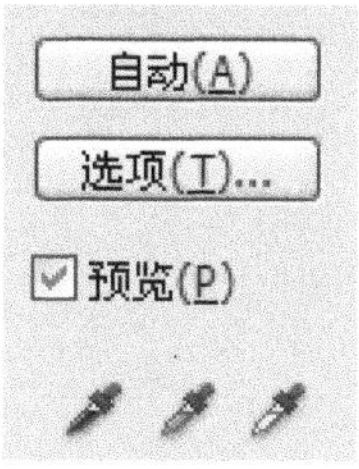

图5-28

正如前面讨论过的一样，双击每个吸管工具图标都会打开“色彩选择”窗口，这样就可以精确地设定色值。假如需要保持白色不亮于（R250、G250、B250），而黑色不暗于（R5、G5、B5），对吸管工具进行设置就可以达到这个目的。尽管有时更倾向于直接应用曲线，不过使用吸管工具会更方便。

注意：前面一直着眼于从全局的层面上调整整个图像，也许事实上曲线在很多情况下是应用于局部选区的。在前景与背景不协调，或主体没问题但背景太暗的情况下……，这都需要在对整个图像修改之后，使用选区工具对局部的曲线进行修改。

5.4.4 高级技巧

1．渐隐曲线

有时候操作正确，只是有点粗枝大叶。最好的补救工具就是编辑菜单下的“编辑”→“渐隐曲线”工具。在执行“曲线”命令之后，这个工具立刻变为有效。可以由此调整已经应用的“曲线”所产生效果的程度，这对于细微调整极为方便。

2．后退和重复应用曲线

如果花了5分钟调整曲线之后仍然没有完全满意，却又不想从头来过，不妨试试这招：按【Ctrl+Z】快捷键还原曲线；按【Ctrl+M】快捷键打开“曲线”对话框，如果按【Alt+M】快捷键，则“曲线”对话框就会以保留最后一次设置的形式打开；这时就可以进行再次润色了，而且不会影响到之前做过的所有努力。Photoshop会自动记忆最新的“曲线”设置，并且在任何时候都可以保留上次设定的方式打开对话框（同样，这对【Ctrl＋L】色阶调整命令也有效）。如果一张照片中有6处需要相同的曲线，那么只要对第1处设置好曲线之后，就可以毫不费力地将其反复应用于其他5处。

3．批量处理

很多时候会在相似的场景或灯光环境下处理许多照片，寻找第1张照片中的中间色作为参考点（如使用内文页面的报纸）。根据中间色校正颜色，在单击“好”按钮之前，先单击“保存”按钮保存曲线设定。使用相同的“曲线”执行“自动”命令就可以批量处理大量图像。

5.4.5 特殊效果

使用曲线不但能够校正图像的色彩和色调等，还能表现金属、石材、珍珠物体材质等多种特殊效果，图5-29所示就是使用曲线表现金属质感的光线效果。

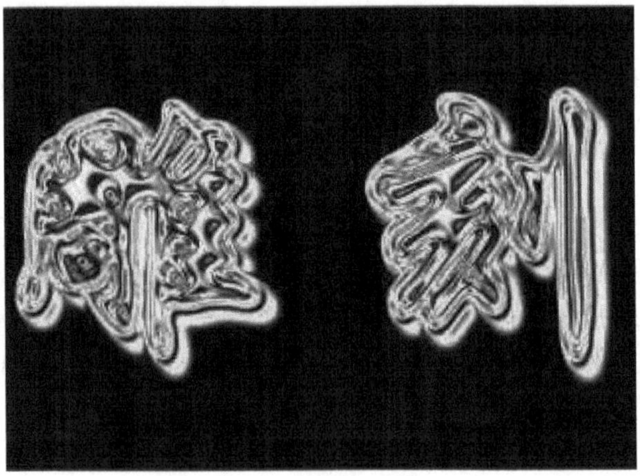

图5-29

5.5 调整图层

Photoshop中有许多种类型的图层。例如，在调节图像时经常用到的调整图层，常被用于调整一个或多个图层的像素值、色调、饱和度、明暗和对比度，以及反相、色调分离、阈值等。使用调整图层，就像是在图像上覆盖了一块透明带颜色的玻璃一样，调整图层对图像的调整是非破坏性的，也就是说不会永久地修改图像中的像素。添加调整图层，可以选择“图层”→“新建调整图层”列表中的任意一种调整类型。

在现实生活中要接触太多的可变因素——客户含糊不清的要求、易变的想法，等等。常常要改变初衷——这是无奈而真实的情况。应用“曲线”或“色阶”或其他命令对图像数据有损失的，一次两次也许看不出来，但经过频繁的调整，图像就会出现破损和瑕疵。调整图层可以避免这种损失的出现。

图5-30

如图5-30所示，按住【Ctrl】键并单击图层面板底部的“创建新的填充或调整图层”按钮，即可创建一种特殊的调整图层。调整图层的独特作用在于它不是直接作用于图层中的像素，而是给予位于其下的图层以某种“描述”。除非合并图像，否则不会产生任何实质性的变化。

调整图层本身也位于图层面板的列表中，如果对曲线不满意，可以双击黑白图标，“曲线”对话框就将以保留上次设定的方式打开，可以进行再次调整。

除了使用色阶和曲线调整图层以外，也可以使用路径设定调整图层范围来表现物体的质感和光感。

实例演练：调整范围

（1）打开光盘素材文件夹下的素材文件Unit5\perfume.jpg，如图5-31所示。

（2）使用“路径”选项，在图像中使用相加方式绘制两个封闭路径，如图5-32所示。

图5-31

图5-32

（3）在图层面板中选择调整图层（）的“色相/饱和度”选项，设置如图5-33所示。这时发现图层面板自动添加“色相/饱和度”调整图层，由此可以利用路径的精确选取来修改图像部分区域效果。

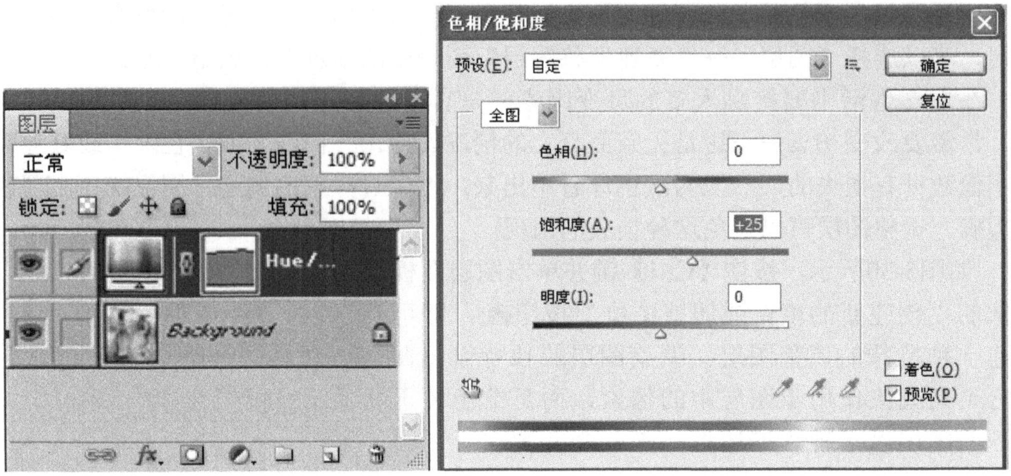

图5-33

（4）在新建的调整图层上勾选“描边”效果，参照图5-34进行参数设置。

（5）这样就完成了图像上下两部分色调的调整，突出了主题，效果如图5-35所示。

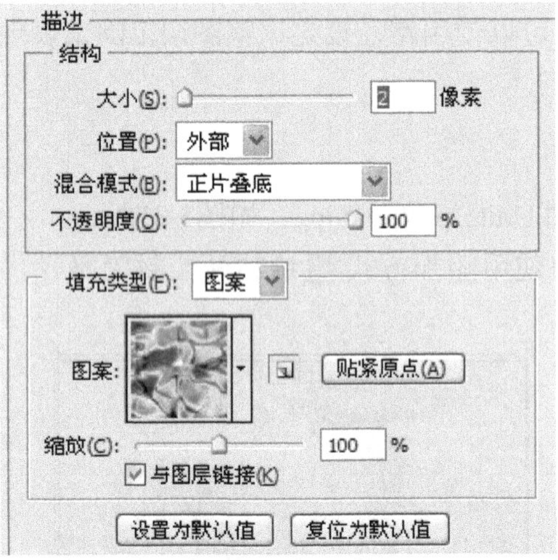

图5-34

图5-35

5.5.1 曲线调整图层

打开原始图像（如图5-36左图所示），对图像中的海水和岩石做生动的调节，使它们呈现更多的细节。使用图层面板底部的“创建新的填充图层或调整图层”按钮◐来建立新的调整图层，选择“曲线”选项，打开“曲线”对话框，向上拖拽曲线，图像的细节将逐渐显示出来。

如果曲线上调的较为剧烈，天空将会变得非常明亮，海浪也会因变得过亮而失去细节。不过现在不用管这些问题（下文介绍使用蒙版进行部分区域的修复），只要海洋和岩石看起来可以了，对比效果如图5-36所示。

图5-36

新建的调整图层会出现在图层面板中的当前层之上，包括两个小的缩览图：左边的一个是调整图层的缩览图，修改调整图层要选择这个缩览图；右边的缩览图是这个调整图层的图层蒙版。在默认情况下，Photoshop在创建调整图层时自动添加的是白色蒙版，显示影响下面整个图层的调整结果。

5.5.2 纯色填充图层

填充图层和调整图层的作用有些相似，都是在使图像变化的同时，尽量保持原图像素不被破坏，因此被归为一类。但填充图层和调整图层又有所不同，不会对其下面的图层造成影响。填充图层包括纯色填充、图案填充和渐变填充。

纯色填充图层为仅使用某种单色填充的图层，可以使用图层蒙版、矢量蒙版或同时使用这两种蒙版。这种图层最常见的用法是通过改变其图层混合模式来效仿手工着色的效果，或是制作用于网页的鲜明图像造型。

执行“图层”→“新建填充图层”→“纯色”命令，就可以在图像上添加一个纯色填充图层。可以按自己的要求命名这个图层、改变其不透明度、颜色和选择图层混合模式。用以填充图层的纯色随时都可以改变，其方法是执行“图层”→“图层属性”命令，或直接双击图层面板上纯色填充图层的图层缩览图，如图5-37所示。

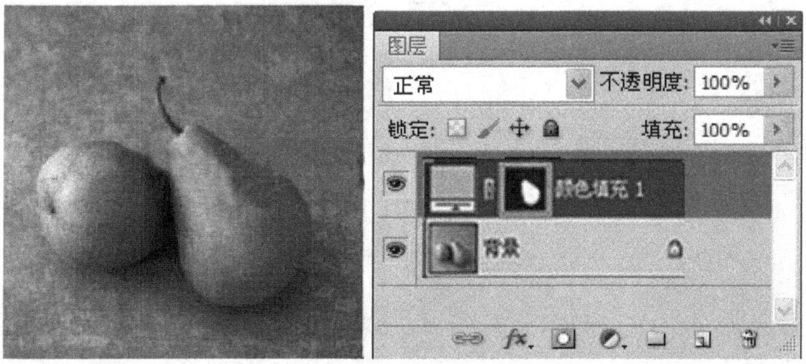

图5-37

5.5.3 渐变填充图层

与纯色填充图层相似，渐变填充图层是以渐变填充的图层。

要添加一个渐变填充图层，执行“图层”→“新建填充图层”→“渐变”命令。新建的渐变填充图层的默认名称为“渐变填充1”，可以重新命名这个图层，并改动任何需要的选项。

在“渐变填充”对话框中，单击“渐变”文本框旁边的下拉三角，从中可选择一种预设渐变，或是单击选项栏中的“点按可编辑渐变”区域，在弹出的“渐变编辑器”窗口中，可以选择渐变类型、改变色标位置、添加颜色、调整透明度等。如果满意的话，还可以为新建渐变命名，单击“新建”按钮，将之保存为预置渐变。

在创建渐变之后，可在“渐变填充”对话框中继续设定渐变的其他属性，如样式、角度、缩放等，如图5-38所示。

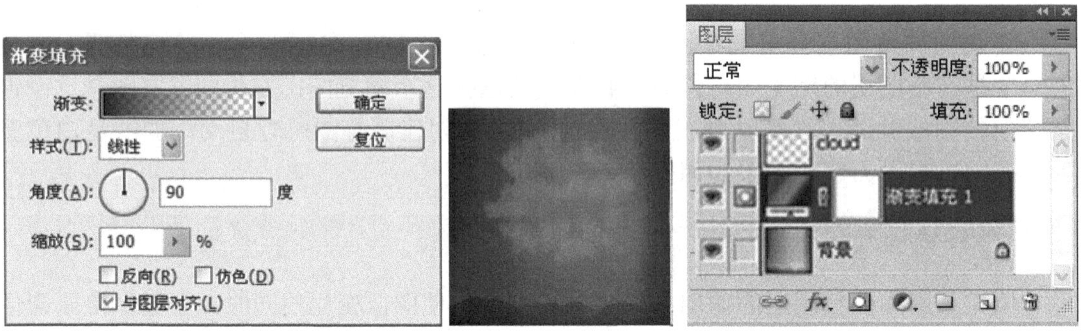

图5-38

思考：图5-39所示的两幅图像的雨天及雪后景致制作方法。

图5-39

5.5.4 图案填充图层

如果已经理解了前两种填充图层的话，那么图案填充图层也就不成问题了。与前两种图层的不同之处在于它是以重复的图案填充。

执行“图层”→“新建填充图层”→“图案”命令，即可新建一个图案填充图层。在重命名图层和设置了图层选项后，在接下来的“图案填充”对话框中，可在图案拾色器中选择用于填充图层的预设图案，使用不同的缩放级别来调整图案的大小。当“图案填充”对话框被打开时，使用移动工具可重新定位图案，勾选“与图层链接”复选框后，可指定图案在重新定位时与填充图层一起移动。单击“贴紧原点”按钮可使图层的原点对齐图案的原点。

在图5-40所示的示例中，图案填充图层的不透明度被降低，以显示一些背景层上的阴云。还可以用Photoshop的预设管理器来载入或保存图案。Photoshop中有多种预设图案，但要知道，任何矩形选框内的图像都可被定义为新的图案。

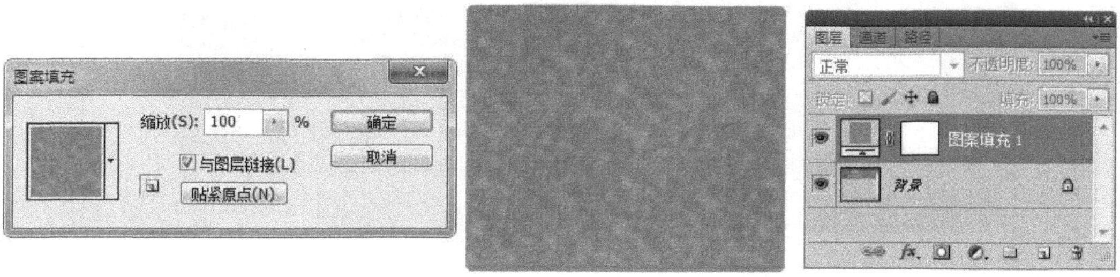

图5-40

使用矩形选框工具在图像内选择要定义的区域，然后执行“编辑”→“定义图案”命令，将之定义为图案。在为图案命名之后，单击“确定”按钮，就可在图案列表中看到新图案。保存后的图案可用于任何使用图案填充的工具，如“橡皮图章工具”、“填充”对话框等。

为了制作无接缝的图案，可先建立一个选区，将选区图像复制并粘贴到一个新文档中，使用位移滤镜，将图像偏移一定距离，使用橡皮图章工具抹去图中的接缝，再选择全部图像将之定义为图案，效果如图5-41所示。

可以将调整图层或填充图层以多种方式合并，永久的应用于图像。在应用填充图层和调整图层时，如果蒙版只包含白色值，那么就不会明显地增加文件大小，因此，没有必要为节省文件空间而合并这些调整图层。

图5-41

5.6 图层蒙版

在图层中，想要在简单合成分层图像的同时又能保持原图编辑的灵活性，其关键就在于图层蒙版的应用。蒙版不会实际影响该图层上的像素，既可以应用蒙版使这些更改永久生效，也可以删除蒙版，不应用蒙版所更改的效果。

图层蒙版是灰度图像，用黑色在蒙版上涂抹将隐藏遮挡当前图层的内容，显示下面的图像；相反，用白色在蒙版上涂抹则会显露当前图层信息，遮住下面的图层。

5.6.1 图层蒙版

图5-42所示的图例中有两个图层，“图层1”是蓝天白云，“图层2”是热气球的图片。现在要通过添加图层蒙版将它们合成在一起。

首先，在图层面板中，确定“图层2”为目标图层，执行“图层”→“图层蒙版”→“显示全部”命令，建立一个图层蒙版，如图5-42所示。

图5-42

1．描绘蒙版

选择画笔工具，在“画笔”选项中选择一个柔化边缘的笔刷，将前景色设为黑色（当蒙版处于选择状态时，前景色和背景色默认为灰度值）。较软的笔刷边缘可以在蒙版中创建“图层1”（白云）和“图层2”（气球）之间的柔和过渡。

现在，开始用黑色笔刷在蒙版中涂抹“图层2”气球图层的天空背景，隐藏气球图层中渐变背景，显示出“图层1”白云效果，呈现热气球在朵朵白云背景天空飘浮的效果，如图5-43所示。按【D】快捷键，可使色板恢复为默认的前景/背景色，按【X】快捷键可快速在默认的前景色和背景色之间转换。

图5-43

如果，在蒙版上涂抹了不该消失的地方，图像因此隐藏的太多，那么可使用白色画笔在“错误”的地方涂抹，以进行补救，使图像恢复显示。通常在蒙版中工作的时候，将前景色和背景色恢复到默认的黑白状态，这样就可以通过单击双向箭头随时交换前景色和背景色，或者用【X】快捷键快速地在前景色和背景色之间切换。

2．从选区创建蒙版

除了绘画工具外，蒙版也可由当前选区创建。当图像中有活动区域存在时，可执行“图层”→“图层蒙版”命令，除了“显示全部”和“隐藏全部”外，还有“显示选区”和“隐藏选区”两个选项。显示选区是在蒙版内用白色填充选区，选区外则用黑色填充；隐藏选区则刚好相反。

3．蒙版与图层标识

当第一次使用图层蒙版时，最大的共同问题是忘记（或不知道）把图层作为目标和把图层蒙版作为目标，其作用是不同的。如果目标是图层蒙版的话，那么在其上绘图的影响是隐藏或显示当前图层内容。而如果把图层作为目标，画笔涂抹将会替代原有的图层像素。要选择图层蒙版，可在图层面板上单击图层蒙版缩览图；要选择图层的话，则单击图层的缩览图。

有一个简单的方法可以帮助辨别当前的选择：如图5-44所示，当图层蒙版被选择时，在图层面板的眼睛图标和图层缩览图之间会出现一个小小的蒙版标识。同时，蒙版缩览图的周围也会出现1像素宽的白色边缘（这个变化很细微）。要想对图层进行操作，图层缩览图（而非图层蒙版缩览图）必须处于选择状态。当图层被选择时，一个小小的画笔符号会出现在眼睛图标和图层缩览图之间，替代蒙版标识先前所在的位置。同样，图层缩览图的周围也会出现1像素的白色边缘。

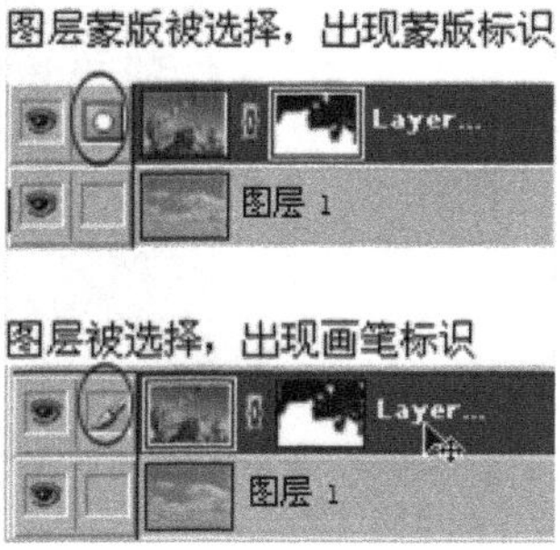

图5-44

其实，最简单的判断方法是当在蒙版上涂抹时，如果图像没有像预期的那样隐藏或显示，那么停止涂抹，检查图层面板，看看是否出现错误。如果确定目标为正确的层，图层蒙版处于选择状态，那么蒙版图标也会出现在眼睛图标和图层缩览图之间。

4．过渡蒙版

对于使用图层蒙版还有一个很重要的提示：如果用黑色在蒙版内涂抹会隐藏图层信息，用白色则显示信息，那么用过渡的灰色将会以各级透明度逐步地隐藏或显示图层信息。

执行“图层”→“图层蒙版”→“显示全部命令”命令，为“图层2”添加图层蒙版。为了使白云图片和气球线之间过渡柔和，可使用渐变工具制作用黑色到白色的线性渐变。使用渐变工具可在从渐变起点到终点的区域中创建从黑色到白色的平滑过渡。白云图像逐步被渐渐改变图层不透明性的蒙版隐藏起来。注意：渐变起点至终点之间的距离越长，变化就越平缓，如图5-45所示。

图5-45

5．蒙版链接

在默认情况下，图层和图层蒙版是被链接在一起的，如果移动图层，蒙版和图像都会被改变。在图层缩览图和图层蒙版缩览图之间有一个链接符号（ ），单击这个符号会取消蒙版和图层之间的链接状态，这样它们的变化和重置就会单独进行。在蒙版位置正确而图层有所偏差，或者希望在蒙版范围内变化图层时，这种特性会特别有用。在这个例子中，蒙版没有和图层链接，这样就可以选择图层缩览图，使用移动工具单独移动白云而保持蒙版位置不变，如图5-46所示。

图5-46

思考：使用图层蒙版合成图像的方法，合成如图5-47所示的几张图片。

图5-47

实例演练：合成照片

【实例来源】：《试题汇编》第五单元第5.7题。

（1）打开光盘素材文件夹下的素材文件Unit5\girl1.jpg和windows.jpg。

（2）使用快速选择工具在图像windows.jpg中创建图像窗户选区，如图5-48所示。

图5-48

（3）切换到其他选择工具（如矩形选框工具），将选区移入另一幅图像girl1.jpg内，位置如图5-49所示。

（4）在图层面板中单击“创建新的填充或调整图层”按钮，在弹出的菜单中执行“色阶”命令，如图5-50所示。

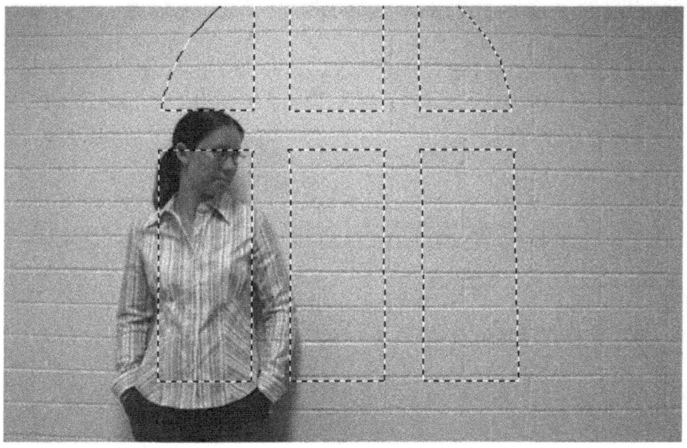

图5-49

图5-50

（5）在图层面板中出现调整色阶图层，并且打开“色阶”对话框，在其中调整亮区白色滑块，加亮选区内的图像，如图5-51所示。

图5-51

（6）如果有兴趣还可进一步模糊调整图层的蒙版边缘或是调整不透明度效果，如图5-52所示。

图5-52

5.6.2 蒙版编辑

调整图层的图层蒙版在表现上和其他任何类型图层的图层蒙版一样。用黑色在蒙版上绘画会隐藏调整，用白色则显示调整。然而，在蒙版上涂绘，其结果看起来可能没那么直观。也就是说，根据调整的状况不同，用黑色画笔在蒙版中涂抹，会隐去调整效果，使图像变亮或变暗。在图像上看到的最终结果并不是画笔的作用，而是隐藏或显示调整图层的蒙版对下面图像的影响。

例如，在这幅图像中，曲线调整将整个图像加亮，包括海浪这些不需要加亮的区域。在蒙版中用黑色在海浪区域涂抹，会使这一区域的调整效果隐藏起来，不能起到加亮图像的作用，从而使这部分较暗的原始图像显露出来，图像也因此显得较暗，如图5-53所示。

图5-53

用黑色在蒙版的上半部分涂抹，会将加亮天空部分的调整图层隐藏。在笔刷被选择的状态下，继续用黑色涂抹天空部分以隐藏这部分的调整图层，显示下面原先图像的信息。在这里再次重复一遍：记住调整图层是为了影响下面的图层，而蒙版图层仅仅是隐藏调整效果，如图5-54所示。

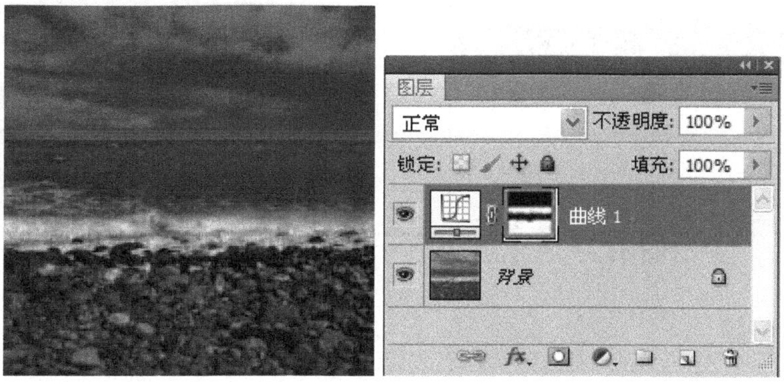

图5-54

在这个例子中，用黑色在蒙版的天空部分涂抹将完全显示原来的图像信息，但天空部分也需要一定程度的加亮。如果一幅图像的某个区域需要应用不透明度为一定百分比的调整，用灰色的渐变就可以得到这种效果。在这里，图像中的天空部分需要加亮一些，但又不必像现有调整图层一样将亮度提得这么高。所以，用50%灰色涂抹在蒙版的上半部分会有现在调整图层作用的一半，这已足够提亮暗部区域，如图5-55所示。

图5-55

这个时候，也许想看看蒙版的工作情况。要观察蒙版，需要在图层面板中，按住【Alt】键，单击图层蒙版缩览图，就会看到灰度蒙版图像。

要重新观察图像，就单击图层缩览图或“眼睛”图标。输入反斜杠键锁定（✥），就可以在蒙版模式下编辑图像。当觉得有一些很小的区域需要修饰，但在图层面板中又不是那么明显，或需要对蒙版进行单独操作时，这个技巧非常有用，如图5-56所示。

最后，可能还需要稍稍改变一下调整图层内容，使图像更加完美。改变调整图层，执行“图层”→“图层内容选项”命令，或者在图层面板中双击调整图层的缩览图。在本例中，将曲线稍稍增长了一些，使画面的亮度又提高了一些，效果如图5-57所示。

图5-56

图5-57

5.6.3 矢量蒙版

矢量蒙版是要介绍的第2种类型的蒙版。每个图层，包括图层组都能包含图层蒙版或是矢量蒙版，或是两者兼有。图层蒙版被用来创建基于像素的柔和边缘蒙版，遮蔽整个图层或图层组，或者只遮蔽其中的所选部分；而矢量蒙版则被用于创建基于矢量形状的边缘清晰的设计元素。

执行“图层”→“矢量蒙版”→“显示全部”命令，或者按住【Ctrl】键，单击图层面板底部的蒙版图标（），都可创建矢量蒙版。

1．与普通蒙版的区别

在图层面板中，添加矢量蒙版和普通图层蒙版的区别就在于链接图标的左边有一条竖线。此外，无论选择图层还是矢量蒙版，图层面板上显示的总是画笔标识。矢量蒙版的缩览图不同于图层蒙版，图层蒙版缩览图代表添加图层蒙版时创建的灰度通道，有256阶灰度，而矢量蒙版的缩览图只呈现灰色和白色两种颜色及里面的路径，代表从图层内容中剪下来的路径。使用钢笔和形状工具可以直接创建矢量蒙版路径，因为它是面向对象的，所以可以使用路径工具像编辑路径对象一样编辑矢量蒙版路径，如图5-58所示。

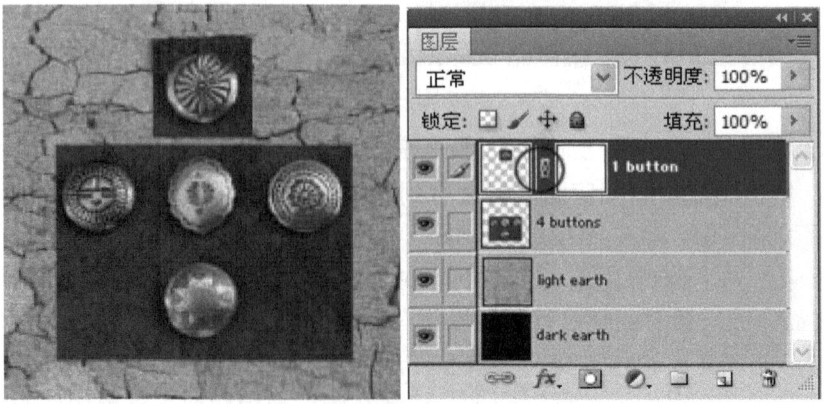

图5-58

如果为图层添加了矢量蒙版，就可以使用钢笔工具或矢量形状工具绘制蒙版路径。如图5-59所示，在只包含一个按钮图像的顶层创建矢量蒙版后，使用椭圆矢量工具在选择简单的按钮形状时非常理想。图层中的黑色像素被遮挡，只留下清晰的按钮边缘。注意：与图层蒙版不同的是，矢量蒙版路径与图像分辨率无关，即使放大缩小也不会变形，在PostScript打印机上打印时也会保持边缘清晰。

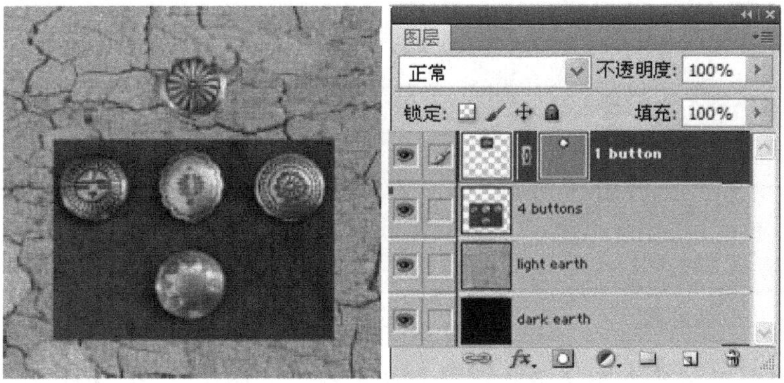

图5-59

2．路径、形状与矢量蒙版

如图5-60所示，同一个矢量蒙版中可包含多条路径。

（1）在4 Buttons层中，使用椭圆形状工具沿着4个圆形按钮分别绘制路径，然后使用直接选择工具对中间的圆形形状加以修改。

（2）调整完成之后，选择“路径选择工具”，单击鼠标右键，在弹出的菜单中执行“创建矢量蒙版”命令，或是执行“图层”→“矢量蒙版”→“当前路径”命令，将现有路径作为矢量蒙版路径。在“矢量形状工具”的选项面板中，单击相关图标，可以对现有形状路径进行添加、删除、交叉和排除操作。用图层样式对图层添加投影之后，蒙版同样也对图层样式起作用。

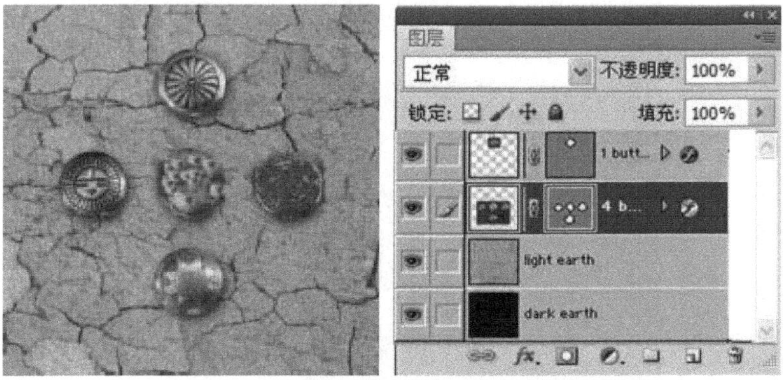

图5-60

（3）将图中所有按钮周围的黑色像素都去除后，给图像加上一个黑色的边框。选择浅色的土地层，执行“图层”→“矢量蒙版”→“显示全部”命令，然后使用矩形形状工具创建需要宽度的边沿。如果绘制的蒙版超过了设想的图像范围，可使用直接选择工具改变蒙版路径的形状。

（4）使用路径选择工具单击选择的矢量路径后，在“工具”选项中单击“从形状区域减去”按钮，翻转路径和蒙版，如图5-61所示。

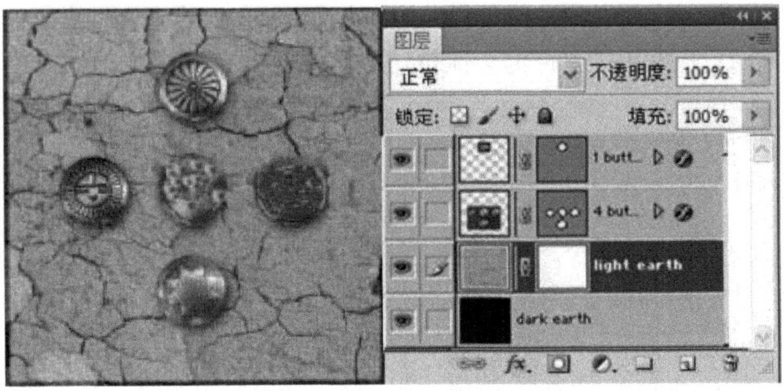

图5-61

矢量蒙版可以转变为图层蒙版，其方法是执行“图层”→“栅格化”→“矢量蒙版”命令。矢量蒙版一旦被栅格化了，就无法再改回矢量对象。

5.6.4 蒙版滤镜

由于蒙版层本身也是一个层，因此可以对其使用滤镜。总的来说，对蒙版图层的调整主要有3种途径：①不同类型蒙版图层自身参数的调整，②滤镜和蒙版层样式，③图层的混合模式以及透明度的调整。在多种手段，尤其是滤镜的配合之下，蒙版图层样式所能制作的图形效果就比普通的图层样式要多得多。

蒙版层常用的滤镜有以下几种。

（1）高反差保留：执行“滤镜”→“其他”→“高反差保留”命令，如图5-62所示，通常设置参数为4像素。

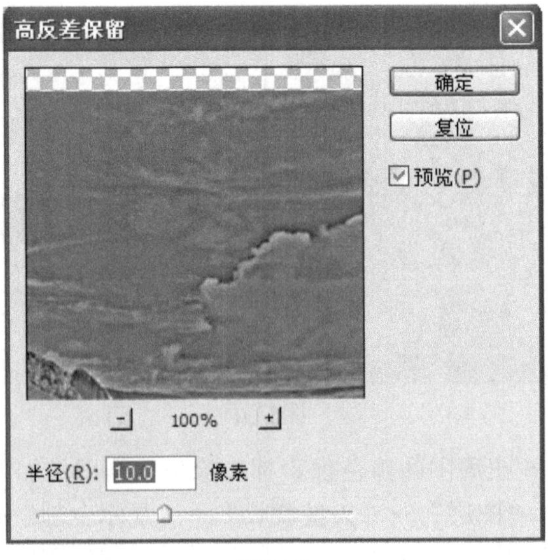

图5-62

对蒙版图层使用这个滤镜可以使图片的边缘更加锐利。图5-63所示为使用该滤镜并为蒙版层添加“内发光”样式的前后对比。这里再强调一下，如果不为蒙版图层添加样式，滤镜的效果是无法显示出来的。

图5-63

（2）照亮边缘：执行“滤镜”→“风格化”→“照亮边缘”命令，这个滤镜同样可以用来强化图片的边缘，并提供了三个选项，如图5-64所示。

图5-65所示使用该滤镜并为蒙版图层添加“内发光”样式的前后对比。

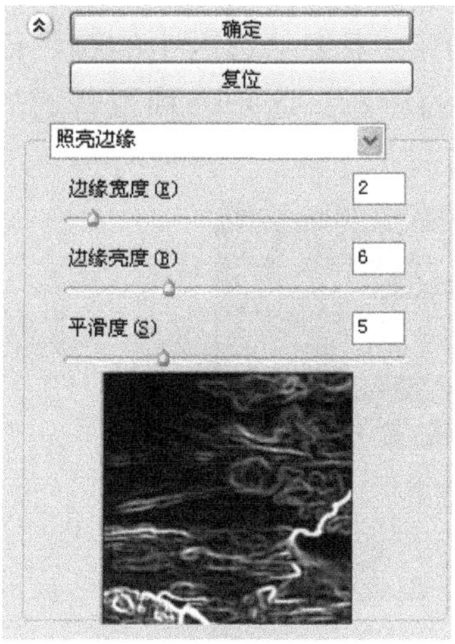

图5-64

图5-65

（3）图像调整：在蒙版编辑状态下，可以执行“图像”→“调整”菜单下提供的各种方式对蒙版图层进行调整。例如，设置反相蒙版，在蒙版编辑状态下，按【Ctrl+I】快捷键可以将蒙版设置为反相，有时候会产生意想不到的效果。

蒙版图层样式的参数调整和普通图层样式的参数是完全一样的，这里就不做更详细的介绍。不过要注意，蒙版图层样式产生的效果与普通图层样式产生的效果大相径庭，而且蒙版图层样式通常都要和滤镜配合使用，这需要在实践中不断摸索。

5.6.5 选区蒙版

如果在增加调整图层的时候没有活动的选区，那么默认情况下，调整图层将会对整个图层起作用。但当增加调整图层前有活动选区时，在执行“图层”→“图层蒙版”命令时，就要选择蒙版是显示选区或隐藏选区了。

选择不同的选项，活动选区对调整图层的影响也不相同。Photoshop会自动创建基于选区的蒙版，也可以在创建蒙版时选择这一选项。在对选区图像做颜色校正或加深、减淡时，这是个很好的办法。在如图5-66所示的图例中，可使用魔棒工具选择椅子后面的阴影区域，然后添加一个曲线调整图层来加亮阴影。

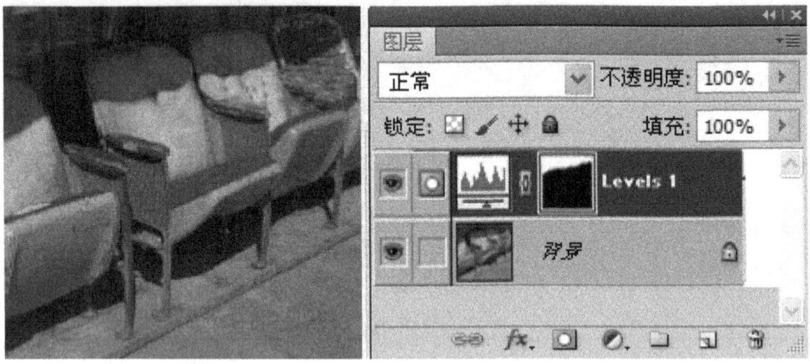

图5-66

接下来，将大部分图像转变为灰度图像，仅保留一把彩色的椅子，再添加一个调整图层。首先，使用套索工具选择需要保留颜色的目标椅子，然后执行“选择”→“反选”命令来选择椅子以外的图像。添加一个通道混合器调整图层来去除选区中的颜色信息，使图像的其他部分变为灰度图像，同时仅保留一把椅子的色彩。这是一种很普通的使部分图像明显突出于图像其他部分的方法，如图5-67所示。

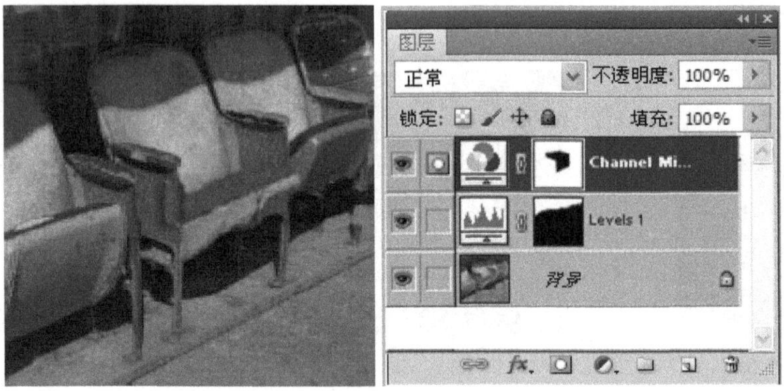

图5-67

5.6.6 蒙版编组

调整图层会影响它下面的所有图层。这意味着可以通过单个调整校正多个图层，而不是分别对每个图层进行调整。但有些时候，只需要对某一个图层单独使用调整图层。要达到这种效果，最简单的办法就是将调整图层和要被影响的图层编组。

在如图5-68所示的图例中，合成后的图像看起来不够真实的原因之一是土地层和海洋层之间的色彩有差异。

为了使裂土层的颜色和沙滩的颜色相近，在图层面板中选择土地层为当前的目标层（注意：在默认情况下，Photoshop中新建图层总是在当前目标层之上建立），执行

“图层”→“新建调整图层”→“色彩平衡”命令。在“新建图层”对话框中，勾选“使用前一图层创建剪贴蒙版”复选框。这样，新建的调整图层仅对下面的土地层起作用，如图5-68所示。

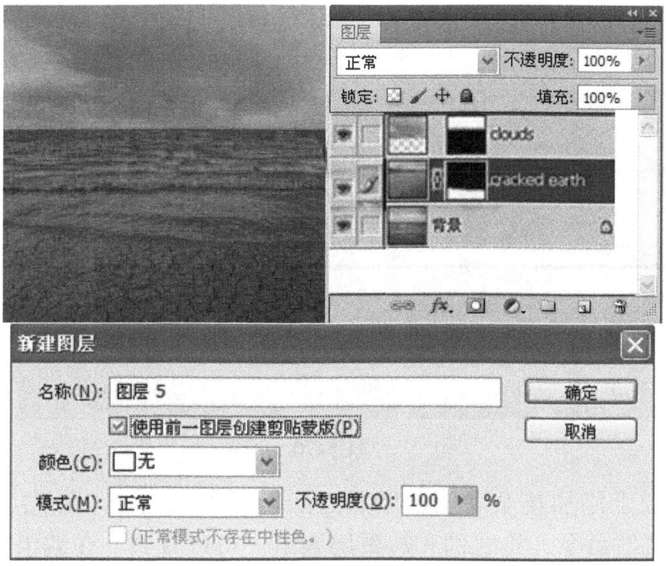

图5-68

在“颜色平衡”对话框中调节滑块，直到干裂的土地层颜色与沙滩的颜色相匹配。注意，只有土地层的颜色被改变，海洋层的颜色依然被保留（即使在图层叠放顺序上它与土地层同在调整图层之下）。这是因为颜色平衡调整图层和土地层被编组在一起，在图层面板中被看作一个图层剪贴组。剪贴组中的基底图层名称带下划线，上层图层的缩览图是缩进的，同时，图层缩览图的左边显示剪贴组图标，为一个向下的小箭头，如图5-69所示。

提示：要在“图层”面板中创建剪贴组，按住【Alt】键，将光标放置在两层之间，当指针变为带有箭头的两个交迭圆形（ ）时单击，即可将两个图层编组。要取消编组也使用同样方法。但有一点要清楚，那就是剪贴组中只能包括连续图层。

图5-69

将图层编组的另一个原因是用一个图层作为基底来确定其他层的显示。在如图5-70所示的图例中，鸡蛋形状被作为基底图层，要被添加和编组的图层将只显示在鸡蛋形状里面的图像。换句话说，也就是鸡蛋形状作为编组图层的蒙版。这种做法的好处在于一旦改变作为基底图层的鸡蛋形状，则与之编组的各层的蒙版也会立即发生变化，其结果和下文将要讨论的对多个图层使用一个蒙版的结果相同。

图5-70

在鸡蛋形图层上添加花朵和倒影图层之后，分别以这两个图层为目标，执行“图层”→“图层编组”命令，将它们和鸡蛋层编组。可以看到，在编组以后，剪贴组中只有鸡蛋形内的图像被显示，如图5-71所示。

图5-71

编组图层可以很容易地使用移动工具来重新定位。在这里，倒影层和花朵层都被重新移动到了鸡蛋形状的两端。另外，在倒影层中还添加了一个图层蒙版，在蒙版中的鸡蛋形状内创建了一个从黑色到白色的径向渐变。这样，倒影层的中心就会隐藏起来，仅遮蔽下面花朵层中鸡蛋形状的周围，以显示鸡蛋中心的花朵图像。如果需要，可以链接这两层，使它们的变形或移动同步，如图5-72所示。

使用图层编组的另一个理由在于这样可以单独分离出投影等图层样式。例如，在这个例子中，如果希望甲虫的投影仅存在于鸡蛋上，而不是连同后面的天空，这样在将多个图层合成一幅插图时会有助于增加图像的真实感。首先对甲虫图层应用投影样式，然后对图层样式创建图层，将投影层和下面的几个图层与鸡蛋层编组。这样，投影层就和甲虫层分离开来，仅显示鸡蛋形状内的投影图像，如图5-73所示。

图5-72

图5-73

5.7　合成图像的技巧

在Photoshop中合成图像时，以下建议也许能帮助你更好的完成工作。

（1）如果在拍摄照片的时候就已经知道要从这张照片的背景中移除一个对象，那么可以试着在相似的灯光条件下以类似的颜色为背景拍摄。如果不知道在哪里合成，那么以单色（如以蓝色银幕）为背景拍摄，将使提取更容易一些。还可以尝试以低对比度拍摄对象。不要偷懒——Photoshop并不能掩盖摄影技术的缺失。

（2）合成后的图像看起来不和谐的原因之一是它们的胶片颗粒或源自相机的数字噪点的数量不同。为创建和图像匹配的颗粒，可以在图像中缺少噪点的图层上新建一层，用50%灰色填充，将这一层和下面的图层编组，将灰色层的图层混合模式设为强光。然后执行“滤镜”→“杂色”→“添加杂色”命令，移动滑块设置所需的杂色数量。创建噪点具有在编辑过程中不会破坏图像的优点，而且可以使用自由变形工具进行缩放，使颗粒变大或缩小，以符合图像中其他部分的颗粒大小。

（3）没有什么比把两张不同色彩平衡或不同光线情况下的图片，硬生生拼在一起的合成方式更离谱的了！如果一定要将一幅正午的图像和一幅黄昏的图像合成在一起，那么就试着使用投影来碰碰运气吧！很多时候，这几乎是Photoshop中“固定”的方法，却会花费相当长的时间。校正颜色也会使图像更融合。如果一幅图片是在自然光线下拍摄，另一幅是在摄影棚中拍摄，首先需要平衡图像颜色，使它们看起来像是出自同一环境下。

（4）当使用移动或粘贴消除锯齿选区时，选区边框周围的一些像素也会包含在选区内。这会在粘贴选区的周围产生边缘或晕圈。在移除这些对象边缘的杂色像素时，使用“修边”命令可以节约大量的时间。在“修边”命令不可用的时候，可以载入图层的透明选区（按住【Ctrl】键，单击图层面板中目标层的图层缩览图），执行“选择”→“修改”→“收缩”命令，在“收缩选区”对话框中，将收缩量设为和杂边像素一样的宽度，这可能会去除一部分边缘的细节，所以在那些边缘柔和的图像中，可以试着选择稍大一点的收缩量，然后对选区进行1～2像素的羽化，效果会好一些。

（5）如果图像需要增加对比度或是另一种类型的重新调整，以帮助创建选区，可以添加调整图层进行调整。在得到所需的选区后，扔掉调整图层，依然在原图层中继续工作。

（6）不要忘记阴影。有许多不成功合成的图像都是因为对象的投影不符合场景中其他物体的投影方向，或者干脆省略了阴影。如果在RGB模式的图像中创建阴影，那么阴影可以被分离出来；如果在CMKY模式的图像中创建阴影，那么阴影不能由纯黑色组成，还要添加一些青色、洋红和黄色。要比较图像中其他投影的颜色和不透明度，以取得一致。不要忘记，阴影和对象距离越远，边缘就越模糊，不透明度也就越低。

5.8 样题解答

（1）打开光盘素材文件夹下的素材文件Unit5\girl.jpg，如图5-74所示。

（2）美化皮肤：双击背景图层，将其改名为orginal，按【Ctrl+J】快捷键复制背景图层为blurred。

（3）在orginal图层中，执行“滤镜”→“模糊”→“高斯模糊”命令，打开其对话框，参数设置如图5-75所示。

（4）回到blurred图层，设置图层模式为变亮，这样脸部看起来光滑和细柔了，效果如图5-76所示。

图5-74

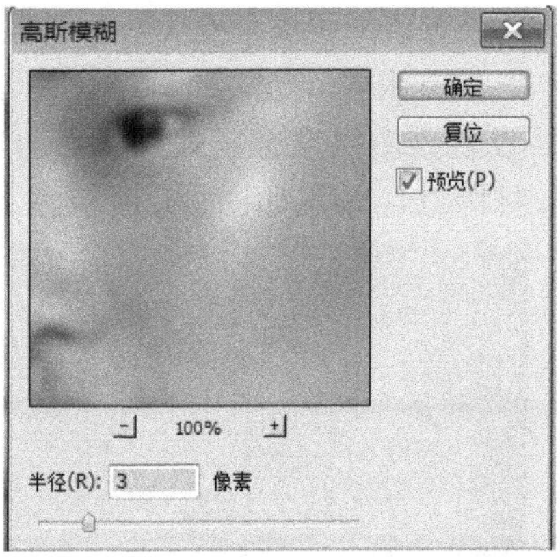

图5-75

图5-76

（5）制作眼线：在orginal图层中创建眼睛选区，按【Ctrl+J】快捷键复制到新图层并命名为eyes。双击该图层，打开“图层样式”对话框，勾选“外发光”效果，参数设置如图5-77所示，效果如图5-78所示。

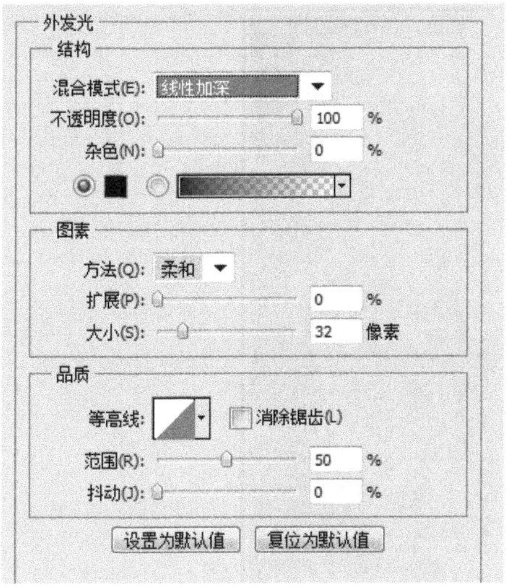

图5-77

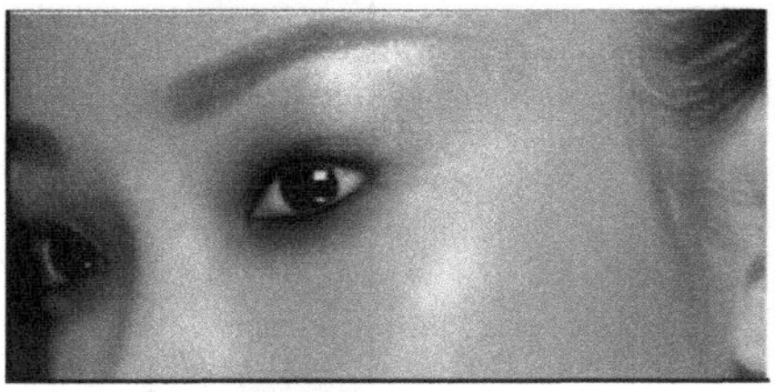

图5-78

（6）制作口红：在orginal图层中创建嘴唇选区，按【Ctrl+J】快捷键复制成新图层并命名为lips。双击该图层，打开“图层样式”对话框，勾选“颜色叠加”（#f80047）效果，参数设置如图5-79所示，将该图层的不透明度设置为40%，效果如图5-80所示。

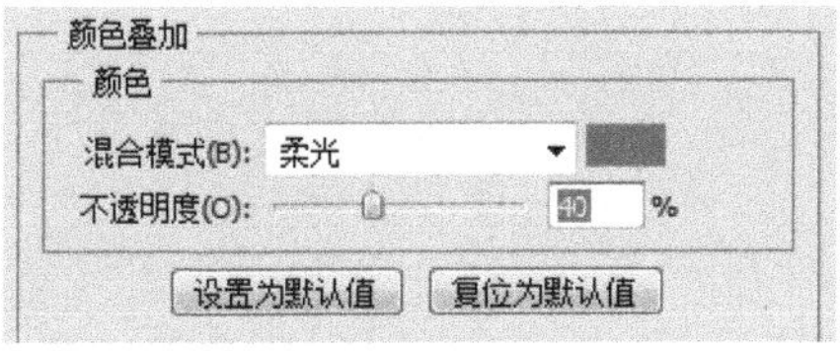

图5-79

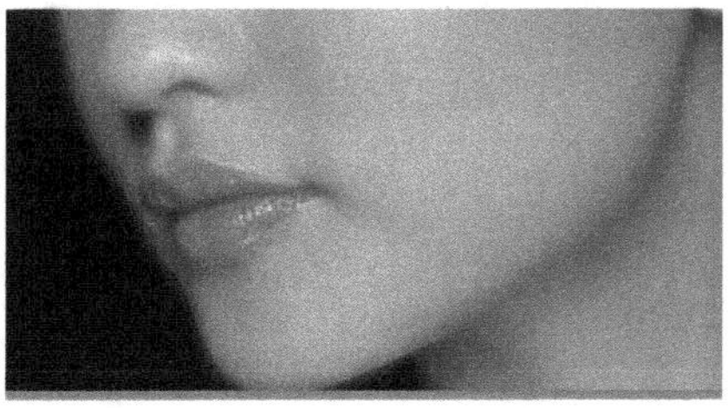

图5-80

（7）制作眼影：新建图层并命名eye shadow，设置该图层混合模式为“颜色加深”。使用红色或粉色画笔，设置画笔的不透明度为30%，绘画眼影，效果如图5-81所示。

（8）制作腮红：新建图层并命名为blush，设置该图层混合模式为“叠加”，再次使用红色或粉色画笔，不透明度设置为39%，涂抹腮红，效果如图5-82所示。

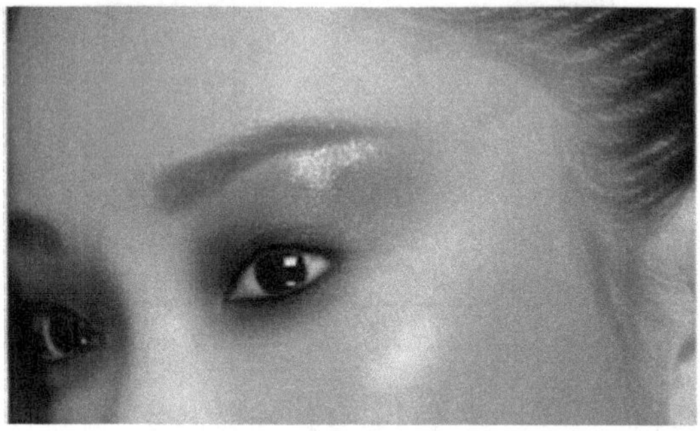

图5-81

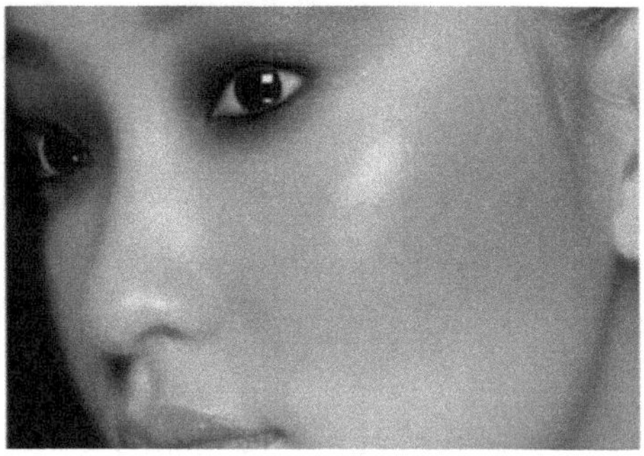

图5-82

（9）最终的化妆照效果如图5-83所示。

图5-83

第6章　网页元素

Photoshop具有非常强大的Web图像处理功能，同时也可制作GIF动画，使网页制作更加完善。例如，设置超级链接（图像映射）、建立动态按钮、网页动画等。Photoshop还提供了创建和处理Web静态图像的切片工具，用以切割图像、优化切片。

通过本章的学习，需要掌握使用Photoshop制作网页的方法和技巧，重点学习切片优化、翻转按钮、图层动画的方法。

本章主要内容

- 创建翻转图像
- 制作网页动画
- 使用切片
- 优化Web图像

评分细则

本章有4个评分点，每题10分。

序号	评分点	分值	得分条件	判分要求
1	编辑图形	2	创建符合要求的图形	创作的方式不要求
2	变换调整	3	按照要求制作效果或动画	需有相应的图层
3	效果修饰	3	按照要求修饰效果和动画	允许一定的创意发挥
4	网页输出	2	转换网页格式或添加链接	非网页格式不得分

本章导读

如上所述，我们明确了本章所要学习的主要内容以及对应《试题汇编》的评分点、得分条件和判分要求等。下面先在“样题示范”中展示《试题汇编》中一道“绘制指示标志”的真实试题，并在“样题分析”中对如何解答这道试题进行分析，然后通过一些案例来详细讲解本章中涉及到的技能考核点，最后通过“样题解答”来叙述“绘制指示标志”这道试题的详细操作步骤。

6.1 样题示范

【练习目的】

从《试题汇编》中选取样题，了解本章题目类型，掌握本章重点技能点。

【样题来源】

《试题汇编》第六单元第6.15题。

【操作要求】

绘制指示标志，如图6-1所示。

图6-1

新建一个宽高为380×500像素、RGB模式的文件。

1．**编辑图形**：创建指示板图形，应用内阴影、斜面和浮雕、渐变叠加（#87d2a9、#059361）和描边（#cccccc、白色），如图6-2所示。

2．**变换调整**：绘制圆柱形，应用渐变叠加（#676767、#ededed、#737373）和描边（#525252），形成不锈钢柱。

3．**效果修饰**：复制指标牌，添加文字（字体不限），添加背景图像（光盘素材文件夹下的素材文件Unit6\bridge.jpg）。

4．**网页输出**：调整为RGB色彩，优化图片，将最终效果以X6-15.psd和X6-15.html为文件名保存。

图6-2

6.2 样题分析

本题是考查如何创建和组合网页导航栏的基础题目，是Photoshop多种功能的集合应用。网站导航栏、按钮、标志、logo和动画等各种网页元素都可以使用Photoshop制作完成。

要解答本题，首先绘制基本图形，使用图层样式立体化处理形成导航标志。然后使用渐变和描边制作圆柱形立柱。最后添加文字和背景形成完整导航栏图像。

制作网页元素还需要掌握其他相关操作技能（如动画等），下面就从这些技能要点开始介绍。

6.3 创建翻转图像

1.关于翻转效果

在网页上具有“翻转”效果的一般会是按钮或图像，当鼠标移动到它上方时将会发生变化。要创建翻转，至少需要两个图像：主图像表示处于正常状态的图像，而次图像表示处于更改状态的图像。

“翻转”是一种Web效果，当浏览者在Web页的区域上执行光标动作（如滚动或单击）时，将产生不同的图像显示状态。这些状态都是在图层面板中进行特定配置的，如图层位置、样式和其他格式化选项等。

在使用切片或图像映射区域定义“翻转”的现用工作区域时，默认情况下处于“正常”状态，只需向“翻转”添加新状态——捕捉切片、快照动画等。

将具有“翻转”状态的图像存储为Web页时，每个“翻转”状态均存储为一个单独的图像文件。默认情况下，将会使用相应的切片名和光标触发“翻转”状态的动作来命名。当更改切片名时，切片中的“翻转”状态也将重命名。

2.创建翻转图像的方法

Photoshop提供了许多用于创建翻转图像的方法。

- 使用图层创建主图像和次图像。在一个图层上创建内容，然后复制并编辑图层以创建相似内容，同时保持图层之间的对齐。
- 当创建翻转效果时，可以使用更改图层的样式、可见性或位置，调整颜色或色调或者应用滤镜效果等操作。
- 也可以利用图层样式对主图层应用各种效果，如颜色叠加、投影、发光或浮雕等。当要创建翻转时，可启用或禁用图层样式并存储处于每种状态下的图像。
- 使用“样式”面板中的预设按钮样式快速创建具有正常状态、鼠标移过状态和鼠标按下状态的翻转按钮。使用矩形工具绘制基本形状并应用样式（如斜面、正常等），自动将该矩形转换为按钮。然后复制图层并应用其他预设样式（如斜面、鼠标移过等），以创建其他按钮状态。最后将每个图层存储为单独的图像以创建完成的翻转按钮组。

- 使用“存储为Web 和设备所用格式”对话框，以Web兼容的格式和优化的文件大小来存储翻转图像。

当存储翻转图像时，可使用命名约定区分主（非翻转状态）图像和次（翻转状态）图像。

在Photoshop中创建翻转图像组之后，可在Dreamweaver中将这些图像置入网页中并自动为翻转动作添加JavaScript代码。

实例演练：创建翻转按钮

（1）新建文件，新建图层并命名为Button Off，建立椭圆选区或矩形选区。使用线性渐变工具填充从蓝到黑色选区，如图6-3所示。

图6-3

（2）在背景图层上，新建图层并命名为Inset，对选区执行“选择”→“修改”→“扩展”命令，参数为3像素。前景色为白色，使用渐变工具从按钮底端到按钮顶端填充白色到黑色渐变。取消选区，输入文字并添加阴影效果，如图6-4所示。

图6-4

（3）复制图层Button Off为图层Button On，对图层Button On执行图层样式的阴影效果，将距离和模糊度均设为3时效果会比较好，添加阴影，如图6-5所示。

图6-5

（4）隐藏图层Button On，在图层Button Off中执行图层样式的内阴影效果，使用默认设置。按键盘向下方向键移动1个像素，向右移动1像素；用同样的方法移动文字图层，如图6-6所示。

图6-6

（5）制作翻转按钮：在Photoshop中创建翻转图像组之后，使用Dreamweaver将这些图像置入网页中并自动为翻转动作添加JavaScript代码。

6.4 制作网页动画

动画已经是Web应用中一个重要的内容，是不可缺少的一部分。在网站中使用动画，犹如给网站注入了新的活力，可使网站更具有吸引力。

动画就是在一定时间内显示的一系列图像或帧，每一帧比前一帧有一定的变化。当连续、快速显示这些帧时，就创造出运动的效果。结合使用动画和图层面板的功能，可产生动画效果。先将动画的每一图素置于其自身所在的图层上，再使用图层面板命令和选项更改一系列帧的图素位置和外观。图6-7所示的自行车图像在图层上与动画中的每一帧对应位置，就是更改了其所在图层的位置。用Photoshop中编辑动画，其实也就是对帧的操作，准备好动画所需要的5张图片，使各帧仅显示相关图层内容的动画示意图即可。

图6-7

6.4.1 创建动画

通过动画面板添加帧是创建动画的第一步。如果已经在文档中打开一个图像，则动画面板会将该图像显示为新动画的第一个帧。

实例演练：制作眨动眼睛的动画

（1）观察如图6-8所示素材文件的图层面板，“睁眼睛”图层显示，“闭眼睛”图层隐藏。

图6-8

（2）在动画面板中，单击“复制当前帧”按钮（），添加帧，如图6-9所示。如果是创建翻转动画，可在翻转面板中，单击“创建动画帧”按钮（）。

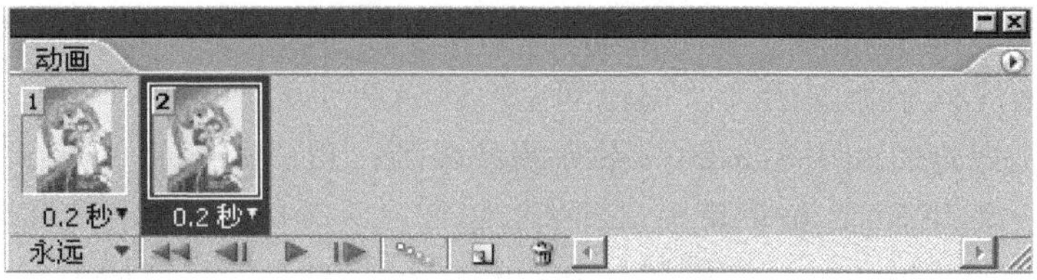

图6-9

（3）在图层面板中隐藏“睁眼睛”图层，显示并选中“闭眼睛”图层。使用同样方法，在动画面板中修改帧图像，如图6-10所示。

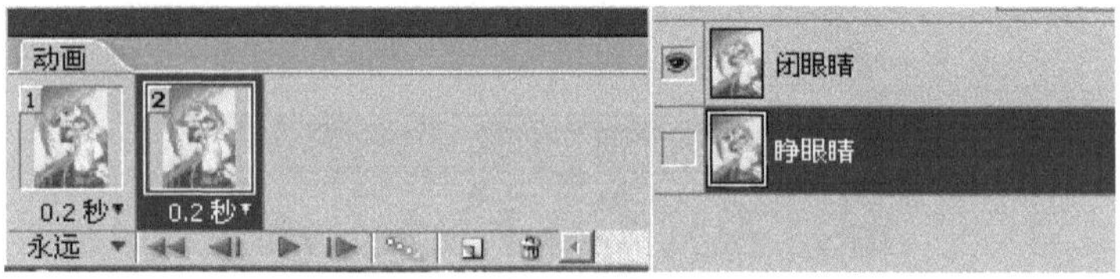

图6-10

（4）重复操作第2、3步操作，就会得到人物眨动眼睛的动画，如图6-11所示。

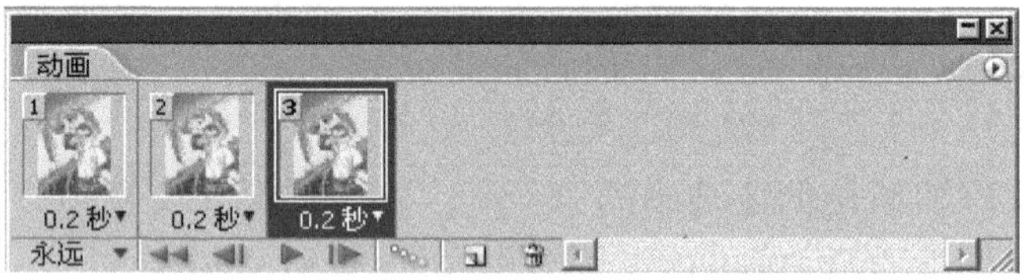

图6-11

（5）为了使动画播放流畅，可调整动画的延迟时间。在动画面板中，选取“选择全部帧”，然后单击图像下“选择延迟时间”按钮（），在弹出的菜单（如图6-12所示）中设定延迟，本实例选择“无延迟”选项。

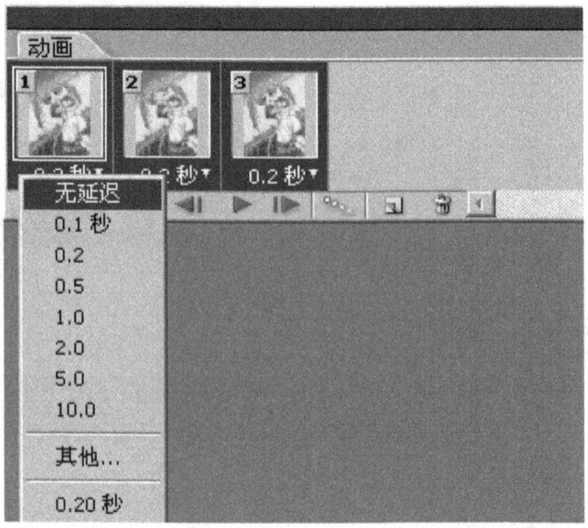

图6-12

（6）设置完成，单击动画面板底部“播放”按钮（），预览动画效果。

6.4.2 逐帧动画

本小节通过一个实例来讲解逐帧动画的制作过程。

实例演练：制作逐帧动画

（1）打开光盘素材文件夹下的素材文件Unit6\rotate.jpg，观察其图层面板，如图6-13所示。

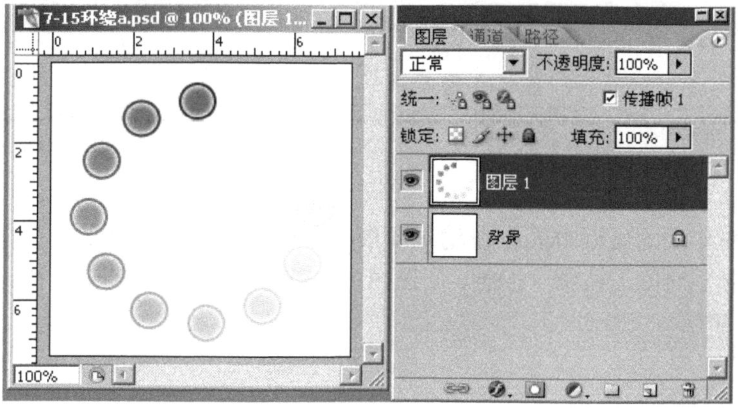

图6-13

（2）复制“图层1”为“图层2”。选中“图层2”，按【Ctrl+T】快捷键进行自由变换。在变换工具选项栏中设置旋转角度为30，按【Enter】键确认。按【Alt+Ctrl+Shift+T】快捷键10次，对图形进行连续旋转复制。

（3）在动画面板中执行“从图层建立帧”命令，这样每个图层都分配为动画中的每一帧，如图6-14所示。

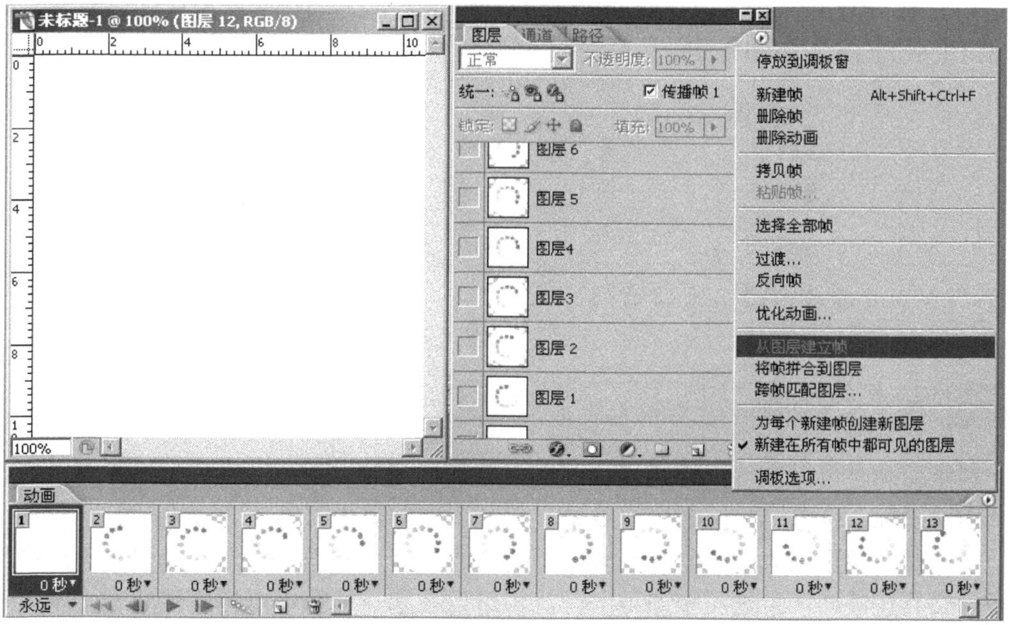

图6-14

（4）将背景分配到每一帧中可以保持动画背景不变。选择“背景”图层，在动画面板菜单中执行“跨帧匹配图层”命令，打开“匹配图层”对话框，参照图6-15所示勾选所有复选框，单击“确定”按钮。

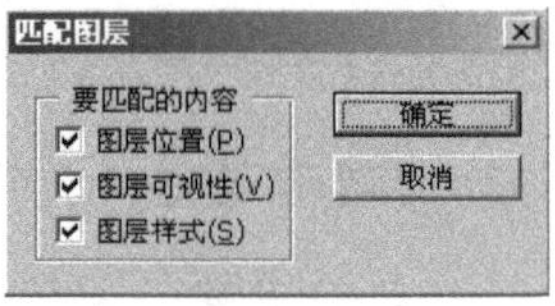

图6-15

（5）本例动画第1帧背景图层是不需要的。选中第1帧，在动画面板菜单中，执行“删除帧”命令，将第1帧的背景图层删除，如图6-16所示。

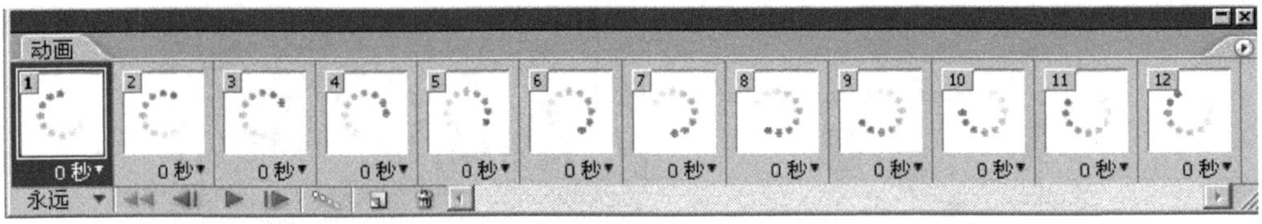

图6-16

（6）调整动画的延迟时间。在动画面板菜单中执行“选择全部帧”命令，然后单击图像下“选择延迟时间”按钮（0秒），在弹出的菜单（如图6-17所示）中设置延迟时间。

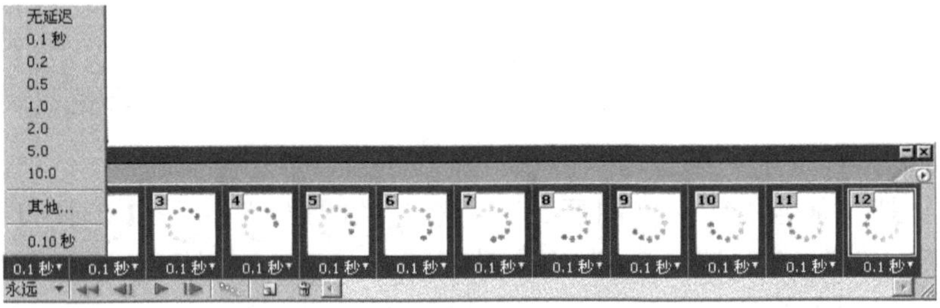

图6-17

（7）设置完成后，单击动画面板底部的“播放”按钮（▶），预览动画效果，如图6-18所示。预览完成后，执行“文件”→“存储为Web 和设备所用格式”命令，将动画输出生成为GIF或Html格式。

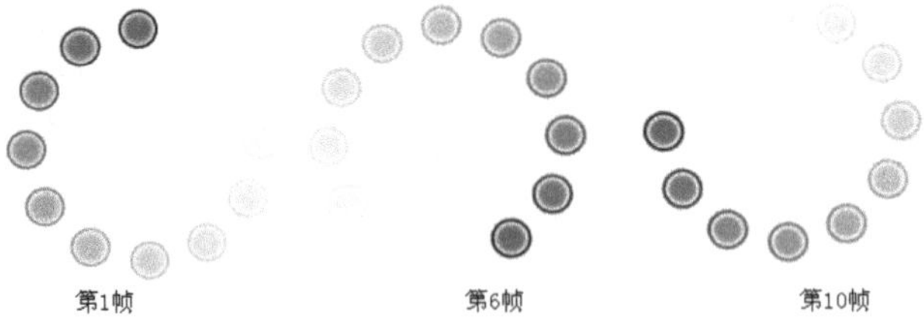

图6-18

6.4.3 蒙版过渡动画

制作动画时可以自动添加或修改两个现有帧之间的一系列过渡帧，这样可以均匀地改变图层属性（位置、不透明度或效果参数），以创建均匀过渡的效果。

使用过渡帧可大大减少创建动画效果所需的时间。只需要确定动画中的起点帧和终点帧，然后在其间产生过渡帧即可。过渡帧可以在起点帧和终点帧属性间发生均匀地过渡，可以方便地分别对它们进行编辑。

实例演练：制作蒙版过渡动画

【实例来源】：《试题汇编》第六单元第6.18题。

（1）打开光盘素材文件夹下的素材文件Unit6\curve.jpg，如图6-19所示。

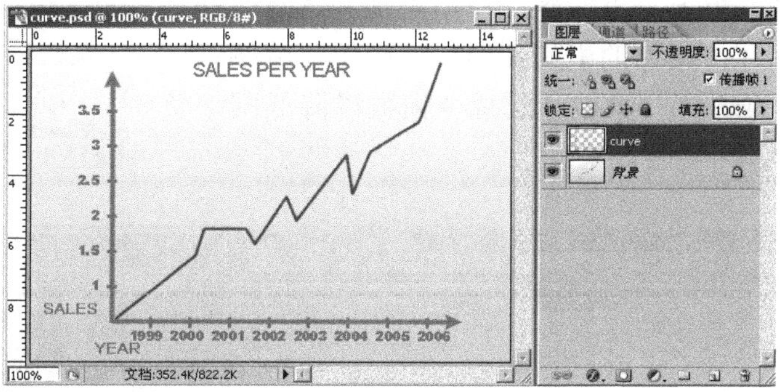

图6-19

（2）添加CURVE图层蒙版遮盖曲线，保持坐标轴和文字的显示，如图6-20所示，取消图层蒙版链接。

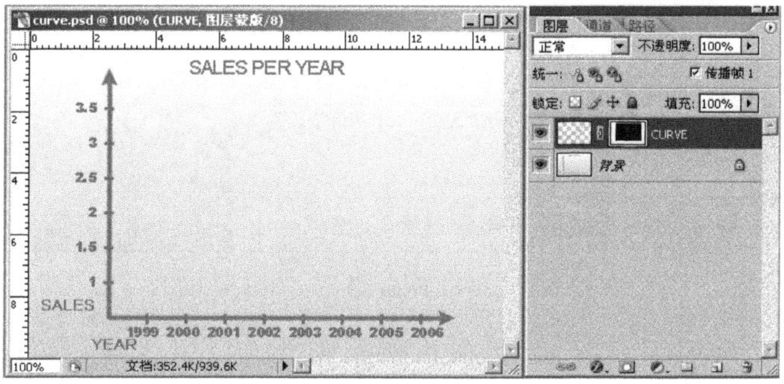

图6-20

（3）在动画面板中单击“复制当前帧”按钮（），创建第2帧。在图层面板中，使用移动工具将图层蒙版水平向右拖移，直到曲线完全显示，如图6-21所示。

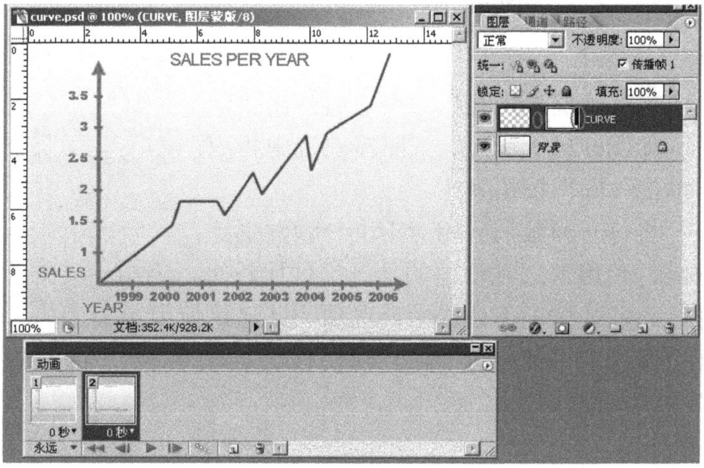

图6-21

（4）在动画面板中单击“动画帧过渡”按钮（），出现“过渡”对话框，参照图6-22进行设置，设置完成后单击“确定”按钮。

（5）在动画面板上可以看到，在第一帧和最后一帧之间增加了5个中间帧。增加的中间帧会使动画更加流畅。如果是在网络播放的动画，要尽可能减少帧数以降低网络负荷。图6-23所示为第4帧的效果。

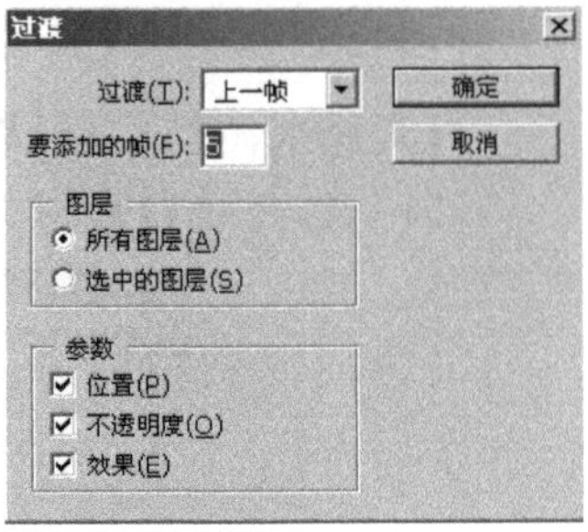

图6-22

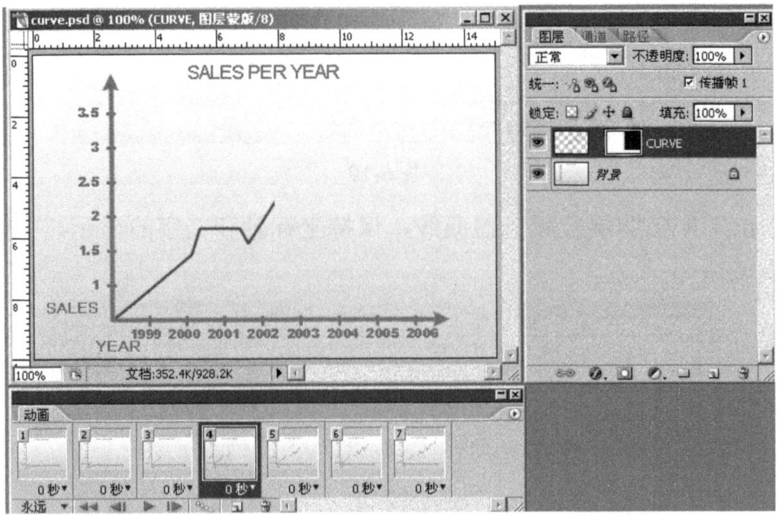

图6-23

6.4.4 优化输出动画

动画制作完毕，需要对动画进行优化，以便于网络传输，并将优化结果输出为动画文件。在输出之前，最好用PSD格式保存一下原稿，这样可以方便修改。可以将动画存储输出为一系列GIF文件或一个QuickTime影片。

1.优化动画

在动画面板中执行“优化动画”命令，将弹出“优化动画”对话框（如图6-24所示），按照需要选中相应优化选项，然后单击“好”按钮确认。

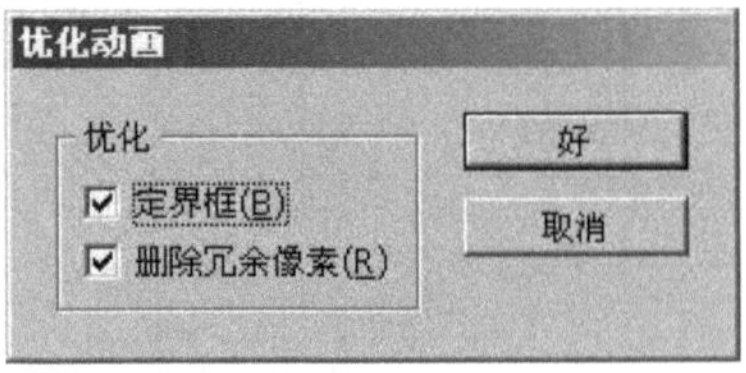

图6-24

- 定界框：将每一帧裁切到相对于上一帧发生更改的区域。使用该选项创建的动画文件比较小，但与不支持该选项的GIF编辑器不兼容。默认情况下会选中该选项，并建议使用。
- 删除冗余像素：可使相对于上一帧没有发生更改的所有像素变为透明。默认情况下选中，并建议使用。

2.输出为GIF动画

因为GIF格式是在Web上唯一支持的可显示的动画图像格式，所以应该始终以GIF格式来优化动画。具体的操作步骤如下。

（1）优化动画。

（2）选择待优化的视图，执行“文件”→“存储Web所用格式”命令，按照需要选择相应选项，然后单击“存储”按钮。

（3）在出现的“将优化结果存储为”对话框中输入文件名并选取存储位置，然后选择“格式”选项为“仅限图像”，然后单击“保存”按钮即可。

6.5 使用切片

网页设计的一大挑战是如何尽可能地减少图像的大小，以加快页面的下载速度。Photoshop切片工具提供了强大的切片功能，能将图像切分并输出为一个个的小区域，用户在下载时，将按照小区域的先后顺序进行下载，就像拼图一样，比显示整张图片的速度加快很多。同时，切片工具还可用于在Web页中创建链接、翻转和动画。

- 在设计制作Web站点时，会先创建一幅整图，然后将其切割为小块，最后通过HTML表格使切割形成的小块区域重新拼合。这样制作出来的图形在浏览器中显示时将和最早设计的整图没有什么区别，但实际上它们是由若干块单独的切片文件组成的。
- 切片还可用于优化图像。在切割图像后，各部分图像可以单独优化，支持用不同的图像格式输出整个图像的各个部分，以获得最佳文件的大小和质量。例如，可以将图片的某一部分以GIF格式输出，而另一部分则以JPEG格式输出，这样就可以更好地利用各种不同图像格式的显示优点。
- 切片可用于创建交互图形，图形切割后，可以使用JavaScript使光标经过事件指定部分的图像时产生交互效果，如创建图像翻转、制作图形按钮及超级链接等。

在图6-25所示的分成切片的Web 页中，包含了几种类型的切片：04#，图像切片；09#，无图像切片；10#，包含翻转效果的切片。

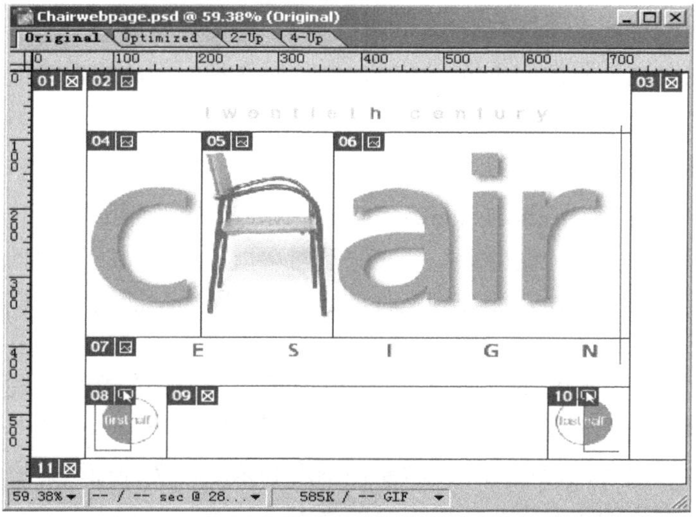

图6-25

6.6 优化Web图像

前面介绍了使用切片、图像映射、翻转及动画的方法，是否已经完成全部的任务了呢？答案是否定的。因为网络Web设计的最终目标是设计制作出下载十分迅速的优美图像来。所以，必须为图像选择一种具有最佳压缩比的文件格式，同时最大程度地保持图像的质量不受损失，否则Web传输起来较慢。这就是图像优化，即寻找到最佳的颜色、压缩比和质量的综合方案。

1.关于优化

在Photoshop中，对图像的优化由三部分工作组成。

（1）选择一个最佳的文件储存格式。不同的文件格式对于压缩文件中颜色信息有着各自不同的方法。所以，对于不同类型的图像要选择适当的文件格式，才可以极大地缩小文件的尺寸。

（2）设置文件格式的明细选项，每一种网络文件格式对于控制图像压缩都有一套独特的选项供选择。举例来说，对于GIF图像，可以进行抖动处理，来补偿图像中较少的颜色；而对于JPEG图像，可以进行平滑处理，对图像进行细微的模糊处理，借此来帮助JPEG图像的压缩，减小文件尺寸。

对图像的优化从很大程度上是对图像的颜色进行优化，而构成一幅图像的色调有两种：连续色调和非连续色调。通过比较在各种情况下进行的压缩测试的效果来看，对于连续色调的图像最好使用JPEG格式进行压缩，而对于不连续色调的图像最好使用GIF格式进行压缩，以使图像质量和图像大小有一个最佳的平衡点。

图像在网络中的使用，大多采用JPEG和GIF格式，虽然PNG格式优点很多，但以PNG格式保存的图像一般都很大，甚至比BMP格式还要大，这对于Web图像来说无疑是致命的杀手，因此很少被使用。

（3）调整图像中的颜色。其方法是首先通过限制图像使用某一套具体的颜色，也就是常说的色板，来限制颜色的使用数目。然后，对色板上不使用的颜色进行清理。色板上的颜色越少，也就意味着图像中的颜色越少，结果当然就是缩小了文件尺寸。减少颜色数的使用也会缩减图像的质量，所以，必须对各种不同的色板进行测试，在图像质量和文件尺寸之间寻找最佳的平衡点。

2.优化图像的方法

（1）基本优化：使用Photoshop的“存储为Web和设备所用格式”命令将图像存储为GIF、JPEG或PNG文件。根据文件格式的不同，指定图像品质、背景透明度或杂边、颜色显示和下载方法。但是，添加到文件的任何Web附加功能（如切片、链接、动画和翻转）都不会保留。

（2）精确优化：使用 Photoshop中的优化功能，以不同的文件格式和不同的文件属性预览优化图像。当预览图像时，可以同时查看图像的多个版本并修改优化设置，选择最适合需要的设置组合。也可以指定背景透明度和杂边，选择控制仿色的选项，以及将图像大小调整到指定的像素大小或原大小的指定百分比。

3.比较优化格式

在 Photoshop中，执行“文件”→“存储为Web和设置所用格式”命令，在打开的“存储为Web和设置所用格式”窗口中即可查看和处理优化图像，如图6-26所示。

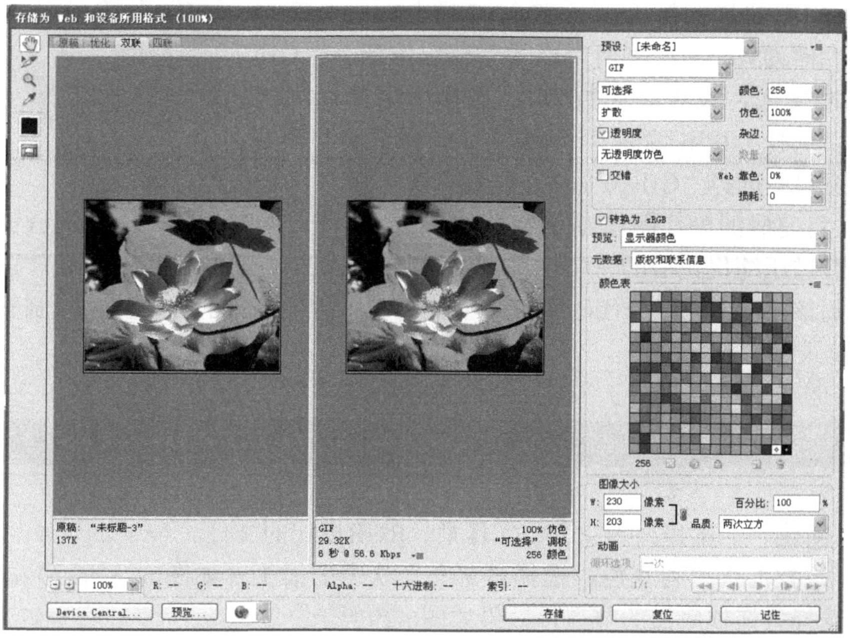

图6-26

- 可以在图像窗口中随时查看使用不同方式处理优化图像的文件属性、大小、格式、压缩百分比等信息。
- 如果想比较同一幅图形在不同的优化设置下的效果有何不同，可以使用2-Up和4-Up标签将图像分割成两个或四个预览窗口。为每一个浏览窗口指定不同的优化设置，然后比较每种设置对图像的不同影响。
- 当使用2-Up或4-Up预览方式的时候，第一个窗口显示的是原始图形。在这种查看方式下，可以继续对图形进行编辑，并将原始图像与优化后的版本进行比较。
- 在每一个预览窗口的底部将显示当前预览设置的一些统计信息，包括文件的格式、预计下载时间、文件大小、色板和使用的颜色数。
- 可以使用分片压缩功能，即将一幅较大的图像按照需求裁成很多块，每一块图像按照不同的设置进行优化压缩，并且每一块都可以链接不同的URL地址，存储后将会生成一段HTML代码，但在网页中显示时还是一幅完整的图像。这样处理后，网页的显示速度就快多了。

实例演练：分片优化

（1）打开一幅图像，观察此图像的色彩组成：文字标题和底部的图案色彩单调，可以采用GIF格式压缩，而中间的风景图色彩丰富，可考虑使用JPG格式压缩。

（2）执行“文件”→“存储为Web和设置所用格式”命令，打开“存储为Web和设置所用格式”窗口，使用切片工具（　）在图形上拖拽画出一个矩形，将整幅图像划分为上、中、下三个部分；使用切片选择工具（）拖拽矩形框周围的控制点将矩形框调整到准确位置，如图6-27所示。

图6-27

（3）使用切片选择工具（）选择上面的文字部分，在“存储为Web和设置所用格式”窗口中选择“GIF限制”压缩模式，设置颜色数为4；选择中间的图案部分，在窗口选择“JPEG 高”压缩模式；选择下面的图案部分，在窗口中选择“GIF 32仿色”压缩模式，分片压缩设置完成。

（4）将完成的分片图像储存为一个HTML文件，同时生成一个images子目录，里面存放着经过压缩优化后的三幅图像。在用Dreamweaver或FrontPage等软件进行网页设计时，复制该HTML文件的代码即可，不过别忘了将优化后的三幅图像复制到新网页的images子目录下。

6.7 样题解答

（1）新建一个宽和高为380×500像素、RGB模式的文件。

（2）设置前景色为灰色，选择自定义形状中的箭头（如图6-28所示），使用直接选择工具选择并拖拽底部的节点，效果如图6-29所示。

（3）按【Ctrl+T】快捷键，单击鼠标右键，在弹出的菜单中执行逆时针旋转90度，效果如图6-30所示。

（4）按【Ctrl+ T】快捷键，单击鼠标右键，在弹出的菜单中执行“透视”命令，调整图形中出现的节点（如图6-31所示），效果如图6-32所示。

图6-28

图6-29

图6-30

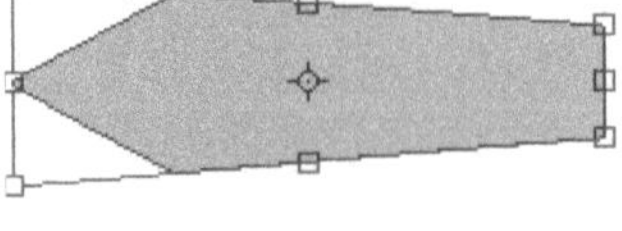

图6-31

图6-32

（5）双击该图层，打开“图层样式”对话框，勾选“内阴影”、“斜面和浮雕”、“渐变叠加”（#87d2a9、#059361）和“描边”（#cccccc、白色）效果，各项效果的参数设置如图6-33所示。

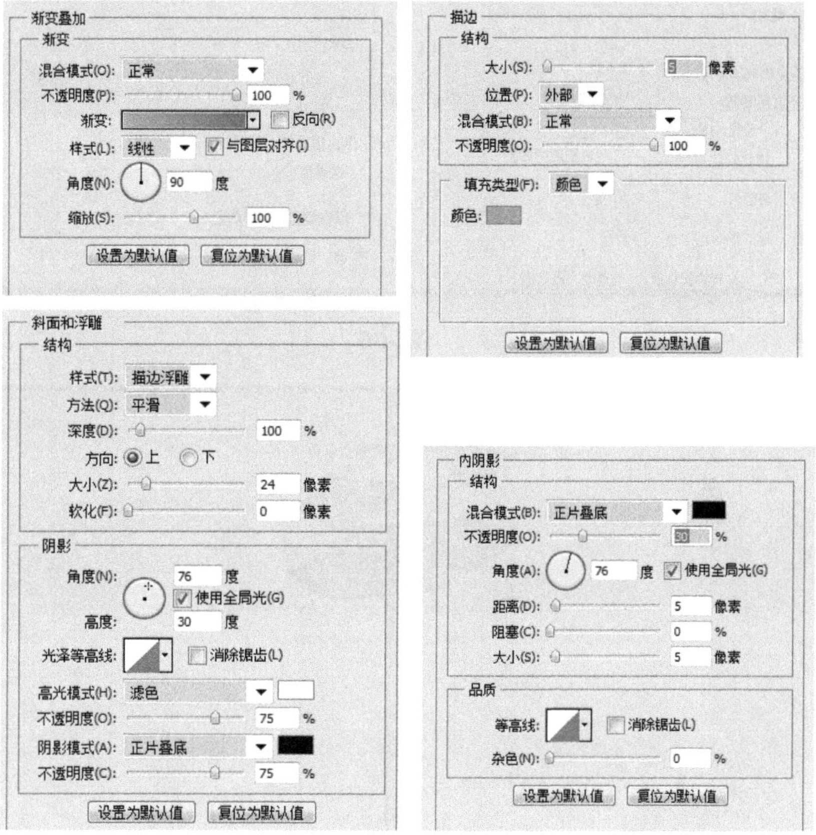

图6-33

（6）应用设置后效果如图6-34所示。

（7）复制该图形层三次，分别按【Ctrl+T】快捷键进行调整，效果如图6-35所示。

图6-34

图6-35

（8）使用圆角矩形工具创建一个圆角矩形。双击该图层，打开“图层样式”对话框，勾选“渐变叠加”（#676767、#ededed、#737373）和“描边”（#525252）效果，参数设置如图6-36所示，形成不锈钢柱，如图6-37所示。

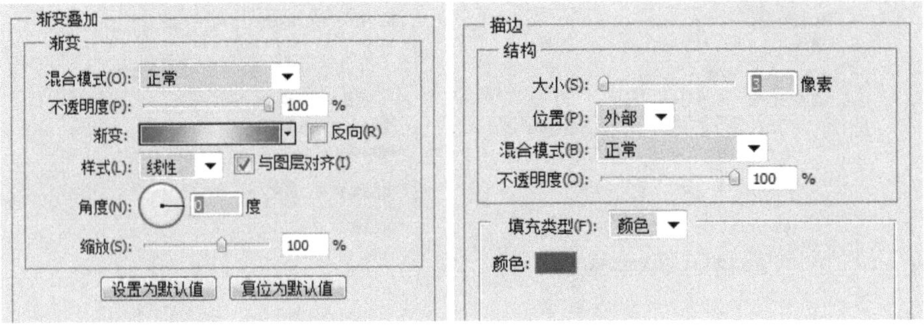

图6-36

图6-37

（9）参照图6-38添加文字（字体不限）。

（10）添加光盘素材文件夹下的背景图像Unit6\bridge.jpg，最终的效果如图6-39所示。

图6-38

图6-39

第7章　特效创意

滤镜能够产生许多光怪陆离、变幻万千的特殊效果，Photoshop的滤镜都会分类放置在“滤镜”菜单中。滤镜通常在与图层、通道等配合使用时，能取得令人惊叹的艺术效果。要加强对滤镜的熟练操作，同时还要具有丰富的想象力，这样才能真正将滤镜应用得恰到好处。

滤镜可以反复、连续应用，也可以作用于单个图层或多个图层不同混色模式图像，或作用于单个、多个Alpha通道，以得到各种意想不到的有趣效果。

滤镜的类型主要分为两种：单步操作、没有参数控制的滤镜和使用滑块或输入改变参数进行调节的滤镜。

本章主要内容

- “液化”滤镜
- “像素化”类滤镜
- “杂色”类滤镜
- “模糊”类滤镜
- “扭曲”类滤镜
- “渲染”类滤镜
- “画笔描边”类滤镜
- “素描”类滤镜
- “纹理”类滤镜
- “艺术效果”类滤镜

评分细则

本章有3个评分点，每题10分。

序号	评分点	分值	得分条件	判分要求
1	图像编辑	3	正确创建素材文件	制作素材的方式不要求
2	特效滤镜	4	选择正确的滤镜	滤镜命令不正确不得分
3	效果修饰	3	正确使用滤镜的各项参数	效果相似即可得分

本章导读

如上所述，我们明确了本章所要学习的主要内容以及对应《试题汇编》的评分点、得分条件和判分要求等。下面先在“样题示范”中展示《试题汇编》中一道“制作水流效果”的真实试题，并在“样题分析”中对如何解答这道试题进行分析，然后通过一些案例来详细讲解本章中涉及到的技能考核点，最后通过“样题解答”来叙述“制作水流效果”这道试题的详细操作步骤。

7.1 样题示范

【练习目的】

从《试题汇编》中选取样题，了解本章题目类型，掌握本章重点技能点。

【样题来源】

《试题汇编》第七单元第7.9题。

【操作要求】

制作水流效果，如图7-1所示。

图7-1

新建一个宽高均为500像素、RGB模式的文件。

1．**图像编辑**：设置前景色和背景色为默认状态，使用“云彩”、“高斯模糊”和“动感模糊”滤镜处理；横向缩小画布至300像素。

2．**特效滤镜**：使用“塑料包装”和“铬黄”滤镜处理，纵向拉长画布至800像素，如图7-2所示，自由变换成水流状。

3．**效果修饰**：载入并合成光盘素材文件夹下的背景图Unit7\waterontap.jpg，设置图层混合模式为“强光”。

将最终结果以X7-9.psd为文件名保存。

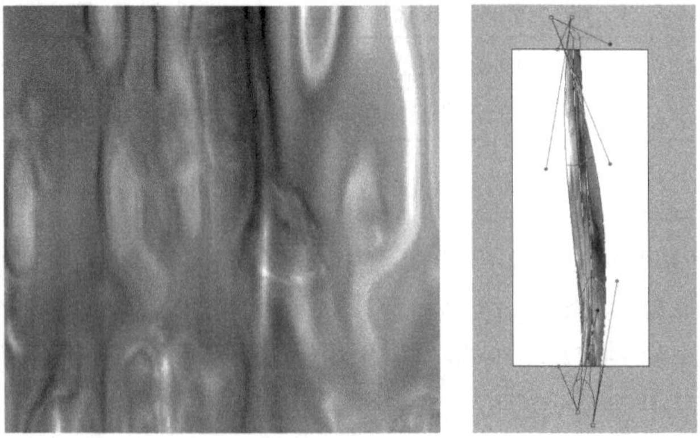

图7-2

7.2 样题分析

使用滤镜可以制作各种特效，滤镜是Photoshop中最具有魔幻色彩的功能模块。

要解答本题，首先要使用“云彩”、“高斯模糊”和“动感模糊”滤镜处理制作纹理。然后使用“塑料包装”和“铬黄”滤镜处理，形成质感效果。最后变形处理形成所要求的效果。

解答本题需要掌握滤镜的各种操作技能，下面就从介绍这些技能要点来走进滤镜的魔幻世界吧。

7.3 “液化”滤镜

使用“液化”滤镜可进行变形、旋转、扭曲、扩展、收缩、移动和反射等操作，还可以使用多种重建模式全部或部分地反向扭曲、扩展扭曲或在新区域中重做扭曲。

如果需要可以冻结保护部分图像以免被修改。

1.液化变形

（1）选取图像内容（某一个选取范围、某一个图层，或者某一个通道），执行“滤镜”→“液化”命令，其对话框及葡萄汁的液化变形效果如图7-3所示。

图7-3

（2）在“工具选项”选项栏中设置“画笔大小”和“画笔压力”，若计算机中已经安装了绘图板，还可以选择“光笔压力”。

（3）选择向前变形工具，在预览图像上按下鼠标拖拽，就会产生图像变形效果。

2. 弯曲变形效果

图7-4所示为弯曲变形效果。若要使模特的头发看起来呈波浪状，并具有弯曲度，首先用向前变形工具在头发梢的末端拖拽，然后用顺时针旋转扭曲工具顺时针旋转像素，使头发的末端产生旋转变形效果。

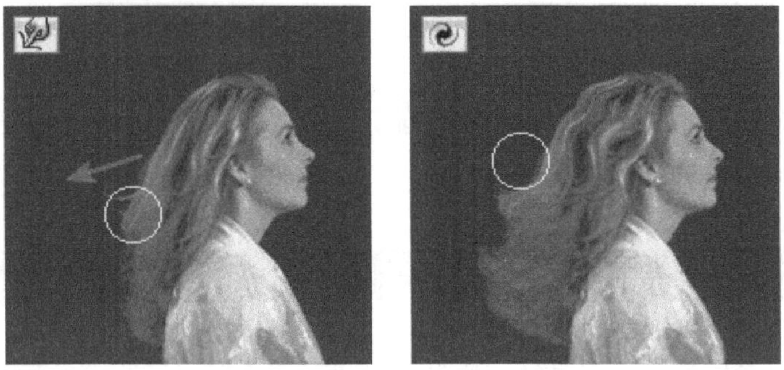

图7-4

3. 扭曲效果

图7-5所示为倒映映射效果。在一个几何图案上，将顺时针旋转扭曲工具放置在图像中心，直到变形扭曲到理想的状态。

图7-5

4. 倒映映射效果

图7-6所示为倒映弯曲效果。首先使用镜像工具产生树木的倒映，然后选择向前变形工具，设置画笔的浓度为20，在倒映的树木上来回拖拽，产生水波倒映弯曲效果。

图7-6

5. 蒸汽效果

图7-7所示为蒸汽效果。首先使用向前变形工具制做一小点弯曲，然后选择湍流工具，设置画笔大小为300，在蒸汽上单击或拖拽，产生蒸汽腾升的效果。

图7-7

6. 翻转形状

图7-8所示为翻转形状效果。使用镜像工具将图中飞蛾由一个水平镜像为三个，然后用镜像工具在下面从右到左映射，可得到翻转形状拼接图案的效果。

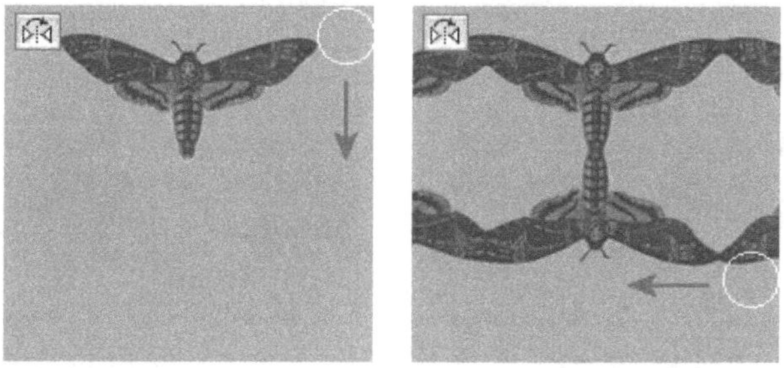

图7-8

7. 水平加宽

图7-9所示为水平加宽效果。如果想将图7-9左图中的椅子加宽，可使用左推工具移动垂直方向的像素，拖拽使像素右移，按住【Alt】键向左拖拽，使图像产生位移扩展效果。

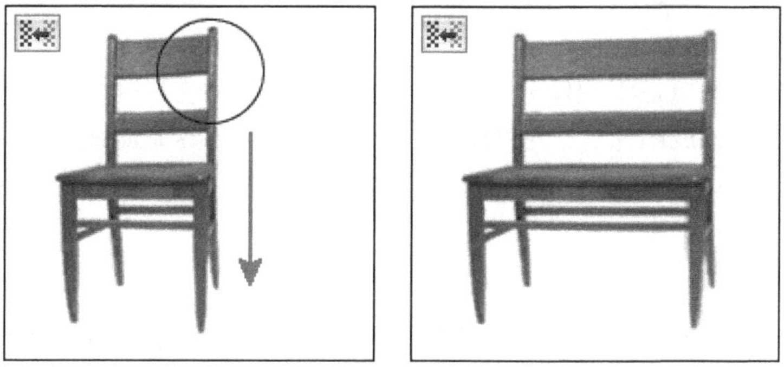

图7-9

8. 燃烧效果

图7-10所示为燃烧效果。使用向前变形工具选择合适的大小画笔，在字母顶端一点一点地向上拖拽，即可得到燃烧效果。

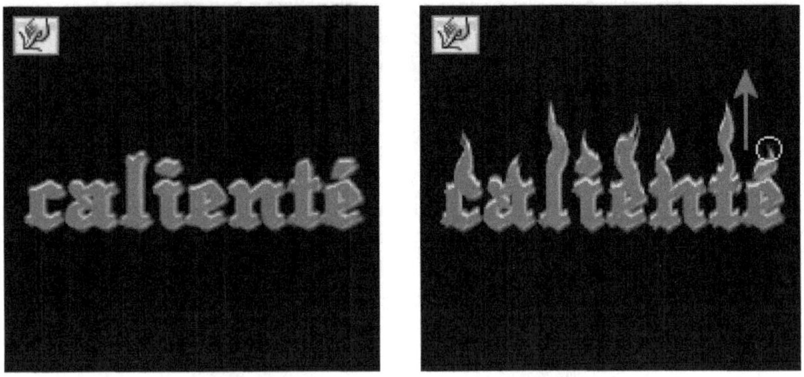

图7-10

9. 改变脸部表情

图7-11所示为脸部表情变形效果。首先使用褶皱工具或膨胀工具将左图中的鼻孔和手进行变化，然后使用向前变形工具将脸部表情由微笑变为怒吼效果（如7-11右图所示）。

图7-11

7.4 “像素化”类滤镜

“像素化”类滤镜是将图像分成一定的区域，然后将这些区域转变为颜色值相近的像素，从而成块地构成图像。一般来说，方形的可使用马赛克滤镜，不规则多边形的可使用晶状滤镜，不规则点状的可使用凹版画滤镜，等等。这里以“点状化”滤镜为例来做简单介绍。

“点状化”滤镜

“点状化”滤镜是将图像中的颜色分解为随机分布的网点，并使用背景色作为网点之间的画布区域，从而使图像产生点状效果，如图7-12所示。

图7-12

- 单元格大小：用于调整结块单元格的尺寸，范围是3～300。

7.5 “杂色”类滤镜

“杂色”类滤镜是通过向图像中添加或移去杂色或是带有随机分布色阶的像素，并将其混合到周围的像素中去，以产生相关效果。这里以“添加杂色”滤镜为例来做简单介绍。

“添加杂色”滤镜

“添加杂色”滤镜可将随机像素应用于图像，也可用于减少羽化选区或渐变填充中的条纹，或使经过重大修饰的区域看起来更真实，如图7-13所示。

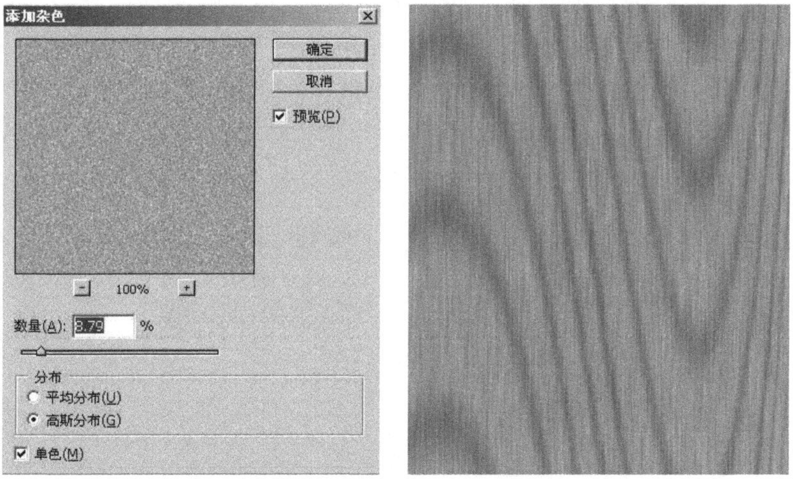

图7-13

- 数量：用于控制添加杂色的百分比。
- 平均分布：使用随机分布产生杂色。
- 高斯分布：根据高斯钟形曲线进行分布，产生的杂色效果更明显。
- 单色：添加的杂色将只影响图像的色调，而不会改变图像的颜色。

7.6 “模糊”类滤镜

“模糊”类滤镜主要是通过减少相邻像素间的颜色，避免过于清晰或过强的对比，从而产生晕化柔和效果，也可以产生柔和的阴影。

1．“动感模糊”滤镜

“动感模糊”滤镜可对图像沿着指定的方向（-360°～+360°）、指定的强度（1～999）进行模糊。在图7-14中，左图为原图，右图为设定角度和距离后的效果。

图7-14

2．“径向模糊”滤镜

“径向模糊”滤镜能产生许多有趣的效果。可以使一幅图像拧成一个圆，也可以使其从中心向外发射，产生爆炸效果，如图7-15所示。

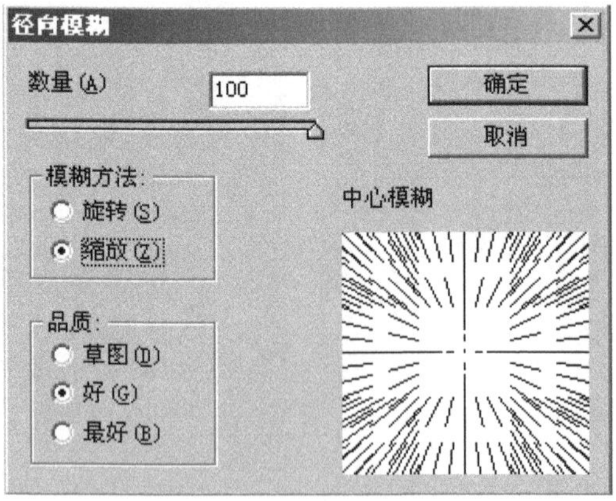

图7-15

- 数量：用于控制模糊程度，数值范围从1到100。这个值越大，模糊强度越大。要改变模糊的中心，单击并拖拽“中心模糊”框中的中心点。
- 模糊方法：用于控制模糊方式，有“旋转”和“缩放”两个选项。如果选中“旋转”单选按钮，将产生同心圆，通常会使图像看上去就好像是在陶工的轮子上被转动过似的。如果选中“缩放”单选按钮，则模糊后的图像线条将从图像的中心点开始缩小。

- 品质：用于指定模糊的品质。“最好”选项将产生最平滑的模糊，但是执行所用的时间也最长。使用“草图”选项，完成模糊的速度较快，但是结果将是颗粒状的。“好”选项将产生介于“最好”和“原图”之间的效果。在大文件中，“最好”和“好”的差别几乎看不出来。

在图7-16中，左图为原图，中图为选择“旋转”的效果，右图为选择“缩放”的效果。

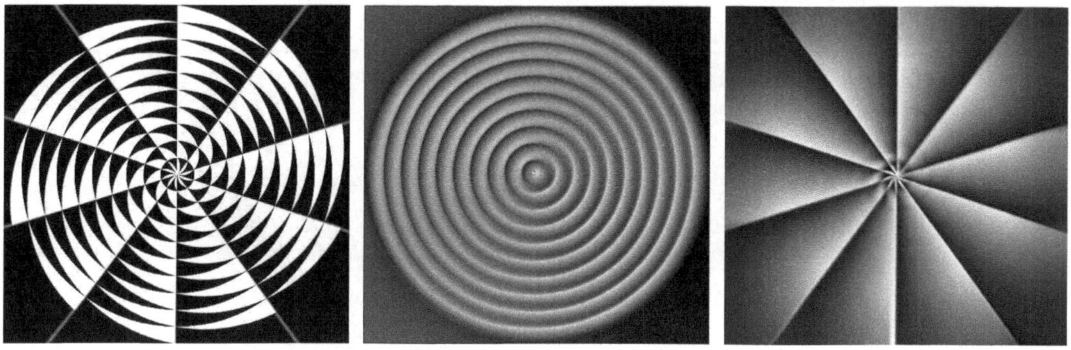

图7-16

3．“高斯模糊”滤镜

使用“高斯模糊”滤镜，可按照指定的值快速模糊图像，产生一种朦胧的效果。在图7-17中，左图为原图，右图为设定参数后的效果。

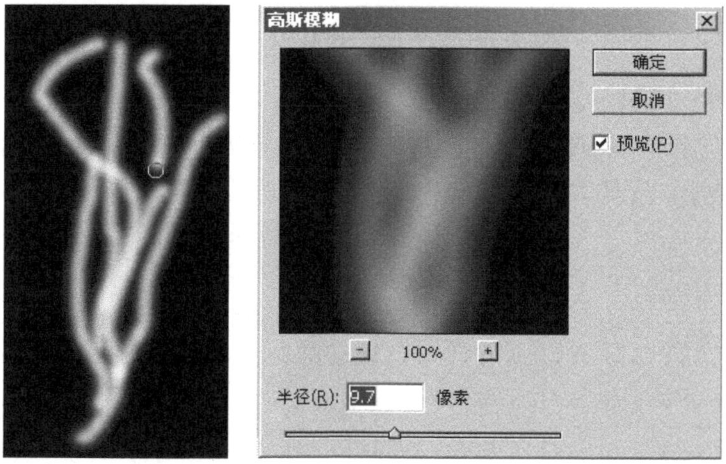

图7-17

7.7 “扭曲”类滤镜

“扭曲”类滤镜可将图像进行几何扭曲，创建3D或其他变形效果。此类滤镜将占用大量的内存。

“扭曲”类滤镜中的“置换”、“切变”和“波浪”滤镜可使用“折回”和“重复边缘像素”两种方式处理滤镜中未定义的区域。

- 折回：用图像另一边的内容填充未定义的空间。
- 重复边缘像素：按指定的方向沿图像边缘扩展像素的颜色。如果边缘像素颜色不同，则可能产生条纹。

1.“切变”滤镜

“切变”滤镜是将图像沿一条曲线进行扭曲的，可以调整曲线上的任何一点。在图7-18中，左图为“切变”对话框，右图为变形围巾效果。

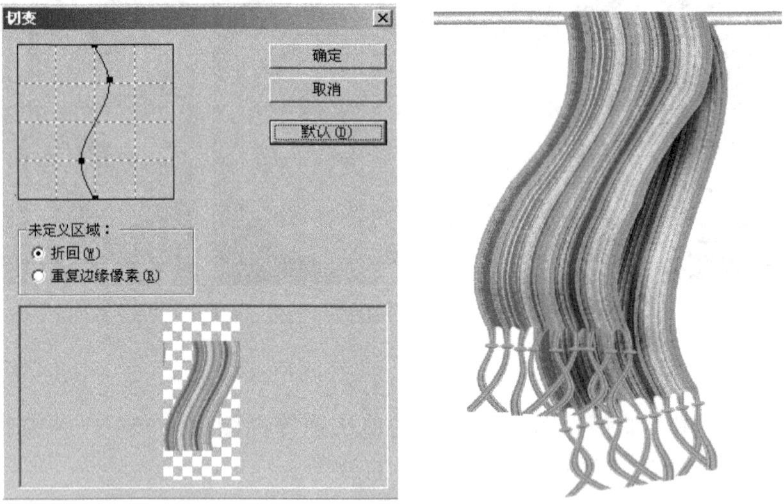

图7-18

2.“极坐标”滤镜

“极坐标”滤镜可将图像的坐标从平面坐标转换为极坐标，或从极坐标转换为平面坐标。在图7-19中，左图为原图，右图为设定参数后的效果。

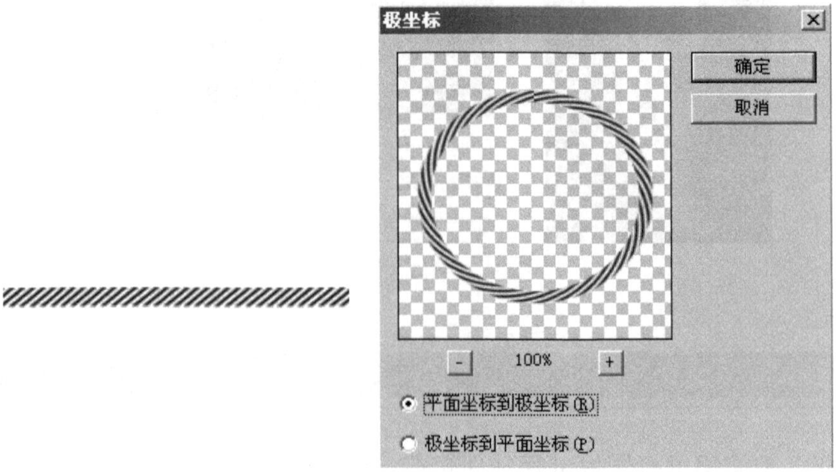

图7-19

- 平面坐标到极坐标：将图像从平面坐标转换为极坐标。将挤压选区向中心移动或向外移动，一个平面对象将变形为一个圆形。
- 极坐标到平面坐标：将图像从极坐标转换为平面坐标，即选中一个圆形对象并拉直。

3．“旋转扭曲”滤镜

“旋转扭曲”滤镜用于按照指定角度对图像进行旋转扭曲，如图7-20所示。

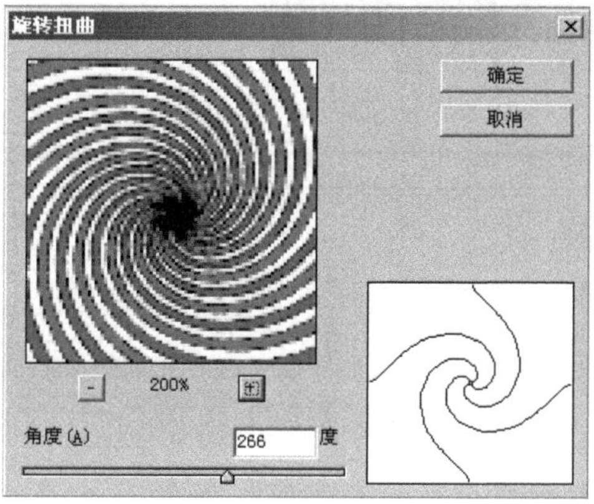

图7-20

- 角度：用于调节旋转的角度，范围是-999°～999°。在图7-21中，左图为原图，右图为应用“旋转扭曲”后的效果。

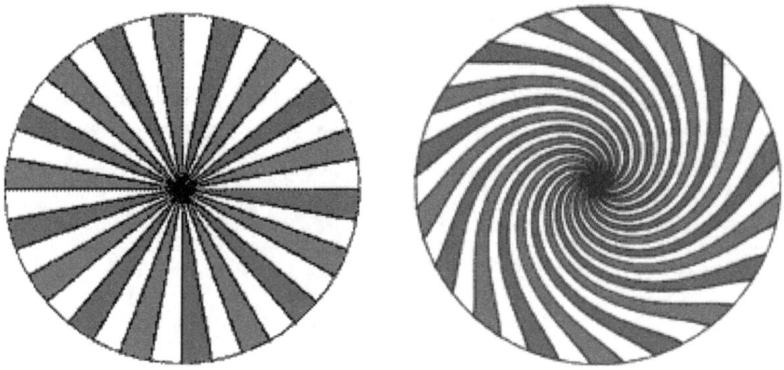

图7-21

4．“水波”滤镜

使用“水波”滤镜可使图像产生同心圆状的波纹效果，如图7-22所示。

- 数量：用于控制波纹的波幅。
- 起伏：用于控制波纹的密度。
- 围绕中心：将图像的像素围绕中心旋转。
- 从中心向外：靠近或远离中心来置换像素。
- 水池波纹：将像素置换到中心的左上方和右下方。

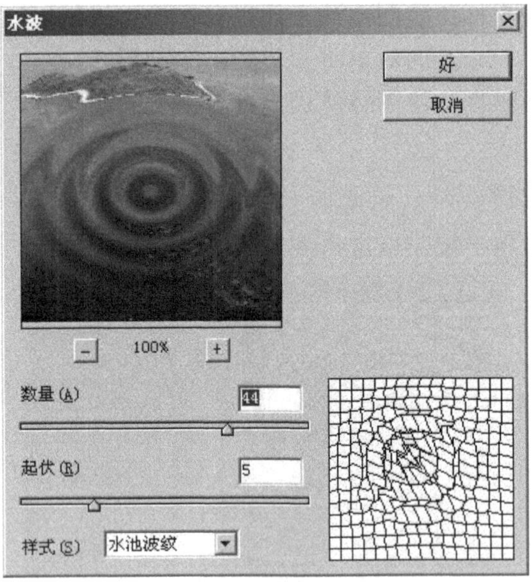

图7-22

5．“海洋波纹”滤镜

使用“海洋波纹”滤镜可将随机分隔的波纹添加到图像表面，从而使图像看上去像是在水中一样，图7-23所示为该滤镜参数设置区域。

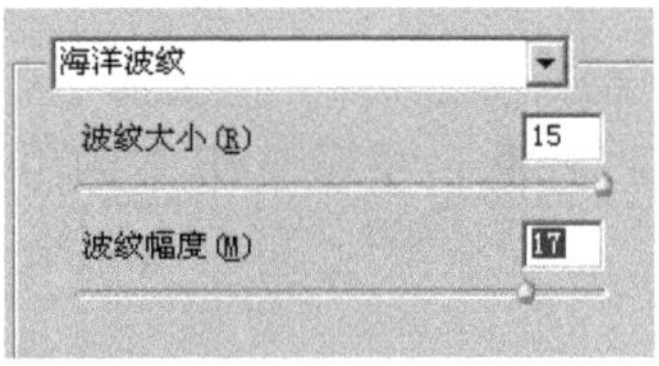

图7-23

- 波纹大小：用于调节波纹的尺寸。
- 波纹幅度：用于控制波纹振动的幅度。

在图7-24中，左图为原图，右图为应用“海洋波纹”滤镜后的效果。

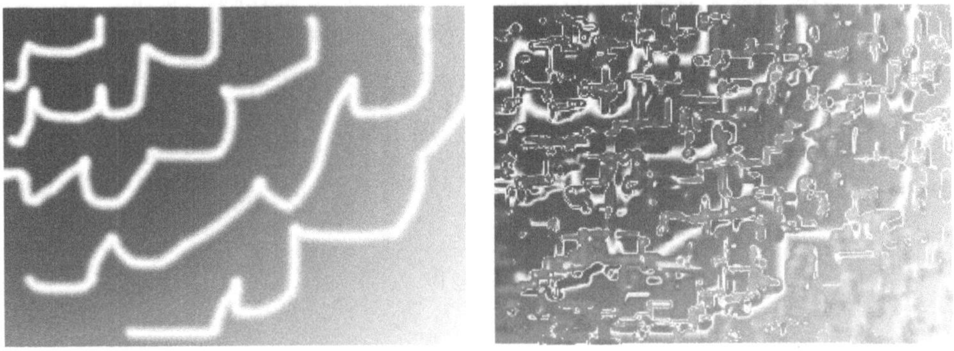

图7-24

7.8 “渲染”类滤镜

“渲染”类滤镜用于将图像映射成三维效果，在图像中创建3D形状（立方体、球面和圆柱）、云彩图案、折射图案和模拟的光反射等修改，可以从灰度文件创建纹理填充效果。

1．“云彩”和“分层云彩”滤镜

“云彩”滤镜是将前景色和背景色随机分布。“分层云彩”在第一次使用时，可将前景色与背景色的补色产生随机分布，多次应用此滤镜，会创建出与大理石的纹理相似的边缘与叶脉图案。

将前景色与背景色分别设置为红色与绿色，在图7-25中，左图为原图，右图为应用“云彩”滤镜后的效果，在图7-26中，左图为原图，右图为应用“分层云彩”滤镜后的效果。

图7-25

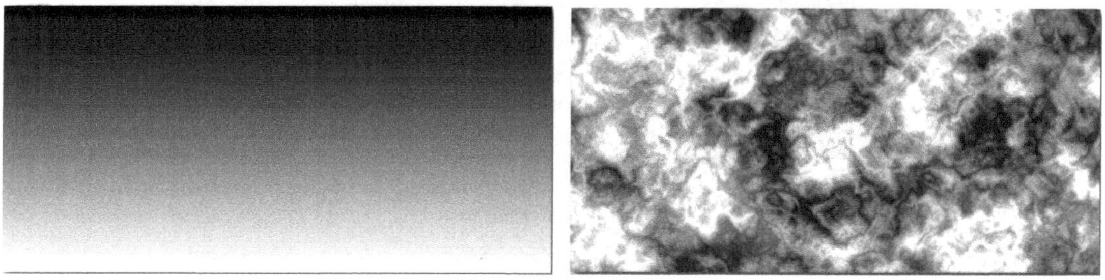

图7-26

2．“镜头光晕”滤镜

“镜头光晕”滤镜用于模拟亮光照射到相机镜头所产生的光晕效果。单击图像的任一 地方可选择光源的一个中心点，在单击后将出现一个十字光标表示中心点，通过拖拽十字线可改变光晕中心的位置，图7-27所示为“镜头光晕”对话框。

- 亮度：用于控制镜头光强度，数值范围为10%～300%。
- 镜头类型：用于控制选择镜头的类型，镜头越长，照射范围越大。

在图7-28中，左图为原图，右图为应用“镜头光晕”滤镜后的效果。

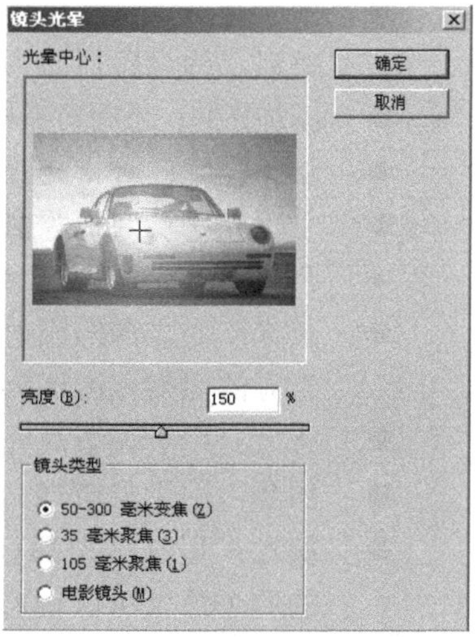

图7-27

图7-28

3．“光照效果”滤镜

可以使用17种光照样式、3种光照类型、4套光照属性和1个灰度文件的纹理通道，在RGB图像上产生无数种光照效果，图7-29所示为“光照效果”对话框。

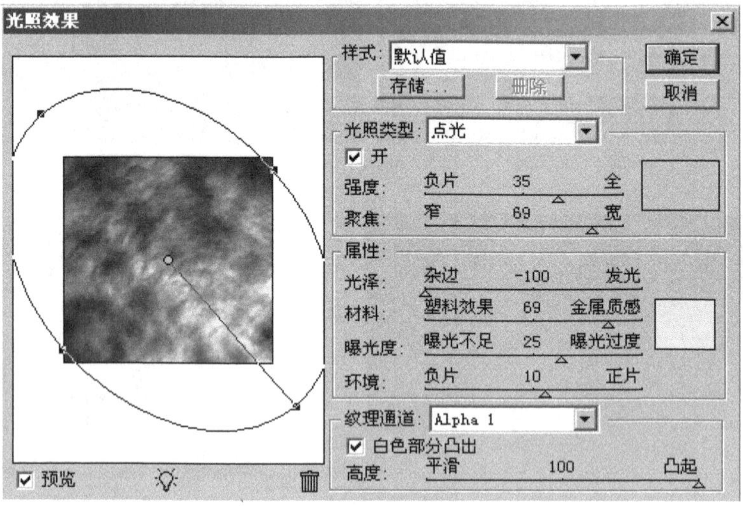

图7-29

- 样式：滤镜自带了17种灯光布置的样式，可以直接调用，也可以通过添加光照将自己的设置存储为样式。
- 添加光照：可将对话框底部的光照图标拖拽到预览区域中。最多可获得16种光照。
- 删除光照：可将光照的中央圆圈拖拽到预览窗口右下侧的“垃圾箱”按钮中。
- 平行光：均匀地照射整个图像，此光照类型类似太阳光。
- 全光源：光源为直射状态，投射下圆形光圈。
- 点光：当光源的照射范围框为椭圆形时为斜射状态，投射下椭圆形的光圈；当光源的照射范围框为圆形时为直射状态，效果与全光源相同。
- 强度：用于调节灯光的亮度，若为负值则产生吸光效果。
- 聚焦：用于调节灯光的衰减范围。
- 属性：每种灯光都有光泽、材料、曝光度和环境4种属性，通过单击窗口右侧的两个色块可以设置光照颜色和环境色。
- 纹理通道：选择要建立凹凸效果的通道。

- 白色部分凸出：默认状态下，此项为勾选状态。若取消此项的勾选，凸出的将是通道中的黑色部分。
- 高度：用于控制纹理的凹凸程度。

在图7-30中，左图为原图，右图为应用“光照效果”滤镜后的效果。

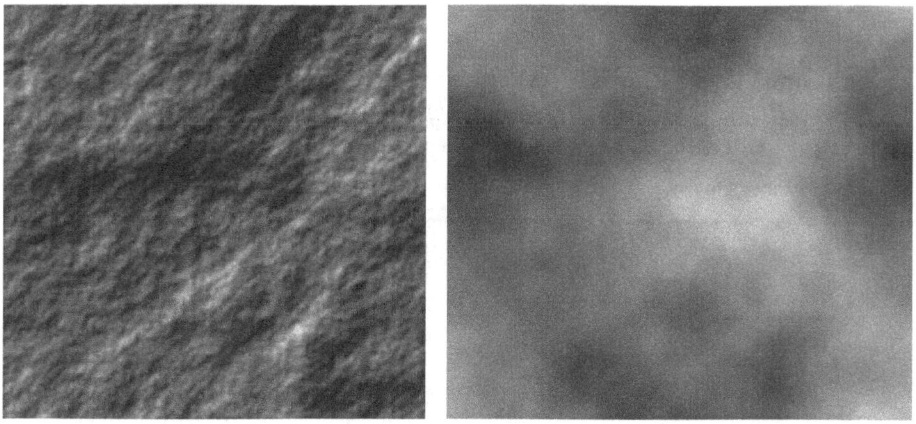

图7-30

7.9 “画笔描边”类滤镜

“画笔描边”类滤镜用于模拟使用不同的画笔和油墨进行描边，创造出各种绘画效果。

1. “成角的线条”滤镜

使用“成角的线条”滤镜可以重新绘制图像，用一个方向的线条绘制图像的亮区，用相反方向的线条绘制暗区。图7-31所示为该滤镜参数设置区域。

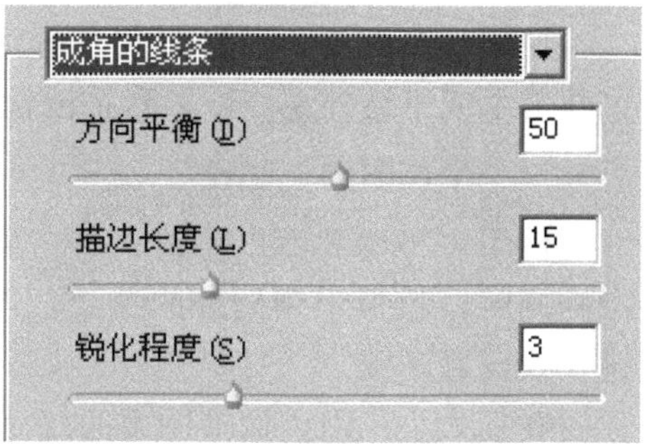

图7-31

- 方向平衡：用于调节向左下角和右下角勾画的强度。
- 描边长度：用于控制成角线条的长度。
- 锐化程度：用于调节勾画线条的锐化度。

在图7-32中，左图为原图，右图为应用“成角的线条”滤镜后的效果。

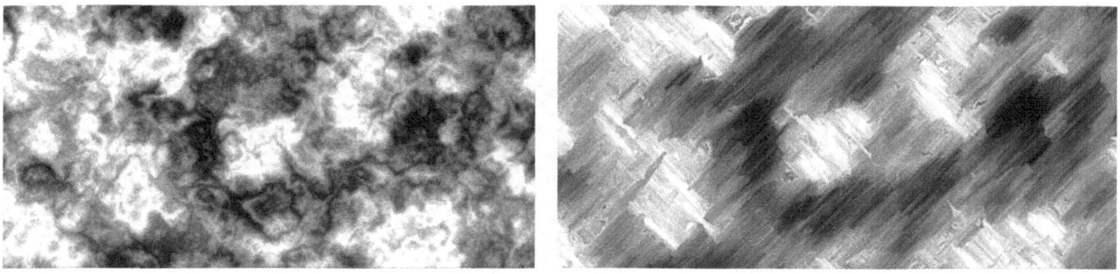

图7-32

2．“阴影线”滤镜

使用“阴影线”滤镜可在保留原图像的细节和特征的同时，使用模拟的铅笔阴影线添加纹理，并使图像中彩色区域的边缘变粗糙。图7-33所示为该滤镜参数设置区域。

- 线条长度：用于控制线条的长度。
- 锐化程度单元格：用于控制图像的锐化程度。
- 强度：用于控制线条的次数，范围为1～3。

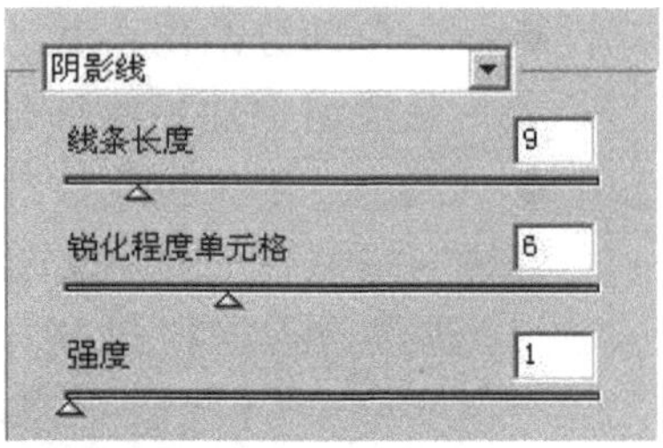

图7-33

在图7-34中，左图为原图，右图为应用“阴影线”滤镜后的效果。

图7-34

7.10 “素描”类滤镜

使用“素描”类滤镜可将纹理添加到图像上，从而获得3D效果。此滤镜还适用于创建美术或手绘外观。许多素描滤镜在重绘图像时都会使用到前景色和背景色。

1．“半调图案”滤镜

使用“半调图案”滤镜，可在保持连续的色调范围的同时，模拟半调网屏的效果。图7-35所示为该滤镜参数设置区域。

- 大小：用于调节图案的尺寸。
- 对比度：用于调节图像的对比度。
- 图案类型：包含圆形、网点和直线3种图案类型。

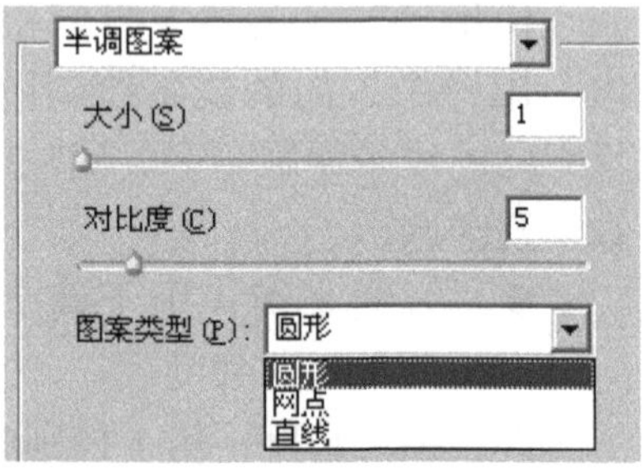

图7-35

在图7-36中，左图为半调图案的圆形效果，中图为半调图案的网点效果，右图为半调图案的直线效果。

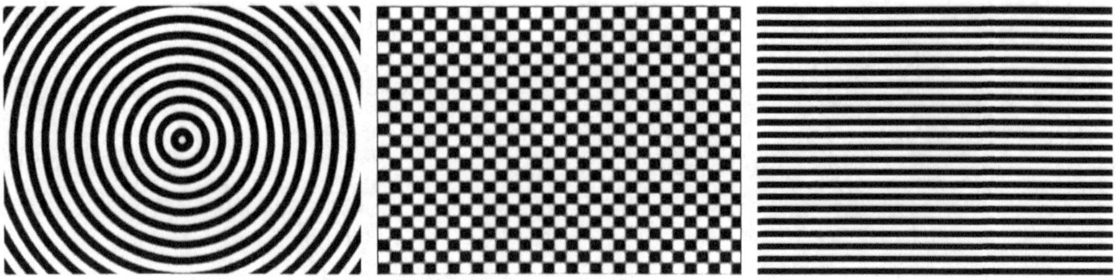

图7-36

2．“水彩画纸”滤镜

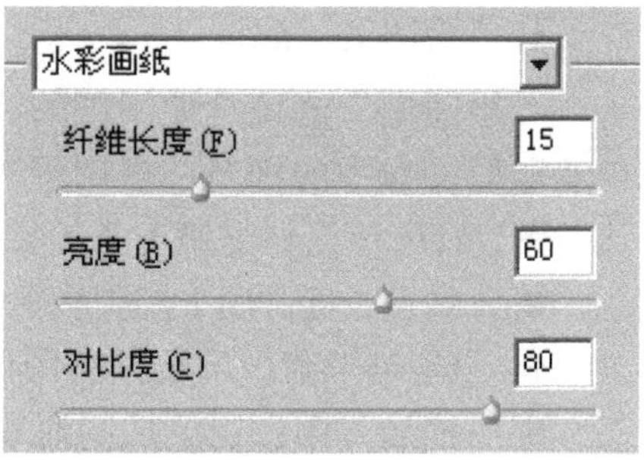

图7-37

“水彩画纸”滤镜就像是在潮湿的纤维纸上进行涂抹，使颜色流动并混合起来得到的效果。图7-37所示为该滤镜参数设置区域。

- 纤维长度：用于控制勾画线条的尺寸。
- 亮度：用于控制图像的亮度。
- 对比度：用于控制图像的对比度。

在图7-38中，左图为原图，右图为应用“水彩画笔”滤镜后的效果。

图7-38

3．“炭笔”滤镜

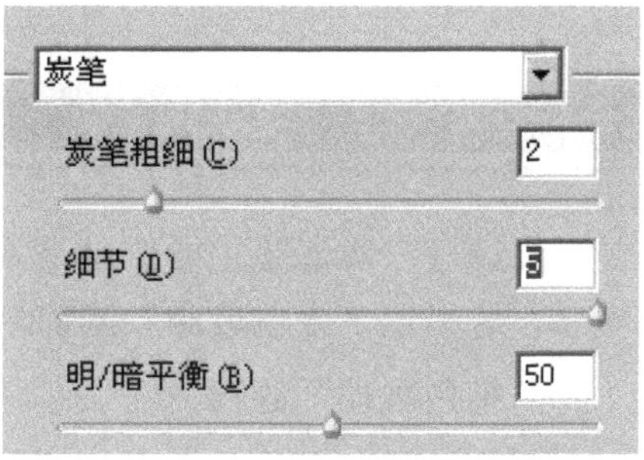

图7-39

“炭笔”滤镜主要是用来重绘图像，产生色调分离和涂抹的效果，其主要边缘以粗线条绘制，而中间色调用对角描边进行素描。图7-39所示为该滤镜参数设置区域。

- 炭笔粗细：用于控制勾画线条的尺寸。
- 细节：用于控制重绘的精度。
- 明/暗平衡：用于控制图像的色调的比例。

在图7-40中，左图为原图，右图为应用“炭笔”滤镜后的效果。

图7-40

4．“绘图笔”滤镜

“绘图笔”滤镜是使用细的、线状的油墨描边以获取原图像中的细节，多用于对扫描图像进行描边。图7-41所示为该滤镜参数设置区域。

- 线条长度：用于控制决定线状油墨的长度。
- 明/暗平衡：用于控制图像的对比度。
- 描边方向：用于控制油墨线条的走向。

在图7-42中，左图为原图，右图为应用“绘画笔”滤镜后的效果。

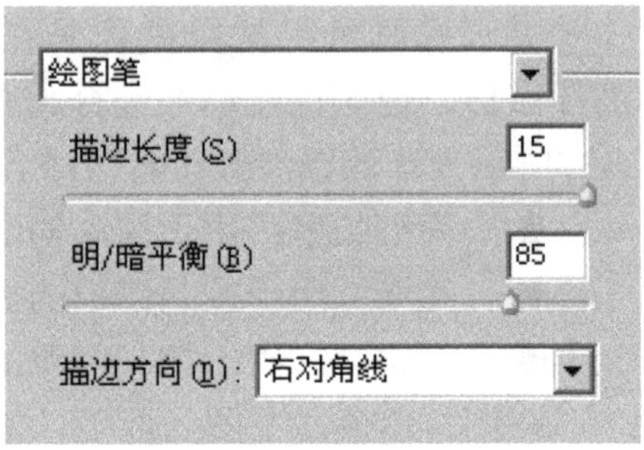

图7-41

图7-42

7.11 “纹理”类滤镜

“纹理”类滤镜主要作用是为图像创造各种纹理材质，使图像表面具有深度感或物质感。这里以“染色玻璃”滤镜为例来做简单介绍。

“染色玻璃”滤镜

“染色玻璃”滤镜主要用于将图像重新绘制成彩色玻璃效果，其边框由前景色填充，将图像重新绘制为用前景色勾勒的单色的相邻单元格。图 7-43 所示为该滤镜参数设置区域。

- 单元格大小：用于调整单元格的尺寸。
- 边框粗细：用于调整边框的尺寸。
- 光照强度：用于调整由图像中心向周围衰减的光源亮度。

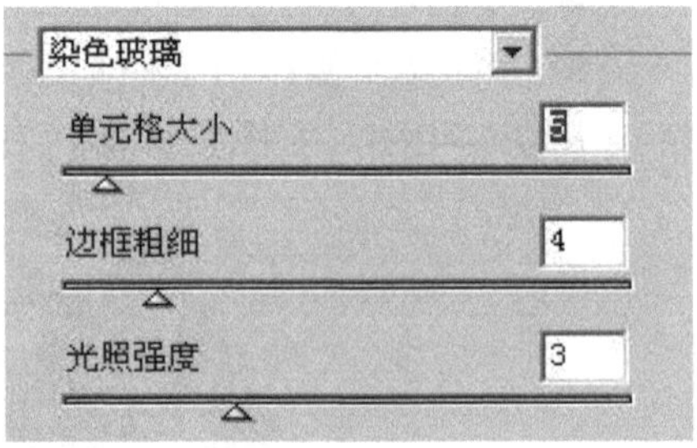

图7-43

在图7-44中，左图和中图为应用染色玻璃中不同粗细边框的效果，右图为应用染色玻璃的纹理效果。

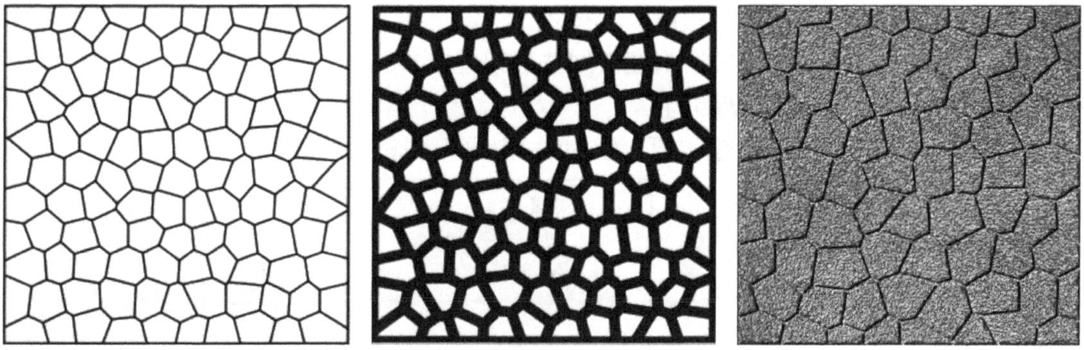

图7-44

7.12 “艺术效果”类滤镜

“艺术效果”类滤镜主要用于模拟天然或传统的艺术效果，为美术或商业项目制作绘画效果或特殊效果。这组滤镜不能应用于CMYK和Lab模式的图像。

1．“塑料包装”滤镜

使用“塑料包装”滤镜就好像是给图像涂上一层光亮的塑料，强调了其表面细节。图 7-45所示为该滤镜参数设置区域。

- 高光强度：用于调节高光的强度。
- 细节：用于调节绘制图像细节的程度。
- 平滑度：用于控制发光塑料的柔和度。

在图7-46中，左图为原图，右图为应用“塑料包装”滤镜后的效果。

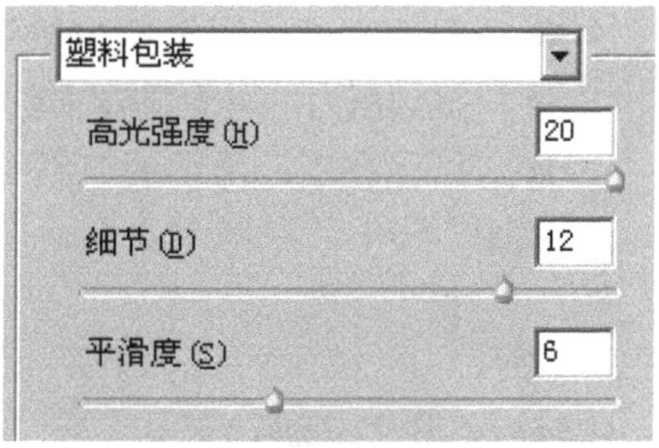

图7-45

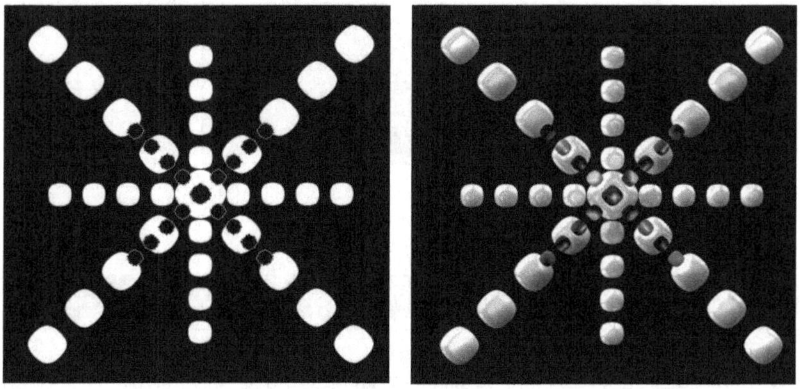

图7-46

2．“壁画”滤镜

“壁画”滤镜主要是使用小块的颜料粗糙地绘制图像。图7-47所示为该滤镜参数设置区域。

- 画笔大小：用于控制颜色块的尺寸。
- 画笔细节：用于调节绘制图像细节的程度。
- 纹理：用于绘制纹理细节。

在图7-48中，左图为原图，右图为应用“壁画”滤镜后的效果。

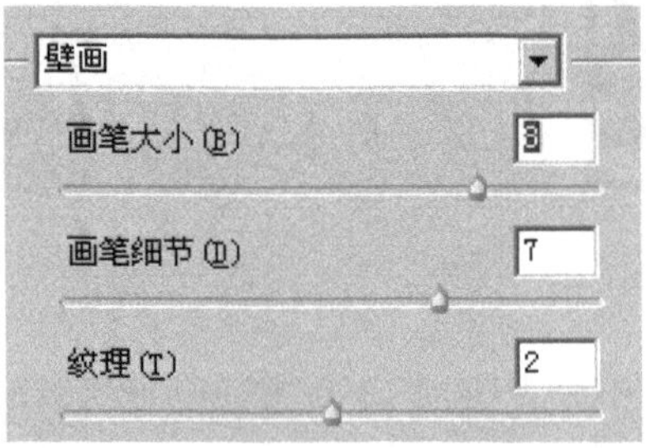

图7-47

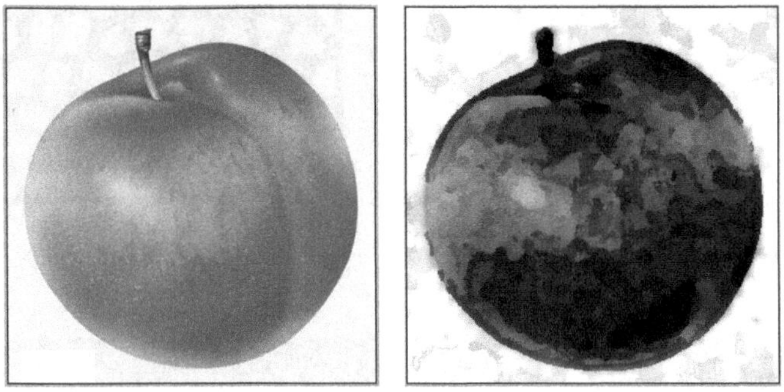

图7-48

3.“彩色铅笔”滤镜

使用“彩色铅笔”滤镜就如同在纯色背景上绘制图像。图7-49所示为该滤镜参数设置区域。

- 铅笔宽度：用于调节铅笔笔触的宽度。
- 描边压力：用于调节铅笔笔触绘制的对比度。
- 纸张亮度：用于调节笔触绘制区域的亮度。

在图7-50中，左图为原图，右图为应用“彩色铅笔”滤镜后的效果。

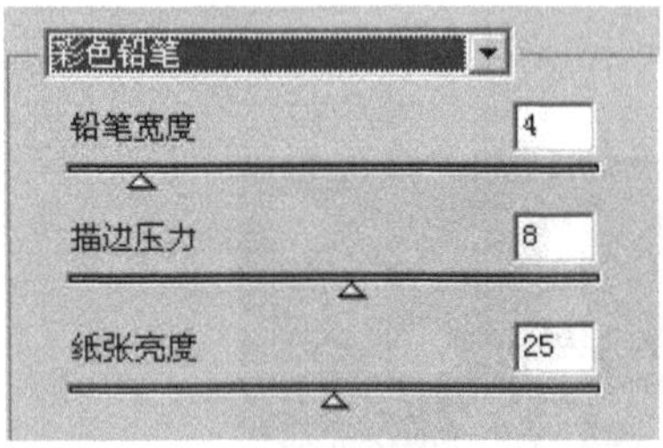

图7-49

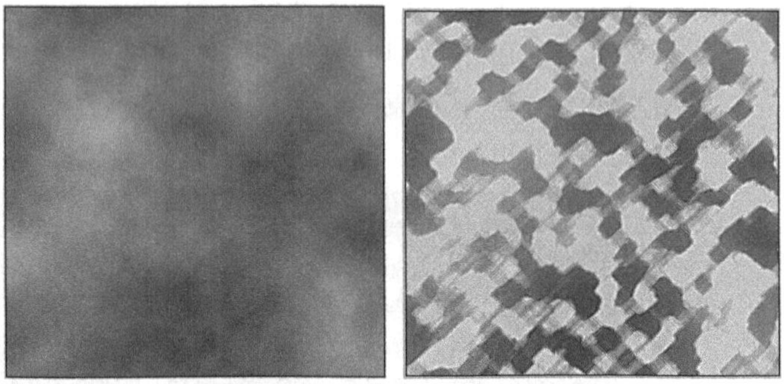

图7-50

7.13 “风格化”类滤镜

“风格化”类滤镜主要是通过置换像素和提高图像的对比度，强化图像的色彩边界，从而在选区中生成绘制效果或印象派效果。

1.“凸出”滤镜

使用“凸出”滤镜可将图像分割为指定的三维立方块或棱锥体。此滤镜不能应用在Lab颜色模式下。图7-51所示为“凸出”对话框。

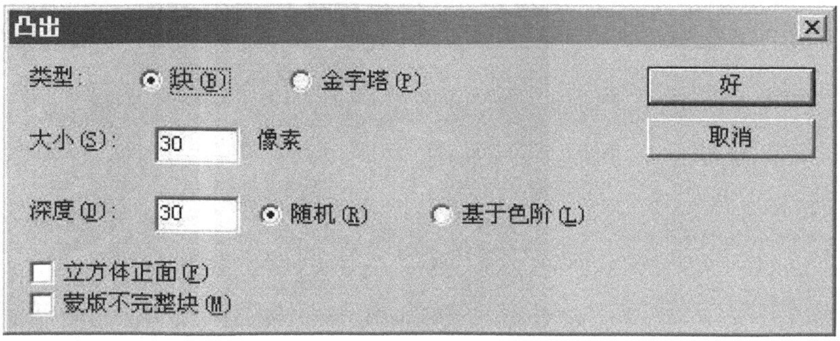

图7-51

- 块：将图像分解为三维立方块，用图像填充立方块的正面。
- 金字塔：将图像分解为类似金字塔型的三棱锥体。
- 大小：用于设置块或金字塔的底面尺寸。
- 深度：用于控制块突出的深度。
- 随机：选中此项后，可随机设置块的深度。
- 基于色阶：选中此项后，可使块的深度随色阶的不同而定。
- 立方体正面：勾选此项后，可用该块的平均颜色填充立方块的正面。
- 蒙版不完整块：勾选此项后，可使所有块的突起包括在颜色区域里。

在图7-52中，左图为原图，右图为应用“凸出”滤镜后的效果。

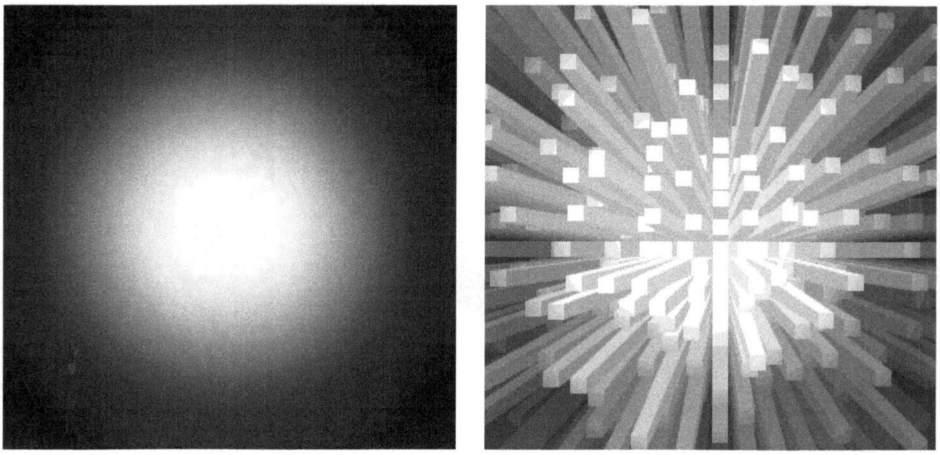

图7-52

2.“照亮边缘”滤镜

“照亮边缘”滤镜可使图像的边缘产生发光效果。此滤镜不能应用于Lab、CMYK和灰度模式。图7-53所示为该滤镜参数设置区域。

- 边缘宽度：用于调整被照亮的边缘的宽度。
- 边缘亮度：用于控制边缘的亮度值。
- 平滑度：用于控制平滑被照亮的边缘。

在图7-54中，左图为原图，右图为应用“照亮边缘”滤镜后的效果。

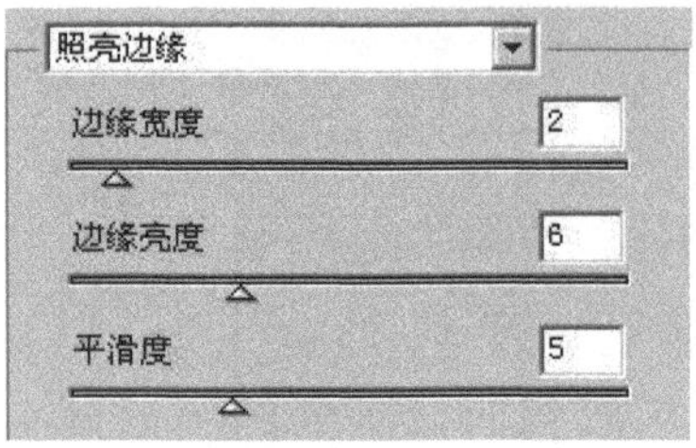

图7-53

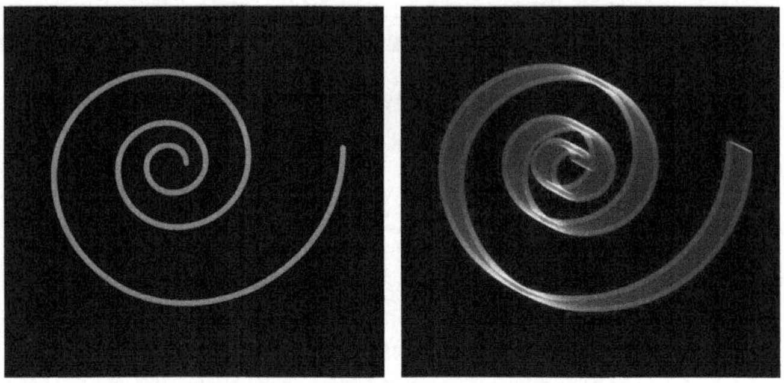

图7-54

3．“风”滤镜

使用“风”滤镜可通过在图像中色彩相差较大的边界上增加细小的水平短线，来模拟风的效果。图7-55所示“风”对话框。

- 风：细腻的微风效果。
- 大风：比风效果要强烈的多，图像改变很大。
- 飓风：最强烈的风效果，图像已发生变形。
- 方向：风从左或右吹。

在图7-56中，左图为原图，右图为应用“风”滤镜并对称拼接后的效果。

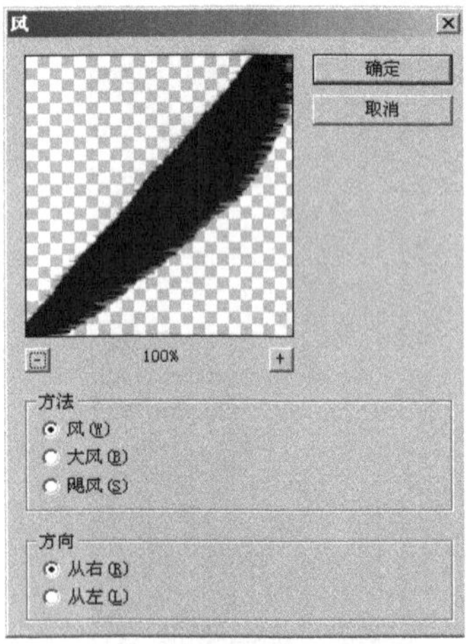

图7-55

图7-56

7.14 样题解答

（1）新建一个宽和高均为500像素、RGB模式的文件。

（2）前景色和背景色设为默认状态。新建“图层1”，执行“滤镜”→“渲染”→“云彩”命令，效果如图7-57所示。

（3）执行“滤镜”→“模糊”→“高斯模糊”命令，在弹出的“高斯模糊”对话框中参照图7-58进行参数设置。

图7-57

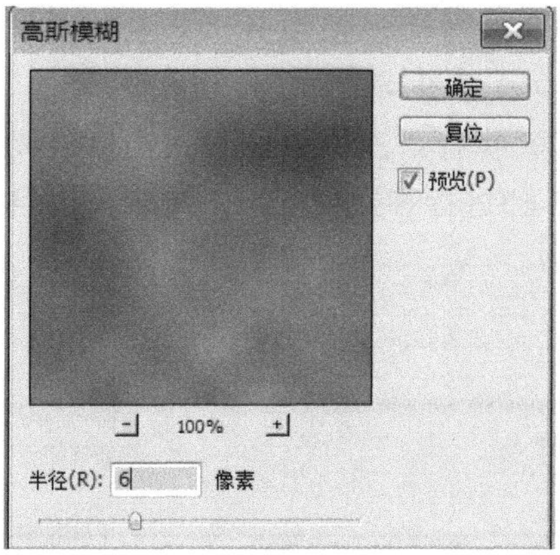

图7-58

（4）执行“滤镜”→“模糊”→“动感模糊”命令，在弹出的“动感模糊”对话框中参照图7-59进行参数设置。

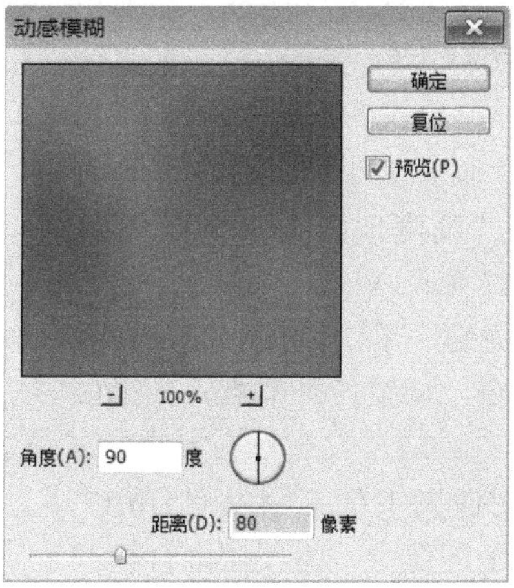

图7-59

（5）执行“图像”→“画布大小”命令，在弹出的“画布大小”对话框中参照图7-60进行参数设置，效果如图7-61所示。

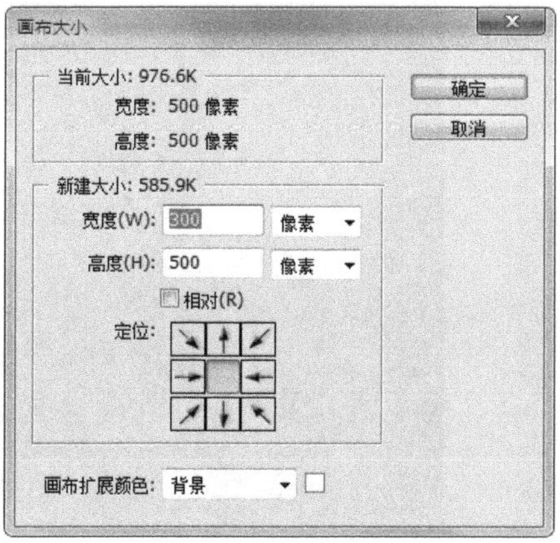

图7-60

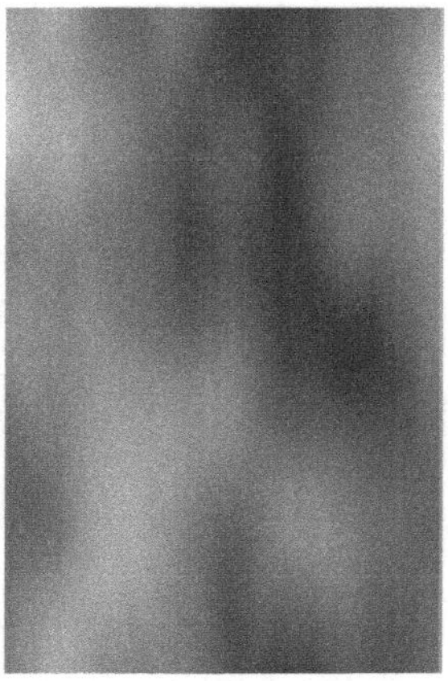

图7-61

（6）执行“滤镜”→“艺术效果”→“塑料包装”命令，在弹出的“塑料包装”对话框中参照图7-62进行参数设置。

（7）执行“滤镜”→“素描”→“铬黄”命令，在弹出的“铬黄渐变”对话框中参照图7-63进行参数设置，效果如图7-64所示。

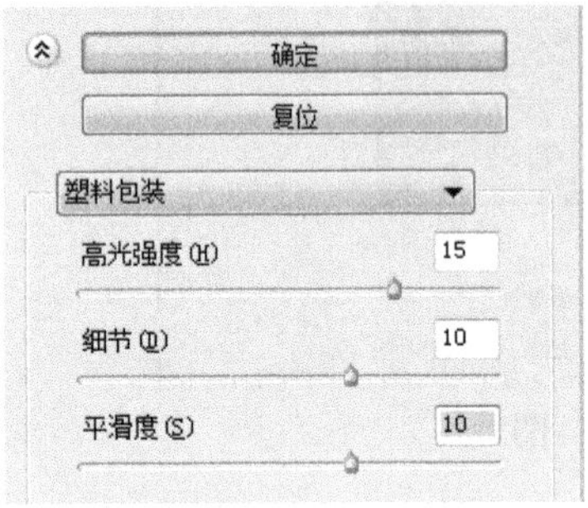

图7-62

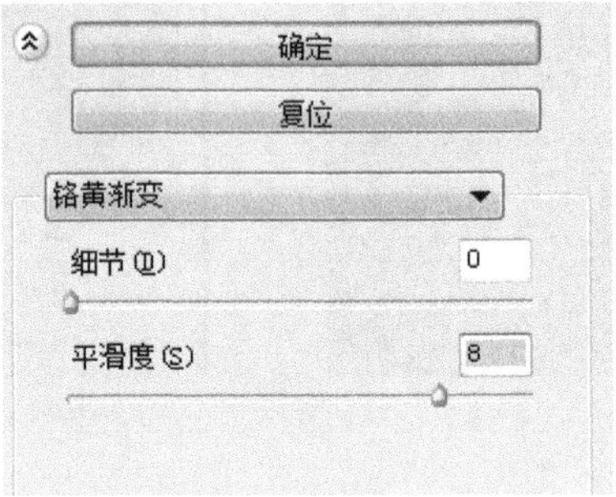

图7-63

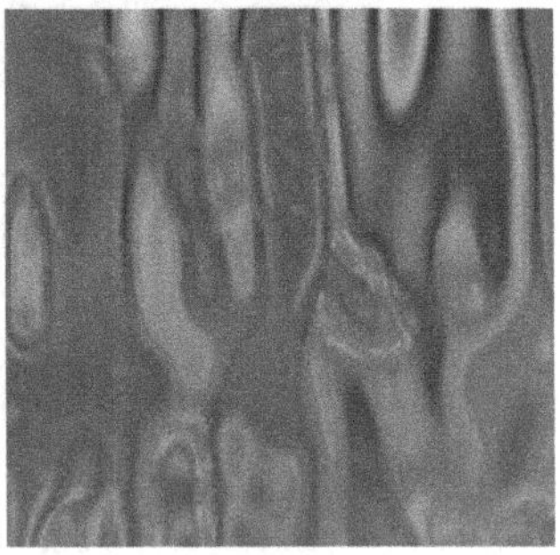
图7-64

（8）执行“编辑”→“渐隐铬黄”命令，在弹出的“渐隐”对话框中参照图7-65进行参数设置，效果如图7-66所示。

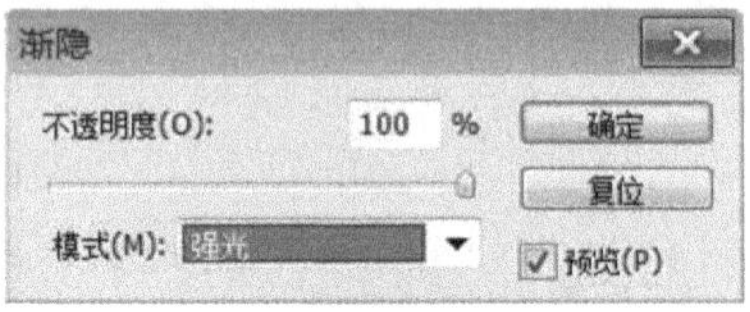

图7-65

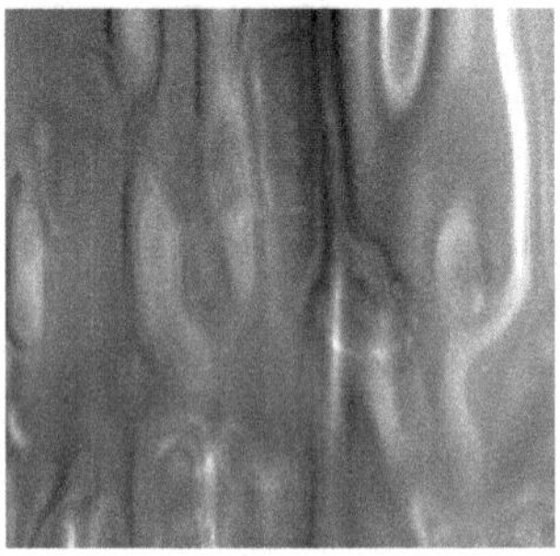
图7-66

（9）执行“图像”→“画布大小”命令，在弹出的“画布大小”对话框中将“高度”修改为800，其他参数保持不变，效果如图7-67所示。

（10）按【Ctrl+T】快捷键，单击鼠标右键，在弹出的菜单中执行“变形”命令，调整各个节点，效果如图7-68所示。

（11）打开光盘素材文件夹下的素材文件Unit7\waterontap.jpg，并将其移动至图像中，将图层混合模式改为“强光”，最终效果如图7-69所示。

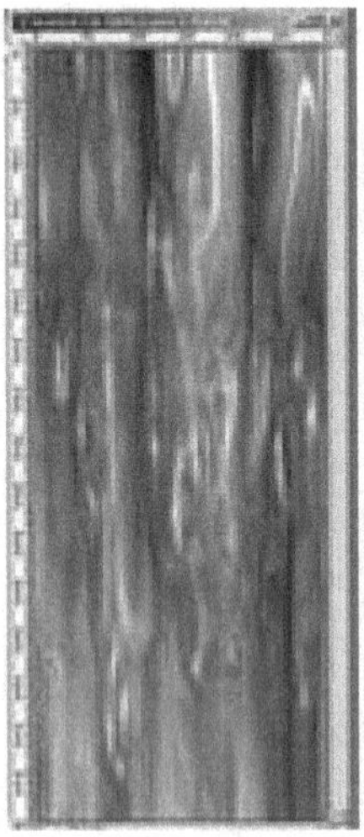
图7-67

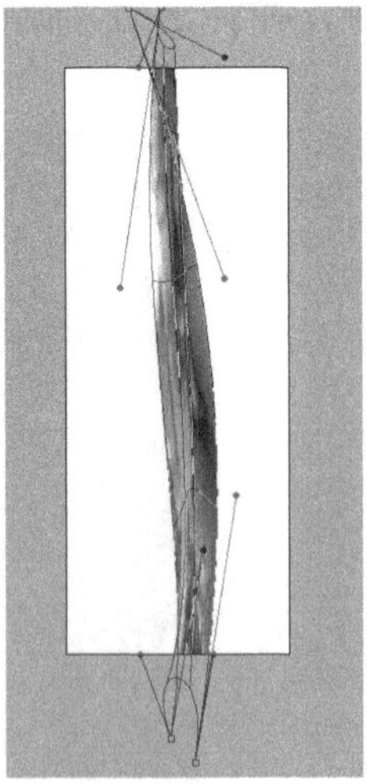
图7-68

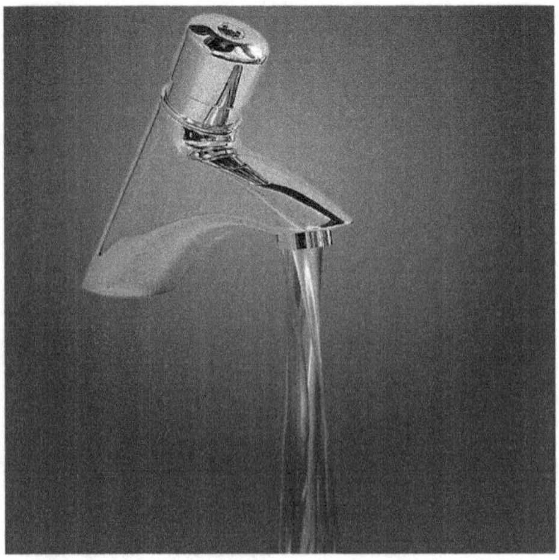
图7-69

第8章　海报包装

Photoshop是图像设计专业人士的理想选择。在平面设计领域里，Photoshop是不可缺少的设计软件之一，应用范围非常广泛，尤其是平面设计制作领域中的招贴、包装、广告、海报等。

海报宣传在当今社会中随处可见，包括影视宣传、产品广告、POP海报等，这些都离不开Photoshop软件的参与。设计师可以使用Photoshop软件随心所欲地创作。

本章主要内容

- 招贴设计
- 包装设计
- 海报设计
- 贺卡设计
- 封面设计

评分细则

本章有3个评分点，每题15分。

序号	评分点	分值	得分条件	判分要求
1	编辑图形	5	按照要求导入文件和编辑图像效果	导入方法不要求，变换方式不要求
2	调整变换	5	正确转换编辑图像造型	需有相应的图层和通道
3	效果修饰	5	正确绘画和调整修饰效果	色彩相似即可得分，允许一定的创意发挥

本章导读

如上所述，我们明确了本章所要学习的主要内容以及对应《试题汇编》的评分点、得分条件和判分要求等。由于海报张贴等大多是实际工作经常会遇到的工作任务，所以本章将是本书中的重点，我们从《试题汇编》中选取了10道题目进行讲解，希望能够帮助读者尽快掌握所涉及到的技能考核点。

8.1 招贴设计

“招贴”，按其字义解释，“招”是指引起注意，“贴”是张贴，即“为招引注意而进行张贴”。招贴是产品宣传中较为常见的种类，通常是以主题鲜明的画面来表达视觉效果，并配以主题说明文字。

招贴多数是用制版印刷方式制成的，供在公共场所和商店内外张贴。当然，也有一些出于临时性目的的招贴，不用印刷，只以手绘完成，此类招贴属POP性质。

生活中经常看到各种产品宣传招贴画，精美的广告招贴已经成为街道上的另一种风景。针对各种产品不同，招贴风格表现形式也有所不同。下面就以制作啤酒招贴和汽车招贴的两个实例来讲述其设计思路和操作步骤。

8.1.1 设计制作啤酒招贴

设计制作啤酒招贴，效果如图8-1所示。

【操作要求】：以黄绿色为背景，添加散状圆点作为背景；以与背景保持色调一致的酒瓶为主体，绘制动感曲线；配以冰水与绿叶，输入文字点明主题。

【设计理念】：整个作品要求清新自然、冰凉舒爽，让人感到冰动心动的清凉感受。

【实例来源】：《试题汇编》第八单元第8.4题。

【操作思路】：首先使用渐变制作绿色背景，载入酒瓶；然后加入并复制树叶，围绕在酒瓶周围，使用色彩范围从海洋图像中选择水花，合并入酒瓶图像；再绘制散状圆点和动感黄色曲线完成图像处理工作。最后，输入主题文字。

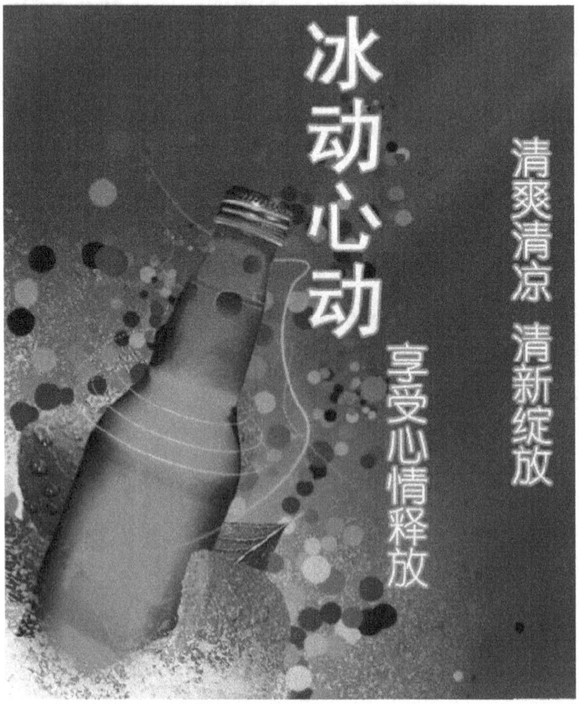

图8-1

1．制作渐变背景

（1）新建一个宽高为500 ×650 像素、RGB模式的文件，前景色设置为#ceed12，背景色为#186600，径向渐变填充，如图8-2所示。

注意：为加快计算机速度，本例采用72 dpi的分辨率，在实际设计制作中一般要求印刷品分辨率在300 dpi以上。

（2）新建一个图层，选择渐变工具，设置渐变类型为从黑到白，多次混合，效果如图8-3所示，然后合并图层。

图8-2

图8-3

（3）将两个渐变图层的图层混合模式都设置为“柔光”，“不透明度”都设置为20%，如图8-4所示。

图8-4

2．合成酒瓶图像

（1）打开光盘素材文件夹下的瓶子图像Unit8\Bottle.jpg，载入到刚制作的文件中，如图8-5所示。

（2）使用魔棒工具将其白色背景去除，并调整其位置，如图8-6所示。

（3）保持瓶子选区，新建一个图层，用黑色画笔沿着瓶子的边缘绘画，然后改变图层混合模式为“柔光”，再稍加修饰“阴影”效果，如图8-7所示。

图8-5

图8-6

图8-7

3．添加绿叶和冰水

（1）载入光盘素材文件夹下的绿叶图像Unit8\Leaf1.jpg和Leaf2.jpg，移入到瓶子文件中，效果如图8-8所示。

（2）打开光盘素材文件夹下的素材文件Unit8\Splash.jpg，选择图像中的白色部分，执行“选择”→“色彩范围”命令，弹出“色彩范围”对话框，参数设置如图8-9所示。

图8-8

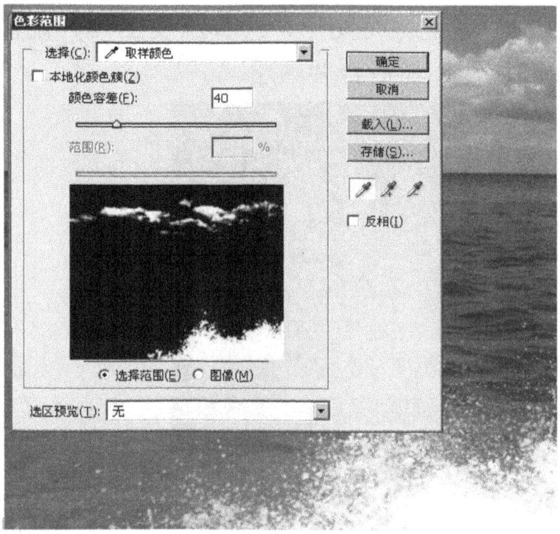

图8-9

（3）选择Splash.jpg右下角的白色区域，如图8-10所示，复制并粘贴到“瓶子”新文件中，执行“滤镜”→“锐化”→“锐化边缘”命令，效果如图8-11所示。

图8-10

图8-11

4．绘制飘逸曲线

（1）选择椭圆工具，参数设置如图8-12所示，创建一个椭圆路径，如图8-13所示。设置画笔大小为3像素，新建一个图层，右击路径，在弹出的快捷菜单中执行“描边路径”命令。

图8-12

图8-13

（2）双击该图层，打开“图层样式”对话框，选中“外发光”和“颜色叠加”效果，设置颜色为黄色（#fff700），参数设置如图8-14所示。

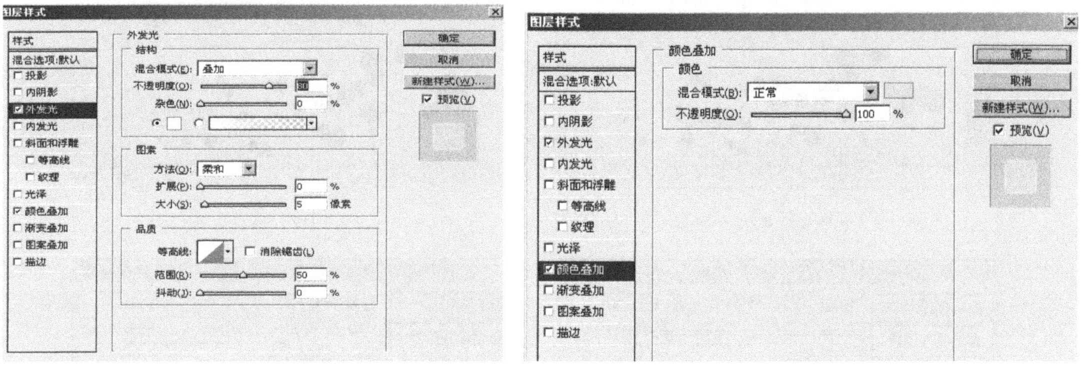

图8-14

（3）将该图层复制两次，并变换调整大小，效果如图8-15所示。

（4）用钢笔工具再绘制几条曲线，用与椭圆相同的图层样式，注意图层排列顺序。也可使用画笔描边，效果如图8-16所示。

图8-15

图8-16

5．用动态画笔装饰背景

（1）在瓶子图层的下方新建一个图层，选择画笔工具，在“画笔”面板中参照图8-17进行参数设置。

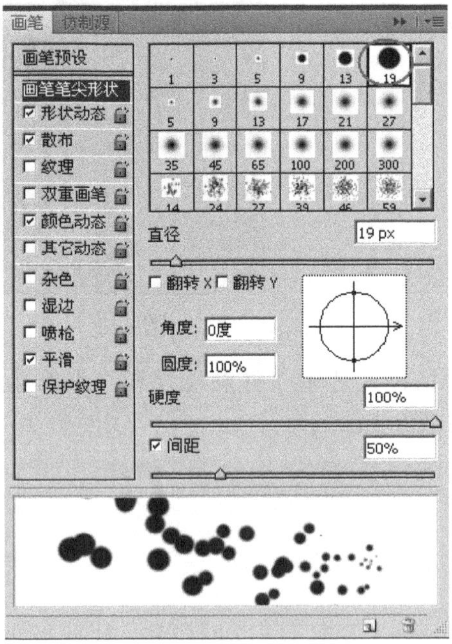

（a）

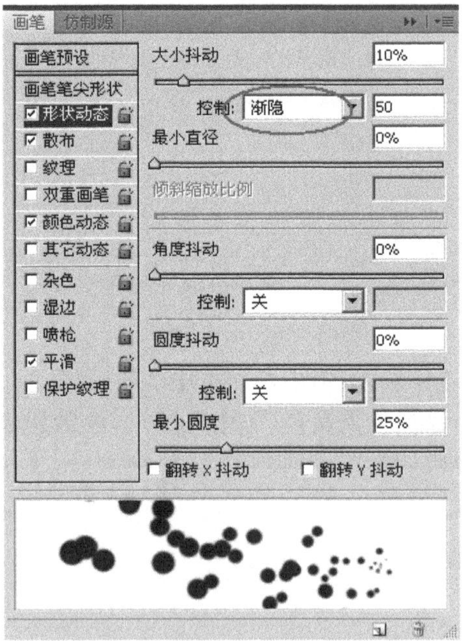

（b）

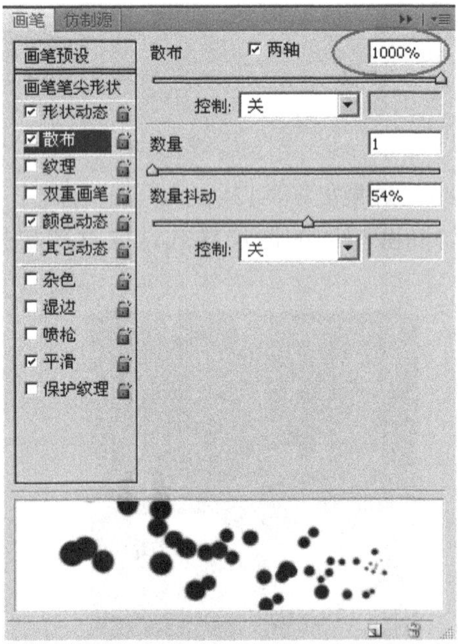

（c）

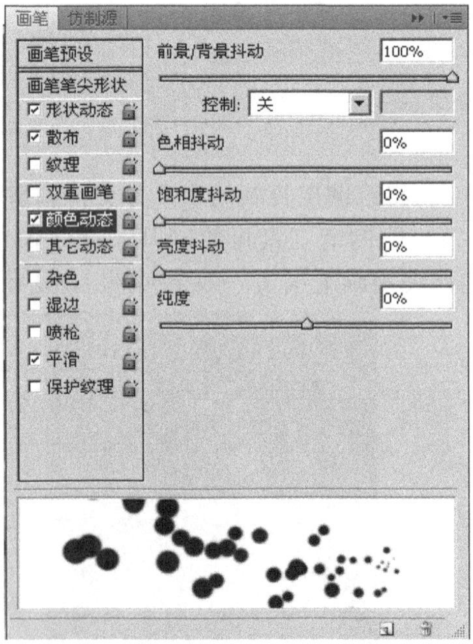

（d）

图8-17

（2）使用画笔工具在新建图层上绘画，并设置图层的混合模式为“叠加”，效果如图8-18所示。

（3）采用相同的方法，再绘制小一点的圆，并降低其不透明度，效果如图8-19所示。

图8-18

图8-19

6．添加修饰文字制作海报

（1）输入白色文本“冰动心动”，大小为72 点；输入白色文本“享受心情释放”和“清爽清凉 清新绽放”，大小为36点，用绿色（#46b67e）描边，效果如图8-20所示。

（2）啤酒广告招贴的最终效果如图8-21所示。

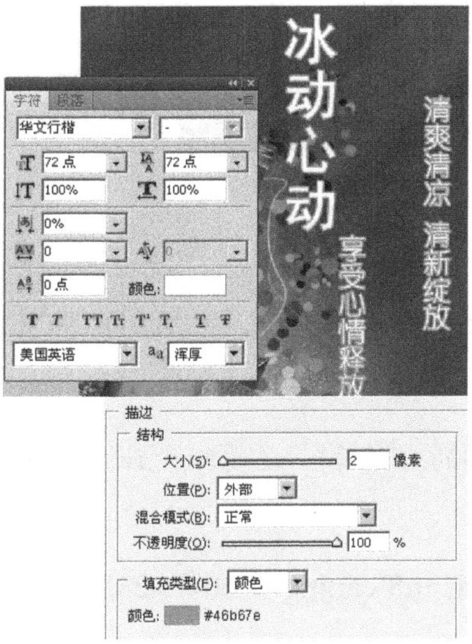

图8-20

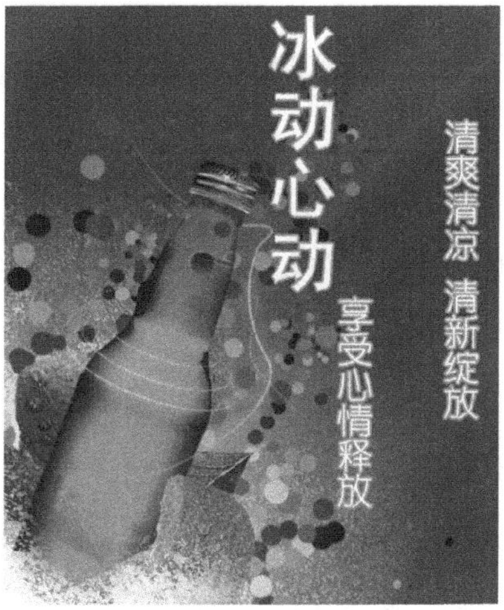

图8-21

如果要对图像部分应用更改，首先需要选择构成这些部分的像素。选区用于分离图像的一个或多个部分。通过选择特定区域，可以编辑效果和使用滤镜并将其应用于图像的局部，同时保持未选定区域不会被改动。

啤酒广告招贴是一种常见的媒体形式，绿色代表清新，因此可使用“绿色树叶+水花+圆形泡沫”构成广告背景。

8.1.2 设计制作汽车招贴

设计制作汽车促销招贴，效果如图8-22所示。

【操作要求】：以指定素材车型为主题画面，以城市楼宇为背景，绘画动感纹理，并输入主题文字和本次促销海报的宣传诉求口号。

【设计理念】：整个作品要求表现mini汽车的轻巧，表达出朝气、活力和年轻人用车的概念。

【实例来源】：《试题汇编》第八单元第8.5题。

【操作思路】：观察提供的素材，首先需要将楼宇素材选取出来放入新背景内，再将汽车选取出来，也放入新背景文件内，形成汽车的楼宇背景。然后使用插件画笔绘制动感纹理边缘，形成动感的城市背景。最后，添加主题促销说明文字。

图8-22

1．制作汽车场景

（1）新建一个宽高为1280×1024像素、RGB模式的文件，然后用矩形工具在页面底部建立一个矩形，填充颜色为黑色。

注意：为加快计算机速度，本例采用72 dpi的分辨率，在实际设计制作中一般要求印刷品分辨率在300 dpi以上。

（2）打开光盘素材文件夹下的小汽车图像Unit8\car.jpg，如图8-23所示，选择图像背景并删除，如图8-24所示。

图8-23

图8-24

（3）将去除背景的小汽车图像载入新文件中，效果如图8-25所示。

图8-25

2．合成城市楼宇背景

（1）打开光盘素材文件夹下的图像Unit8\city.jpg，选取图中的楼宇部分图像，如图8-26所示。

图8-26

（2）将去除背景的楼宇图像载入新文件中并调整其位置，如图8-27所示。

（3）在该图层的面板中，单击底部的“创建新的填充或调整图层”按钮，执行“图层”→“新建调整图层”→“曲线”命令，打开“曲线”对话框，参数设置如图8-28所示。

图8-27

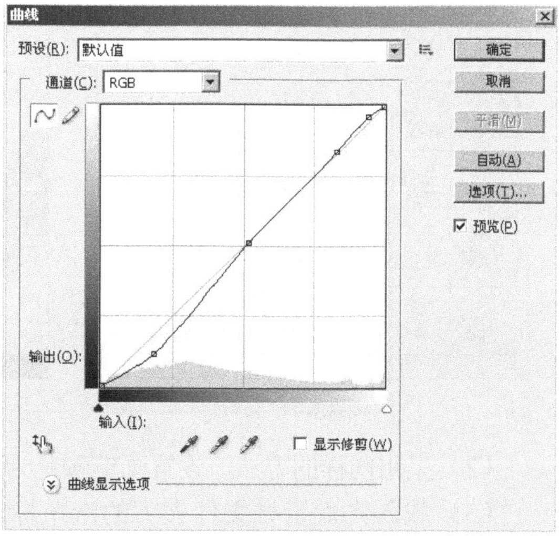

图8-28

（4）执行“图像”→“调整”→“色相/饱和度”命令，打开“色相/饱和度”对话框，参数设置如图8-29所示。

（5）绘画阴影。新建一个图层，用黑色柔边画笔绘画，然后降低图层的不透明度为10%。使用同样方法制作城市楼宇的阴影，效果如图8-30所示。

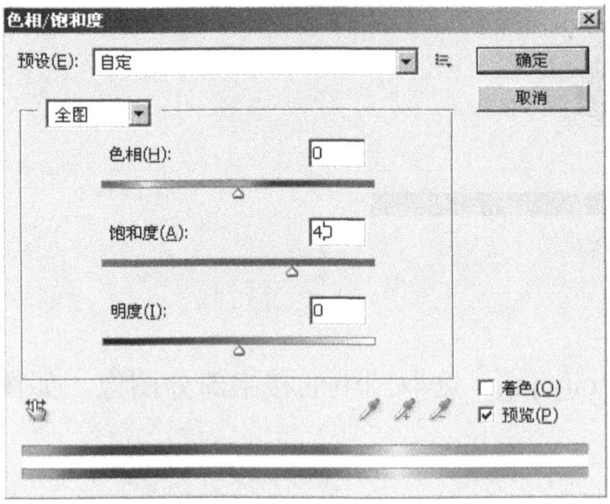

图8-29

图8-30

3．绘画修饰背景

（1）选择画笔工具，在“画笔”面板中，单击右上角的按钮，如图8-31所示，在弹出的下拉菜单中执行“载入画笔”命令，载入光盘素材文件夹下的画笔Unit8\splatter.abr。在楼宇图层下方新建一个图层，设置画笔颜色为#dfdfdf，选择一种画笔进行绘画，楼宇背景绘画效果如图8-32所示。

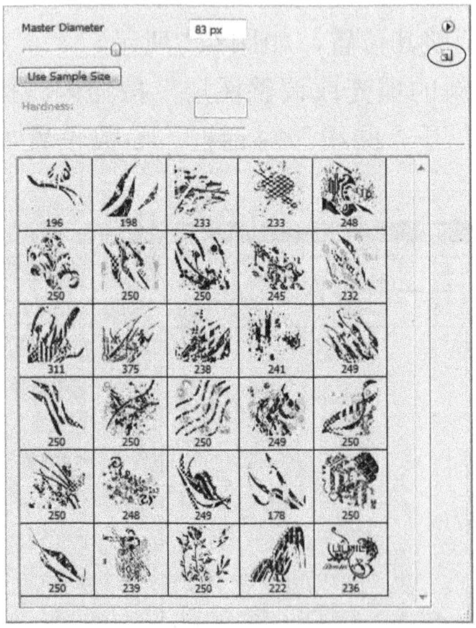

图8-31

图8-32

（2）采用同样的方法，设置画笔颜色为白色，绘画汽车的杂边，效果如图8-33所示。

（3）载入光盘素材文件夹下的汽车标志Unit8\logo.jpg，放置到合适的位置，如图8-34所示。

图8-33

图8-34

4．添加修饰文字制作海报

（1）输入文字“购置税0计划圆您轿车梦”，字体为黑体，大小为60点；输入文字“响应国家政策，您买车，我缴税！圆您轿车梦活动全国启动！”，字体为黑体，大小为30点，效果如图8-35所示。

图8-35

（2）在“汽车”图形的右下角输入文字“活动时间：2009年6月1日——8月1日”，大小为24点。

（3）为文字添加投影和外发光（#ffffbe）图层样式，参数设置如图8-36所示。

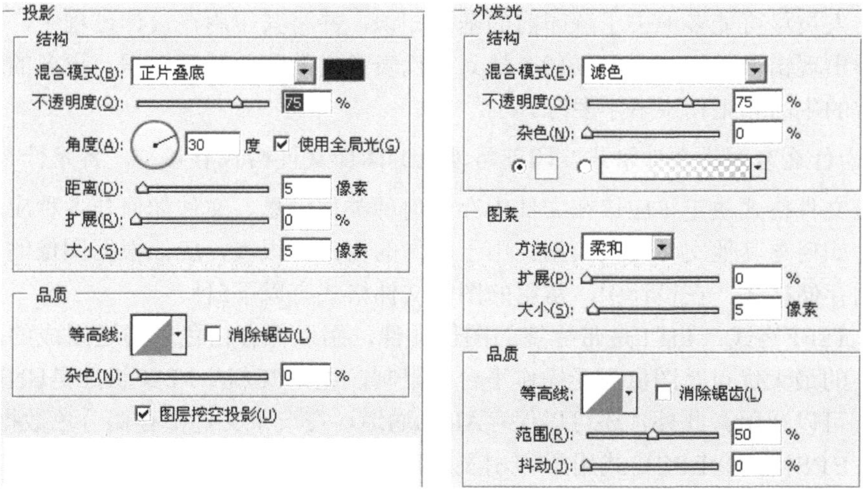

图8-36

（4）最终的汽车广告海报招贴作品如图8-37所示。

图8-37

图像的选择、组合并特效加工，是Photoshop图像处理的基本功能。

本例是一个汽车促销招贴，以动态汽车为主题，城市为背景，再添加醒目的促销文字，诉求给观众“免税”计划的开始，从价格上打动消费者。

单色背景，城市环境的代步工具——环保节能小排量汽车，醒目的红色视觉冲击力强，简洁不简单，完整地表达了广告理念要求。

8.1.3 印前基础知识

为了达到预期的广告效应，在完成一幅设计作品后，一般都会交付印刷。但由于印刷是一套完整而复杂的工艺过程，在其中可能会遇到各种各样的问题，有些问题是印刷设备问题，而有些问题则是因为设计中考虑不周所造成的，是可以避免的。所以，这就需要设计人员尽可能多地去了解印前的基础知识，并将其应用在设计过程中，从而避免在印刷中出现错误。本节选取了10个最具有代表意义的印前基础知识，更多的知识还需要在日常的生活和工作中多学多练。

1．为什么有图像文件格式？印前常涉及的图像文件格式有几种，各是什么特点？

图像文件格式决定了应该在文件中存放何种类型信息，文件如何与各种应用软件兼容，文件如何与其他文件交换数据。由于图像的格式有很多，应该根据图像的用途来决定图像的存储格式。在设计中，常用的图像文件格式有以下5种。

- TIFF格式：TIFF是带标签的图像文件，用以保存由色彩通道组成的图像，它的最大优点是图像不受操作平台的限制，无论PC机、MAC机还是UNIX机，都可以通用。此外，还可以保存Alpha通道，在一个文件中存储分色数据。
- EPS格式：EPS格式用于印刷及打印，可以保存Duotone信息，存储Alpha通道，存储路径和加网信息。
- GIF格式是一个8位的格式，只能表达256级色彩。网络传播的图像常用此格式。
- PSD格式主要作为图像文件的一个中间过渡，用以保存图像的通道及图层等，以备以后再进行修改。该格式的通性差，只能在Photoshop中使用，很少有别的应用软件支持它。

- JPEG既是一种文件格式，又是一种压缩方法，这种压缩是有损的，损失大小不等，有的小到人眼分辨不出。

2. 什么是图像分辨率？为什么强调它？

我们知道，高分辨率的图像比相同大小的低分辨率的图像包含的像素多，图像信息也较多，表现细节更清楚，这也就是由输出因素决定图像分辨率的一个原因。由于图像的用途不一，因此应根据图像用途来确定分辨率。例如，一幅图像若用于在屏幕上显示，则分辨率为72 dpi或96 dpi即可；若用于600 dpi的打印机输出，则需要150 dpi的图像分辨率；若要进行印刷，则需要300 dpi的高分辨率才行。另外，图像分辨率设定应恰当，若分辨率太高的话，运行速度慢，占用的硬盘空间大，不符合高效原则；若分辨率太低的话，不仅影响图像细节的表达，还不符合高质量原则。图8-38所示的两幅相同的图像，其分辨率分别为72 dpi和300 dpi，套印缩放比率为200%。

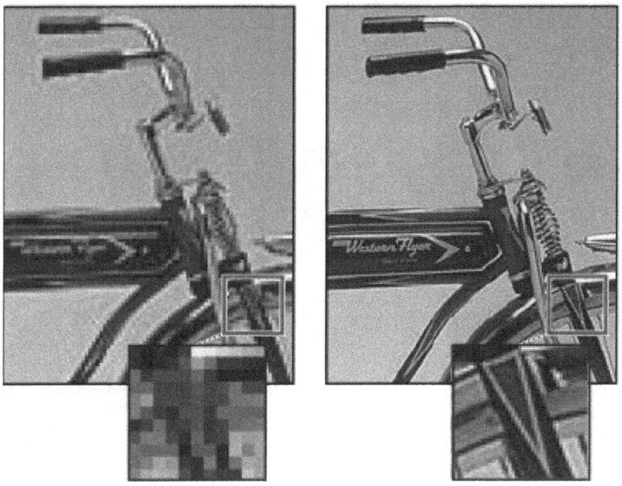

图8-38

3. 什么是印刷色？

印刷色就是由不同的C、M、Y和K的百分比组成的颜色，所以称为混合色更为合理。C、M、Y、K就是通常所说的印刷四原色。在印刷原色时，这四种颜色都有自己的色版，在色版上记录了这种颜色的网点，由于这些网点是由半色调网屏生成的，把四种色版合到一起就形成了所定义的原色，调整色版上网点的大小和间距就能形成其他的原色。实际上，在纸张上面的四种印刷颜色也是分开的，只是很相近，由于人们视觉的分辨能力有一定的限制，所以分辨不出来。因此，得到的视觉印象就是各种颜色的混合效果，即产生了各种不同的原色。

Y、M、C可以合成几乎所有颜色，但还需黑色，因为通过Y、M、C产生的黑色是不纯的，在印刷时需更纯的黑色，并且若用Y、M、C来产生黑色会出现局部油墨过多的问题。

4．制版时，原稿要分成青（C）、品红（M）、黄（Y）、黑（K）四色，其分色原理是什么？

彩色画稿或彩色照片，其画面上的颜色数有成千上万种。若要把这成千上万种颜色一色一色地印刷，几乎是不可能的。印刷上采用的是四色印刷的方法，即先将原稿进行色分解，分成青（C）、品红（M）、黄（Y）、黑（K）四色色版，然后印刷时再进行色的合成。

所谓“分色”就是根据减色法原理，利用红、绿、蓝三种滤色片对不同波长的色光所具有的选择性吸收的特性，将原稿分解为黄、品、青三原色。在分色过程中，被滤色片吸收的色光正是滤色片本身的补色光，以致在感光胶片上形成黑白图像的负片，再行加网，构成网点负片，最后复制，晒成各色印版。这是最早的照相分色原理。

由于印刷技术的发展，现在可以通过印前扫描设备将原稿颜色分色、取样并转化成数字化信息，即利用同照相制版相同的方法，将原稿颜色分解为红（R）、绿（G）、蓝（B）三色，并进行数字化，再用计算机通过数学计算把数字信息分解为青（C）、品红（M）、黄（Y）、黑（K）四色信息。

RGB与CMYK两种色系的关系如图8-39所示。

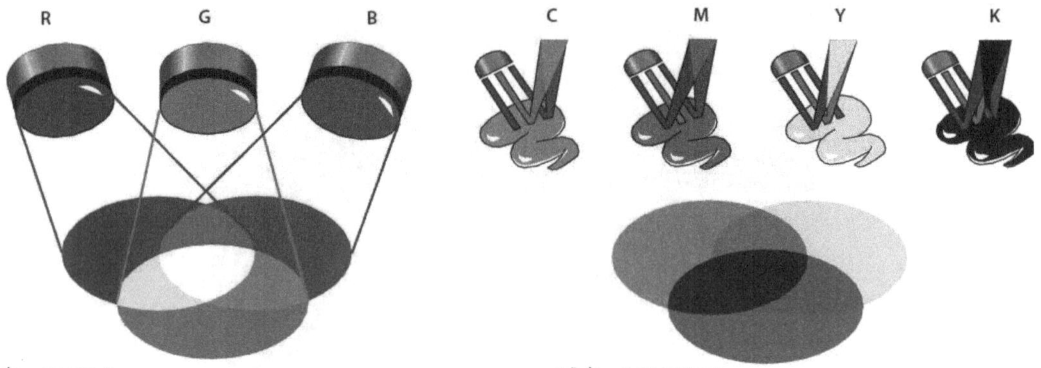

加色（RGB）
R. 红色 G. 绝色 B. 蓝色

减色（CMYK）
C. 青色 M. 洋红 Y. 黄色 K. 黑色

图8-39

5．彩色桌面出版系统是由哪些部分组成的？

彩色桌面出版系统是由图文输入、图文处理、图文输出三大部分组成，如图8-40所示。

（1）图文输入部分。

设备：扫描仪、数字照相机和计算机。

软件：设备驱动软件及MAC和PC的操作系统。

（2）图文处理部分。

图像处理类软件：Adobe Photoshop和Corel Painter。

矢量图形类软件：Adobe Illustrator和CorelDRAW。

排版软件：Adobe Indesign和QuarkXpress。

三维图像制作软件：Autodesk 3ds Max、Infihi-D和Strate-StudioPRO。

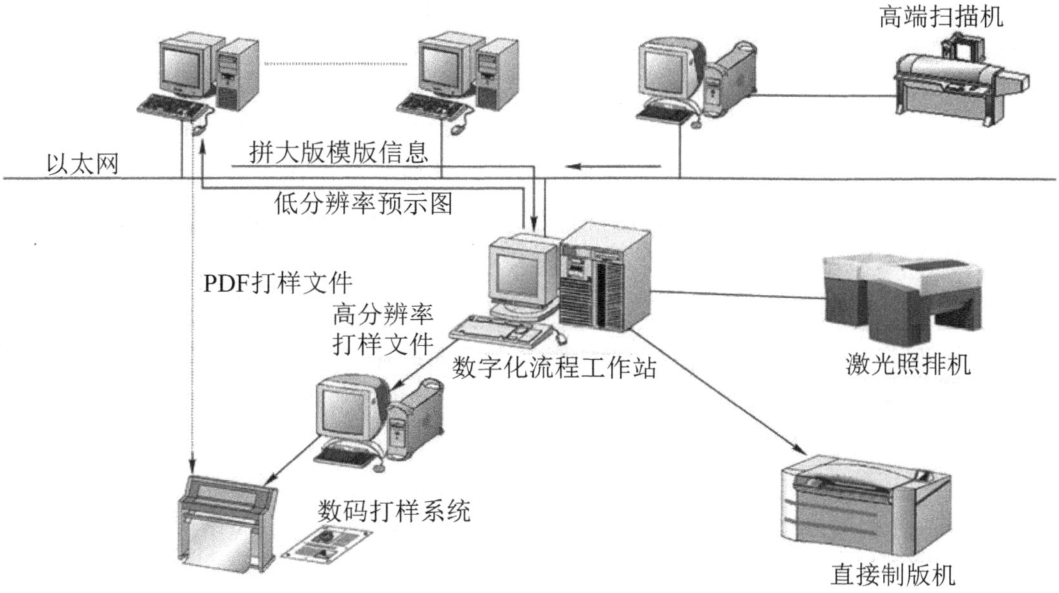

图8-40

（3）图文输出部分。

设备：计算机、彩色打印机、激光打印机、激光照排机、直接制版机、冲版机以及直接数字印刷机等。

软件：RIP（光栅图像处理器）、驱动软件和字库。

6．为什么计算机设计系统需要使用大容量存储器？

在设计中要用到许多照片或是计算机制作的图像，因为印刷输出的需要，对于图像分辨率的要求较高，一般约为300 dpi。因此，图像所占用的硬盘空间都很大。例如，一个4 K的拼版文件，一般其存储文件要超过100 M以上。小容量存储器是满足不了存储图像要求的，所以要用到大容量存储器。

7．进行印前设计或计算机设计的工作流程有哪些？

一般的工作流程有以下几个基本过程。

（1）明确设计及印刷要求，接受客户资料。

（2）设计过程包括输入文字、图像、创意、拼版。

（3）出黑白或彩色校稿、让客户修改。

（4）按校稿修改。

（5）再次出校稿，让客户修改，直到定稿。

（6）让客户签字后出菲林。

（7）印前打样。

（8）送交印刷打样，让客户看是否有问题，如无问题，客户签字。印前设计全部工作完成。如果打样中有问题，还得修改，重新输出菲林。

8．使用计算机设计系统完成设计的工作流程是什么？

（1）按图像的最终尺寸对原稿进行扫描，并在图像软件中把图像调节好，同时可以完成一些创意设计工作。

（2）在图形或排版软件中进行排版设计工作，包括输入文字、绘制图形及置入图像。

（3）待客户定稿后，将文件送到输出中心输出菲林。激光照排机是用PostScript语言工作的，经RIP（光栅图像处理器）把版面描述成点阵图像，并分成C（青色）、M（品红）、Y（黄色）、K（黑色）四色片。如果设计的最终要求不是输出胶片，而是大型彩色喷绘样，则用喷绘机输出即可。

9．菲林、打样、印刷品及计算机屏幕有哪些色度差别？

菲林及其所对应的打样是减少误差和节省成本与时间的最佳选择。菲林所对应的打样最接近印刷成品。计算机屏幕显示的印品效果比实际的印品明亮许多，不能作为同等的参照物，所以要以印刷打样为准。

这是因为显示器与彩印纸品的色彩形成截然不同。显示器应用红、绿、蓝的三原色原理发射光线形成图像，这种色彩形成的原理被称为RGB，广泛应用于电视和计算机显示器上。而彩色印品是把红、黄、蓝、黑四色油墨印制在纸制品上来形成彩色图像，这种原理被称为CMYK，广泛应用于四色胶印技术。

另外一个重要原因是显示器的色彩标准，造成了计算机显示与印刷品的明显差异。如果计算机显示器未能正确进行校色，那么计算机显示效果也会与已正确校色的计算机显示器有较大的差别。所以请专业技术人员及时调整显示效果，也是很有必要的。

印刷材料的不同也会使印刷效果呈现差别。通常来讲，铜版纸比胶版纸的印刷效果色彩鲜亮得多。

10．印刷图像加网线数指什么？与图像分辨率、扫描分辨率、激光照排机输出分辨率之间有什么样的关系？

由于印刷品是由网点组成的，故印刷图像加网线数是指印刷品在水平或垂直方向上每英寸的网线数，即挂网网线数。称为“网线数”是因为最早的印刷品网点有线状的。挂网线数的单位是Line/Inch（线/英寸），简称lpi。例如，150 lpi是指每英寸加有150条网线。给图像加网，挂网目数越大，网数越多，网点就越密集，层次表现力就越丰富。

计算机图像是点阵的，即由一个个的像素（图像的最小单位称为像素）组成的。图像分辨率可以形象地理解为在水平或垂直方向上，单位长度内的一条线由多少个像素去描述，描述这条线所用像素越多，分辨率就会越高。图像分辨率的单位一般是Pixels Per Inch（像素/英寸），通常用英文表示为ppi。例如，某图像的分辨率为300 ppi，则指它在水平或垂直方向上每英寸有300个像素；某图像的分辨率为720 ppi，则指它在水平或垂直方向上每英寸有720个像素。

有些设备的分辨率和图像的分辨类似，只是它们是用点来表达的，故其表示为Dot Per Inch，简称dpi。例如，分辨率为1200 dpi的图像扫描仪的图像输入精度为每英寸可采集1200个点或像素；3600 dpi的激光照排机的图文输出精度为每英寸可曝光3600个激光点。

图像分辨率ppi与印刷分辨率lpi（加网线数）既有联系又有区别：图像分辨率要高于印刷分辨率，一般是2×2个以上的像素生成1个网点，即lpi是dpi的二分之一左右。

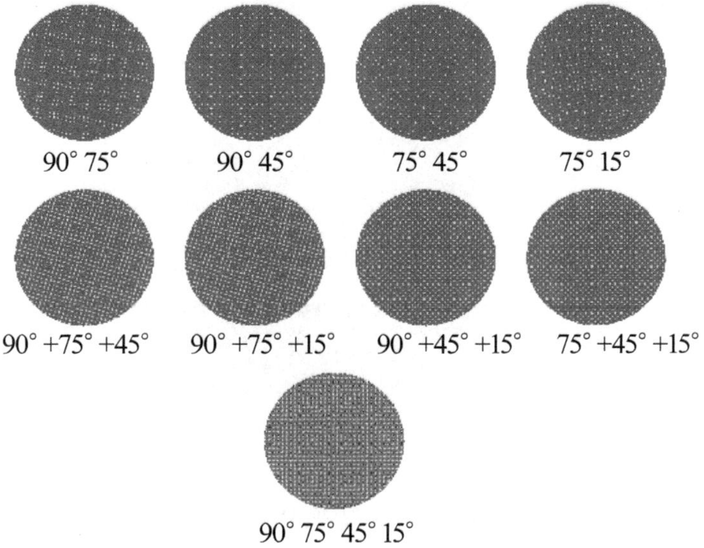

8.2　包装设计

包装的立体造型、色彩和图形内容都将随着产品元素而变化，而商标和产品功能则将包装设计的诸多元素（如规格、数量、造型、成份、色彩、价格）与其立体造型、色彩、图形和文字相结合起来。

8.2.1　设计制作购物袋

设计制作一个购物袋，效果如图8-41所示。

图8-41

【操作要求】：要求描绘出绿色购物袋、提带和褶皱等，通过明暗和阴影来表达三维立体效果，可根据实际设计需要选择配饰标签或图案等。

【实例来源】：《试题汇编》第八单元第8.6题。

【操作思路】：观察分析购物袋，可考虑先使用选区变换绘制购物袋的基本形状，使用加深工具涂抹添加阴暗区域形成立体效果。然后继续使用选区创建轮廓、填色，使用减淡工具涂抹增强亮区，产生立体效果。最后使用相同的方法绘画出提带，形成完整的购物袋。由此可以看出，选区创建与加深/减淡工具的结合是绘制立体购物袋的主要方法。

1．绘制和变换形状

（1）新建一个宽高为360×300像素、RGB模式的文件。

注意：本例为了加快计算机运算速度和学习使用，模拟设置尺寸与分辨率，读者要根据实际需要设置。

（2）创建一个圆角矩形，颜色为#55b942，如图8-42所示。

图8-42

（3）按【Ctrl+T】快捷键进入自由变换状态，单击鼠标右键并执行“透视”命令，调整节点得到的形状如图8-43所示。

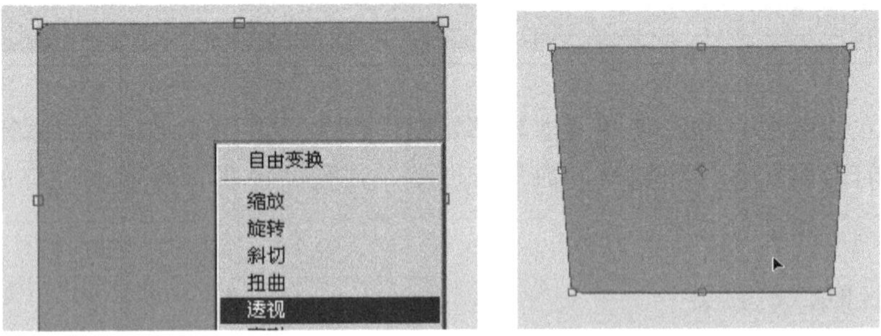

图8-43

（4）选择矩形工具，设置“从选区减去”状态，创建矩形，如图8-44所示，然后执行“图层”→“栅格化”→“形状”命令，进行形状栅格化处理。

提示：栅格化是将矢量图形转换为点阵像素图。

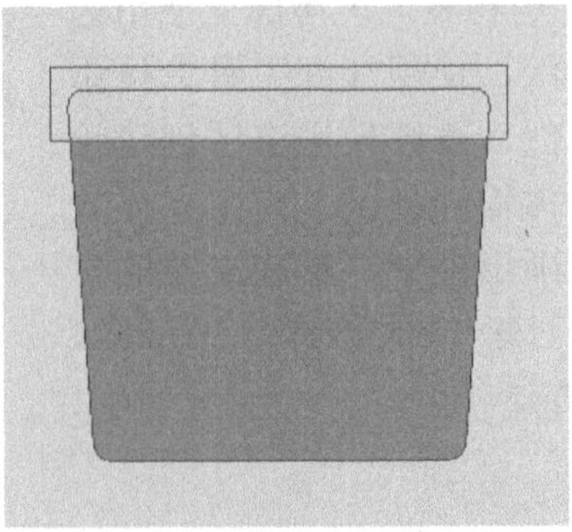

图8-44

2．涂抹立体侧面效果

（1）使用加深工具进行涂抹，产生明暗区域，出现立体感，如图8-45所示。

技巧：加深工具用于调节照片特定区域的曝光度，可用于使图像区域变暗。使用加深工具在某个区域上方绘制的次数越多，该区域就会变得越暗。常用来涂抹表现物体的阴影区域，形成立体效果。

图8-45

（2）应用描边样式，设置其颜色为#8c8e8c，参数和效果如图8-46所示。

（3）使用多边形套索工具创建一个新选区，创建新图层并填充颜色（#4c6b32），效果如图8-47所示。

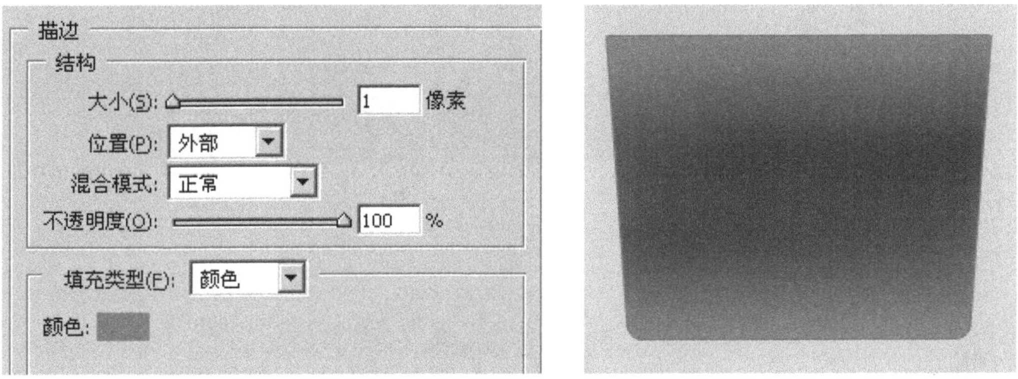

图8-46

图8-47

技巧：按【Alt+Delete】快捷键可填充前景色，按【Ctrl+Delete】快捷键可填充背景色。

3．选区编辑与擦亮袋口

（1）使用矩形选框工具创建一个选区，创建新层并填充颜色为#ecd0b5。使用减淡工具涂抹出高光效果，如图8-48所示。

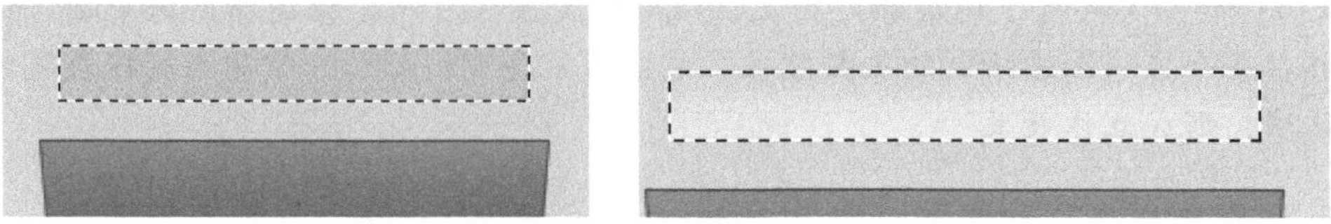

图8-48

技巧：减淡工具用于调节照片特定区域的曝光度，可用于使图像区域变亮。使用减淡工具在某个区域上方绘制的次数越多，该区域就会变得越亮。常用来涂抹表现物体的光亮区域，形成立体效果。

（2）使用多边形套索工具创建如图8-49（a）所示的选区，创建新图层并填充颜色为#efbb8c。使用相同方法在另一侧创建相同的多边形图层，如图8-49（b）所示。

（3）选择自定形状工具中的三角形状，建立两个形状，填充颜色为#685b3b，如图8-50所示。

（4）使用矩形选框工具创建一个选区，创建新图层并填充颜色为#ecd0b5，如图8-51所示。

（a）　　（b）

图8-49

图8-50

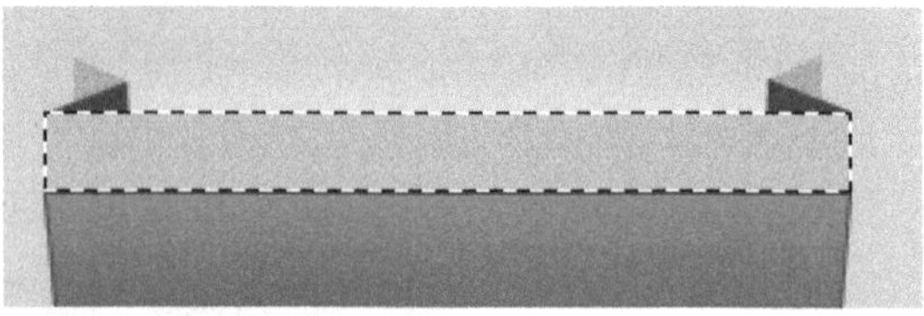

图8-51

（5）使用减淡工具进行涂抹，形成高光效果，如图8-52所示。

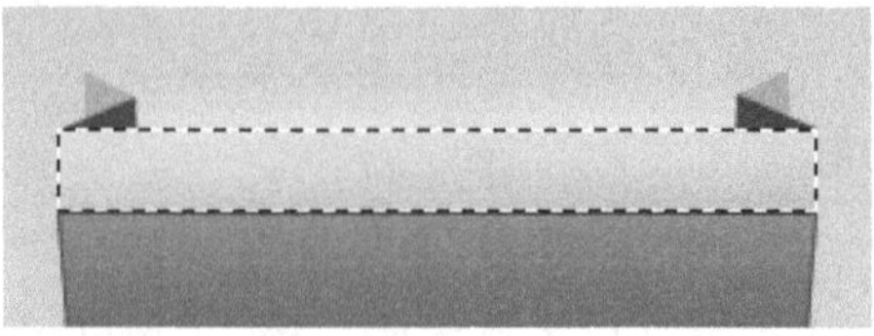

图8-52

4．涂抹擦亮提袋

（1）使用矩形选框工具创建一个选区，如图8-53所示，创建新图层并填充颜色（#ecc9ab）。

（2）使用加深工具进行涂抹，产生明暗区域，出现立体感，如图8-54所示。

（3）使用减淡工具进行涂抹，形成高光效果，如图8-55所示。

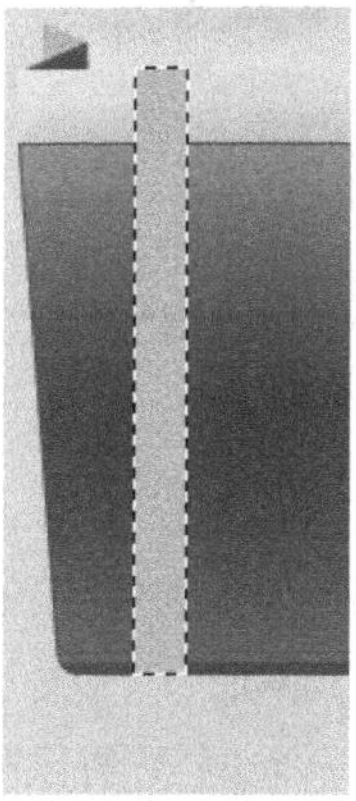

图8-53

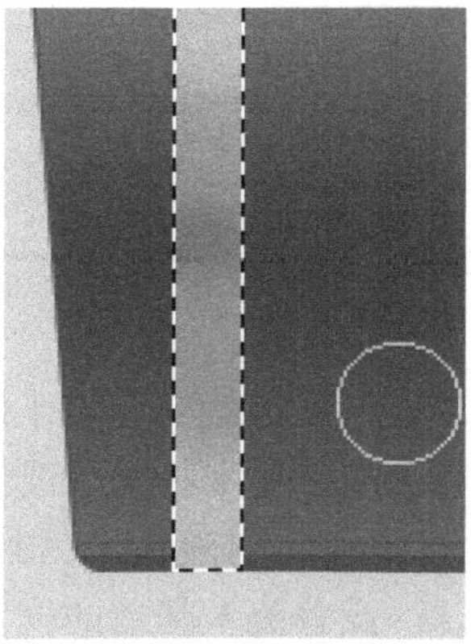

图8-54

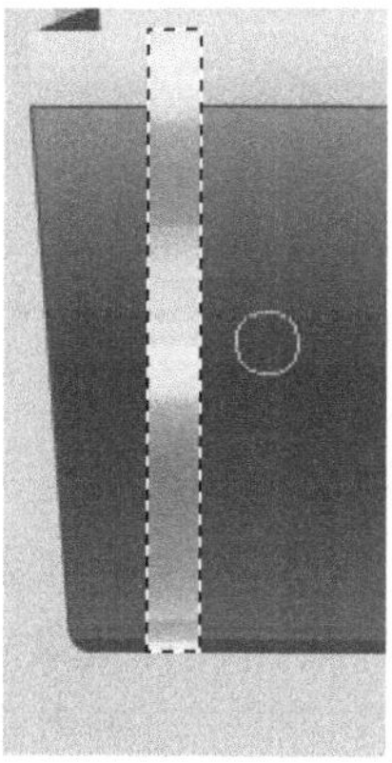

图8-55

（4）重复以上操作，复制对称位置的图层，如图8-56所示。

（5）使用多边形套索工具创建选区和新图层，填充颜色为#ecc9ab，如图8-57所示。

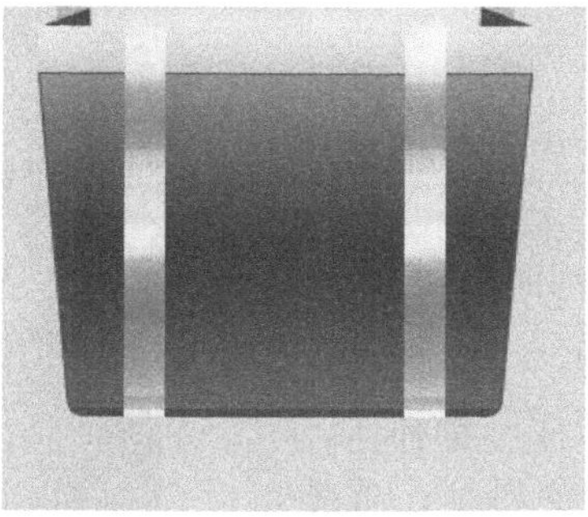

图8-56

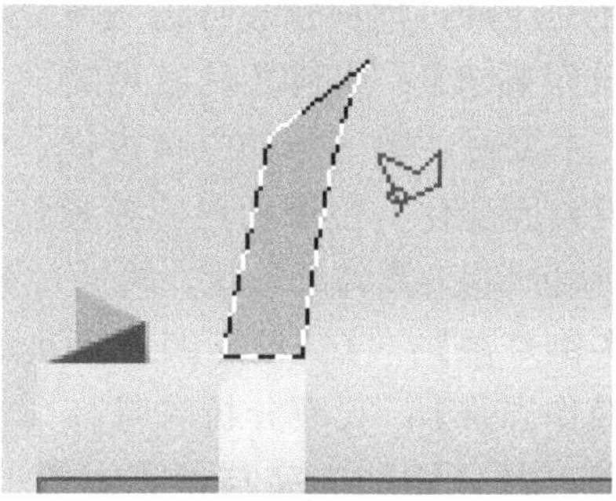

图8-57

（6）使用减淡工具进行涂抹，形成高光效果，如图8-58所示，复制对称位置图层。

（7）使用多边形套索工具创建如图8-59所示的选区，创建新图层并填充颜色（#d2b394），复制对称位置图层，效果如图8-60所示。

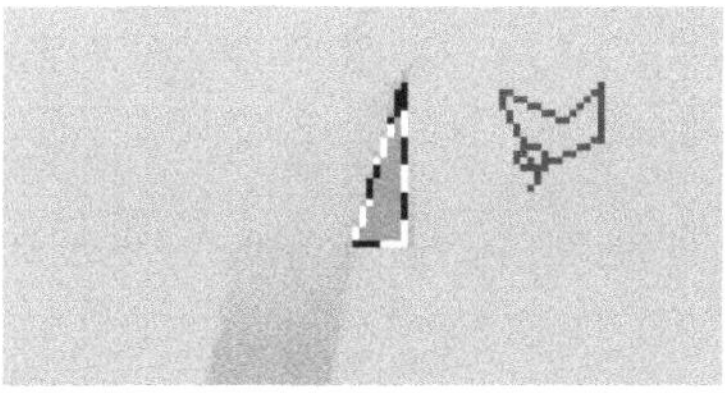

图8-58

图8-59

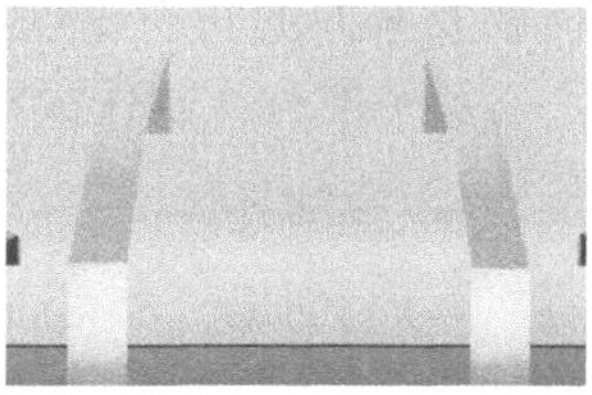

图8-60

（8）使用多边形套索工具创建如图8-61所示的选区，创建新图层并填充颜色（#d2b394）。

（9）合并所有图层并做分组处理。

（10）如果有兴趣可再绘制一个标牌，如图8-62所示。

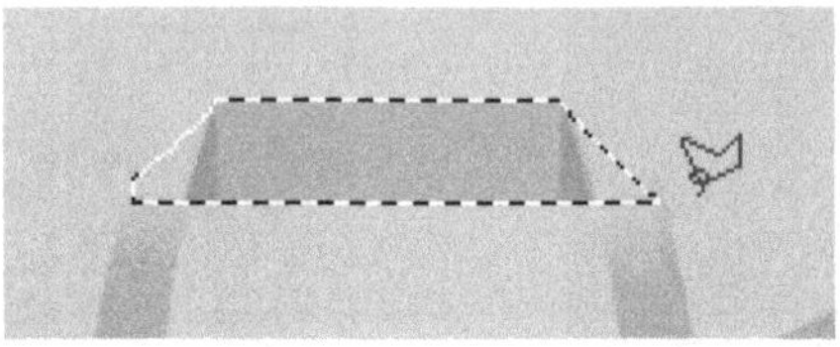

图8-61

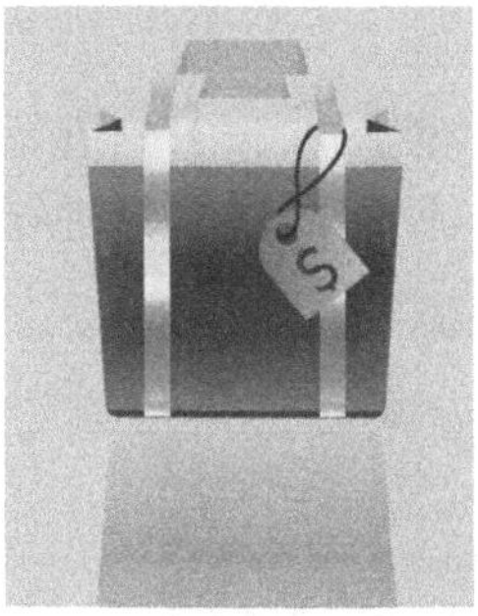

图8-62

本例通过选区编辑与加深/减淡工具的结合，绘制出一个立体购物袋图形。此例看似操作比较简单，但此方法并不适合没有美术基础的读者。这是因为购物袋没有原始透视图形，具体模样需要在创作者脑中有一定映像。另外，绘制选区形状、大小和角度等，都需要有一定美术基础。所以，没有美术基础的读者最好找一个透视图像模仿或描绘，或者使用Photoshop消失点功能设定透视角度。

8.2.2 设计制作咖啡饮料包装杯

设计制作咖啡饮料包装杯，效果如图8-63所示。

【操作要求】：饮料杯是常见的一种包装形式，大多是圆柱体形状，主要是明暗区域的立体表现。注意其图像内容要根据具体产品内容而变化，色调和内容要紧贴产品内容。本例的制作方法是先使用钢笔工具勾画形状，再通过渐变叠加表现明暗区域。

【实例来源】：《试题汇编》第八单元第8.8题。

【操作思路】：观察分析咖啡杯，一般都是圆柱形状杯体、圆形顶盖、杯体添加文字与标识。第一部分制作饮料杯，首先使用形状工具绘制饮料杯的形状，然后使用图层样式填色并产生立体效果。第二部分制作饮料标志，首先使用钢笔工具绘制标志图形，然后再进行路径填色形成最终效果。由此可以看出，创建形状样式与路径填色是绘制咖啡杯的主要方法，也是需要要掌握的知识要点。

图8-63

第一部分 制作饮料杯

1．绘制杯体

（1）创建一个宽高为380×480像素、RGB模式的文件。

注意：本例为了加快计算机运算速度和学习使用，模拟设置的尺寸与分辨率，读者要根据实际需要设置。

（2）使用矩形工具创建一个矩形，如图8-64所示。

（3）执行“编辑”→“变换路径”→“透视”命令，拖拽节点进行变换，效果如图8-65所示。

（4）使用椭圆工具创建一个椭圆，如图8-66所示。

图8-64

图8-65

图8-66

（5）选中这两个图层，按【Ctrl+E】快捷键合并图层，然后添加投影和渐变叠加效果，参数设置如图8-67（a）、（b）和（c）所示，效果如图8-67（d）所示。

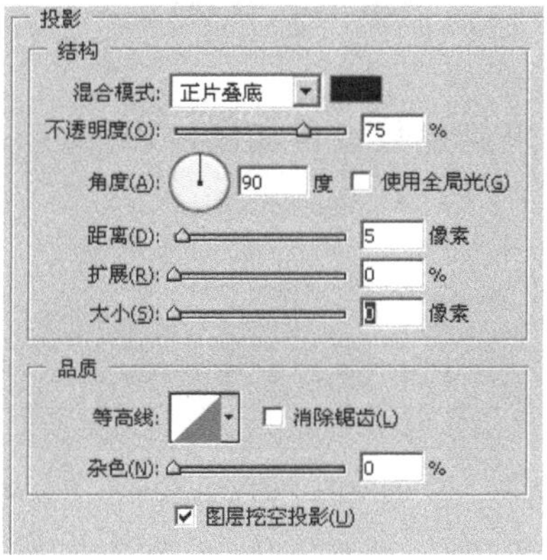

（a）

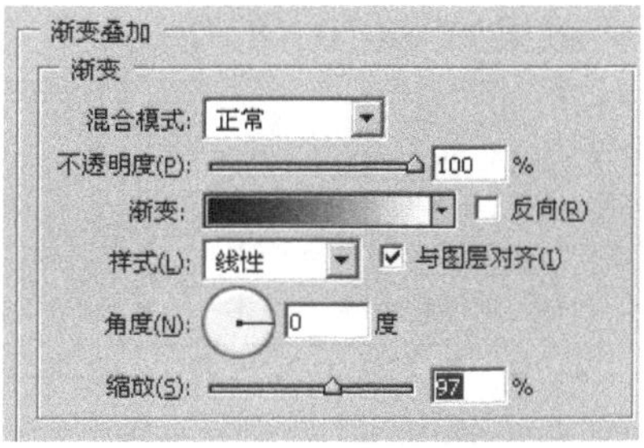

（b）

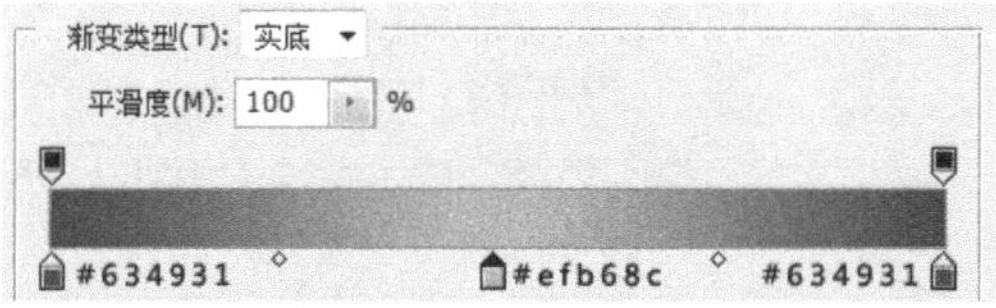

（c）

（d）

图8-67

2．绘制变形杯盖

（1）使用矩形工具创建一个新矩形。执行“编辑”→“变换路径”→“变形”命令，调整节点进行变形处理，如图8-68所示。

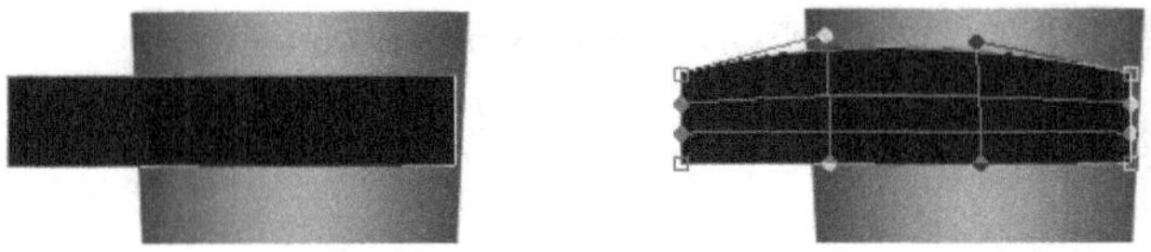

图8-68

技巧：“变形”命令可拖拽节点变换图像形状或路径等，也可以使用选项栏中的“变形样式”弹出菜单中的形状进行变形。“变形样式”弹出式菜单中的形状也是可延展的。

（2）单击鼠标右键，在弹出的快捷菜单中执行“透视”命令，效果如图8-69所示。

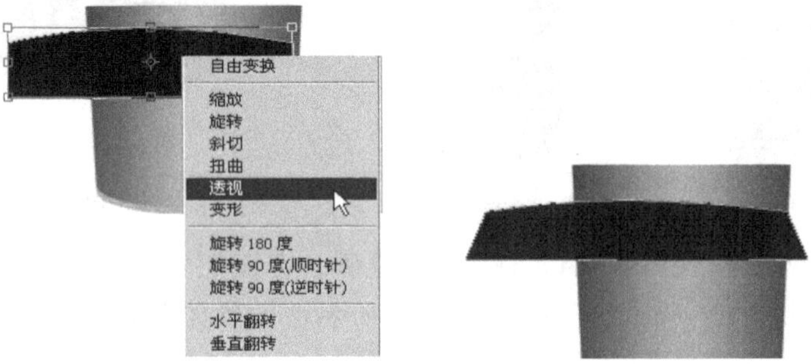

图8-69

（3）为此形状添加内发光和渐变叠加效果，参数设置如图8-70（a）、（b）和（c）所示，效果如图8-70（d）所示。

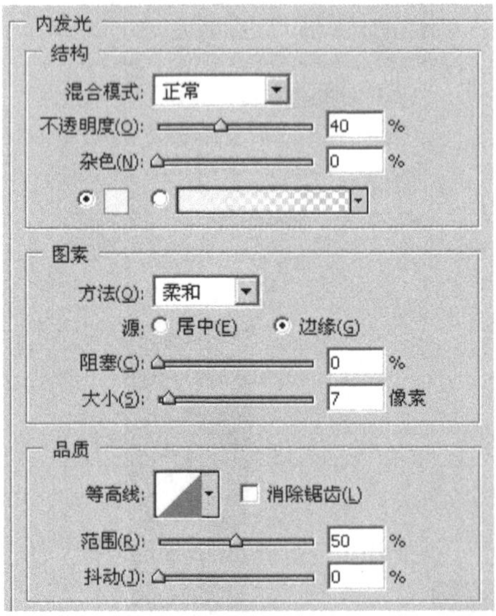

（a）

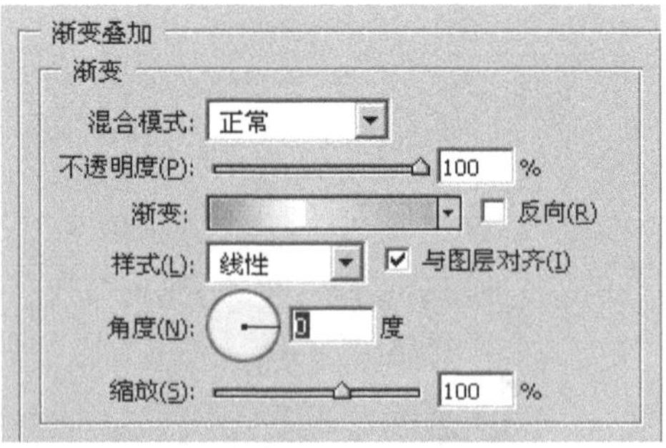

（b）

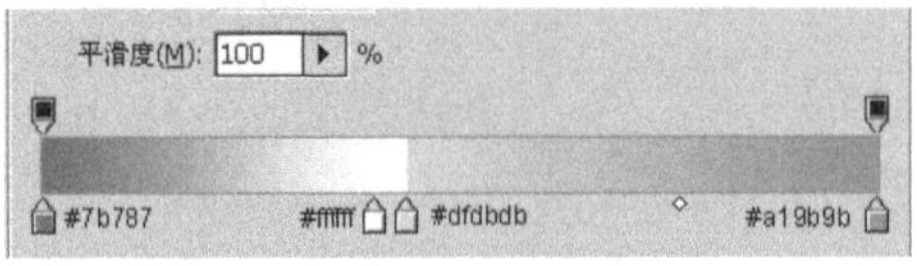

（c）

（d）

图8-70

（4）使用矩形工具创建矩形形状，执行“编辑”→“变换路径”→“透视”命令，调整变换，效果如图8-71所示。

图8-71

（5）为此形状添加内阴影、内发光和渐变叠加效果，参数设置如图8-72（a）、（b）、（c）和（d）所示，效果如图8-72（e）所示。

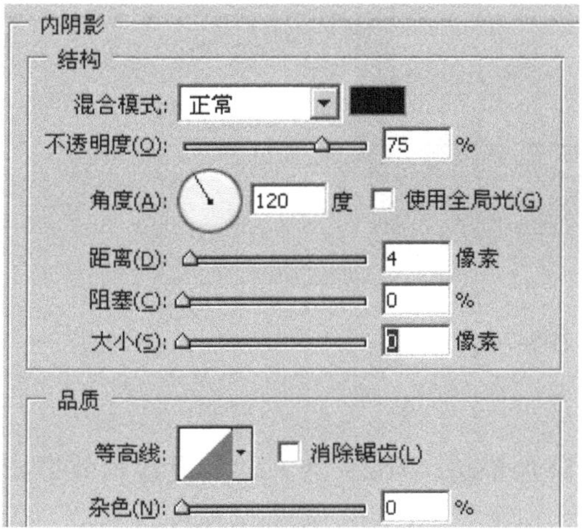

（a）

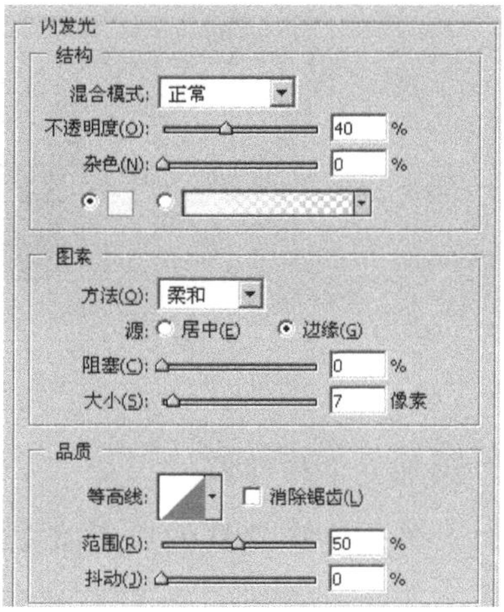

（b）

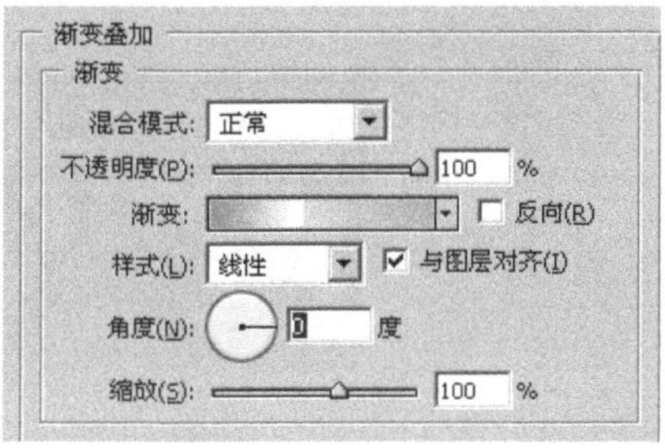

（c）

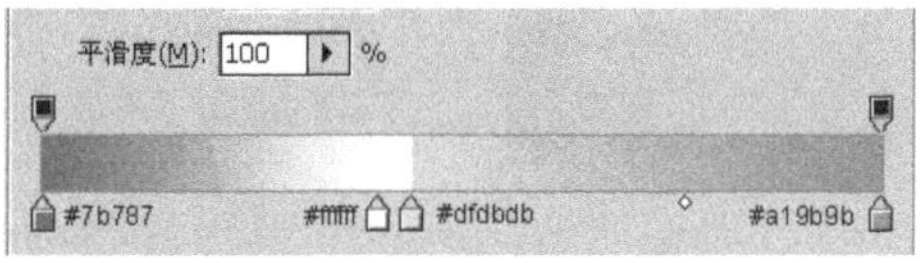

（d）

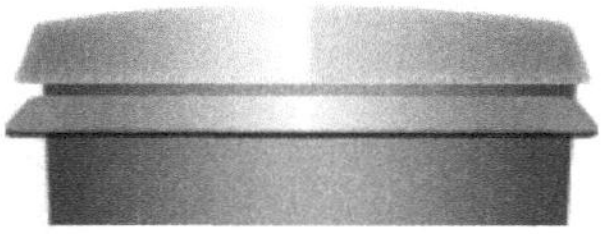

（e）

图8-72

（6）使用矩形工具创建一个矩形，如图8-73所示。

图8-73

（7）为此形状添加渐变叠加效果，参数设置如图8-74（a）和（b）所示，效果如图8-74（c）所示。

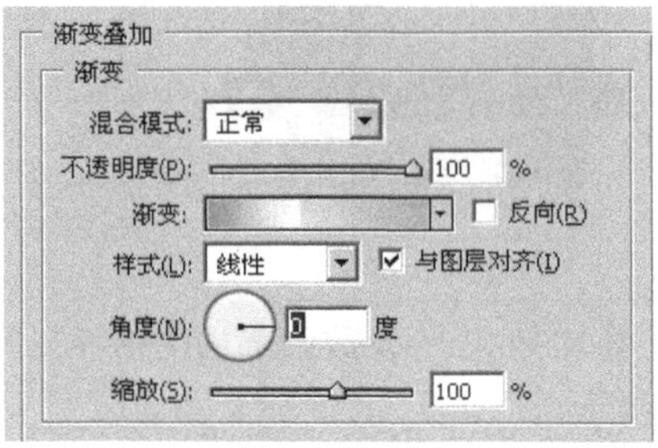

（a）

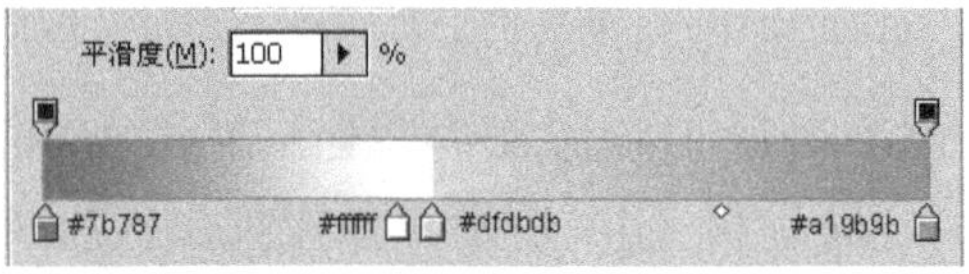

（b）

（c）

图8-74

3．添加文字与标识

（1）使用文字工具创建所需文字，添加描边（#6b3c29），其设置和效果如图8-75所示。

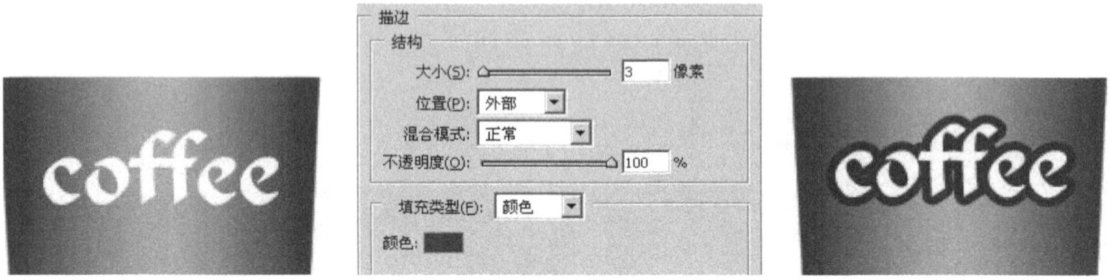

图8-75

（2）使用自定义封贴形状工具创建一个封贴形状，指定颜色为棕色（#6b3c29），如图8-76所示。

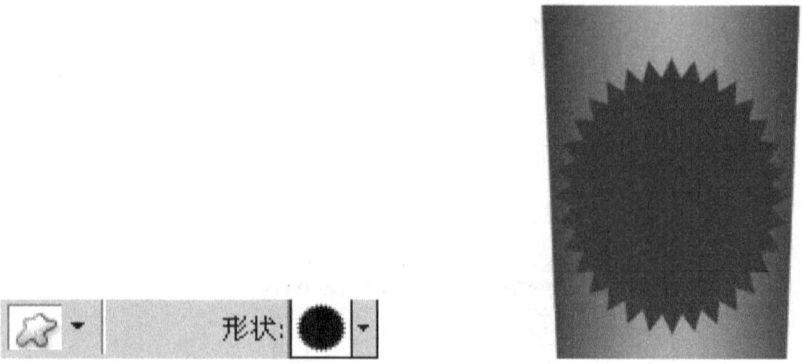

图8-76

（3）为封贴添加描边（#fe0000），添加描边效果，参数设置如图8-77（a）所示，效果如图8-77（b）所示。

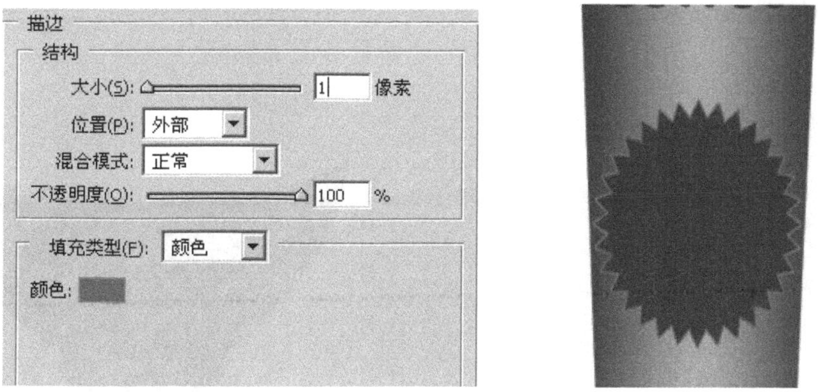

（a） （b）

图8-77

（4）添加一个咖啡杯图形（制作方法详见下文“第二部分 制作咖啡杯”），合并图层。

（5）制作倒影，最终效果如图8-78所示。

图8-78

第二部分 制作咖啡杯

本部分讲解如何使用Photoshop的钢笔工具创建咖啡杯标志。

1．绘制杯体形状并填充渐变色

（1）创建一个宽高为380×480像素、RGB模式的文件。

（2）使用钢笔工具创建一个咖啡杯形状，如图8-79所示。

（3）单击鼠标右键，在弹出的快捷菜单中执行“填充路径”命令，为咖啡杯形状填充黑色，如图8-80所示。

图8-79

图8-80

（4）为此形状添加如图8-81（a）和（b）所示的图层样式，效果如图8-81（c）所示。

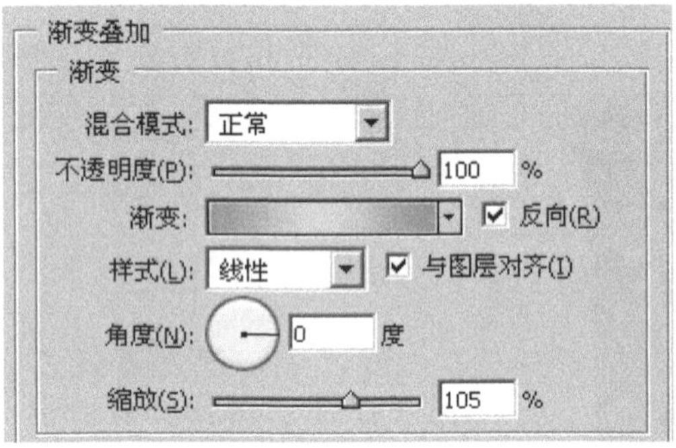

（a）

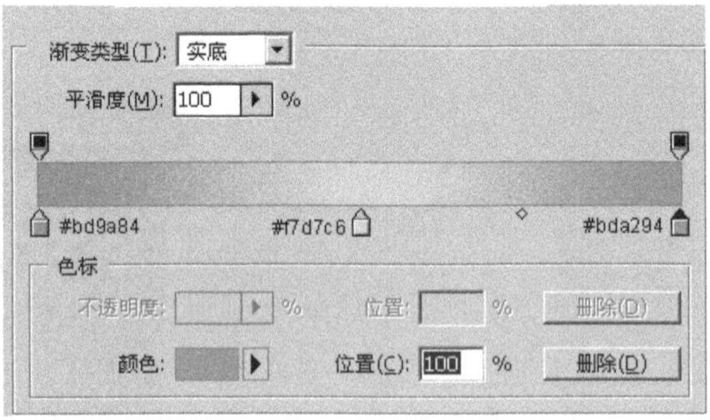

（b）

（c）

图8-81

（5）使用椭圆选框工具创建一个选区并填充颜色（#bc8858），如图8-82所示。

（6）使用椭圆选框工具再创建一个选区并填充颜色（#9e6522），如图8-83所示。

图8-82

图8-83

2．勾画手柄形状与液体轮廓线

（1）使用钢笔工具勾画一个如图8-84所示的手柄形状，填充路径颜色（#b5824d），如图8-85所示。

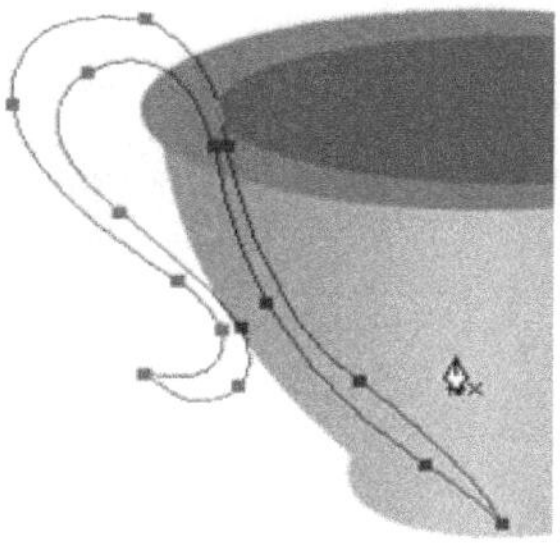

图8-84

图8-85

（2）使用钢笔工具再创建一个新的形状，如图8-86所示，填充路径颜色（#ebc98c），如图8-87所示。

图8-86

图8-87

3．绘制明暗线条

（1）使用钢笔工具继续创建一个形状，如图8-88所示，填充路径颜色（#d3a569），效果如图8-89所示。

（2）使用钢笔工具创建一个新形状，如图8-90所示，填充路径颜色（#bb8757）。

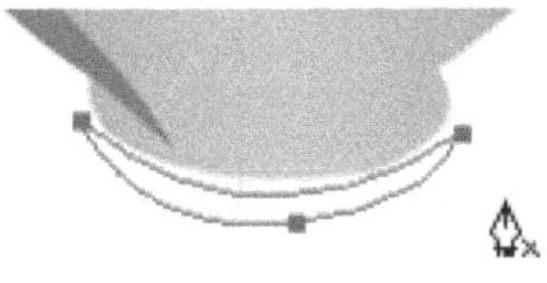

图8-88

图8-89

图8-90

（3）选择椭圆选框工具，设置“从选区中减去”模式，创建一个相减选区，如图8-91和图8-92所示。

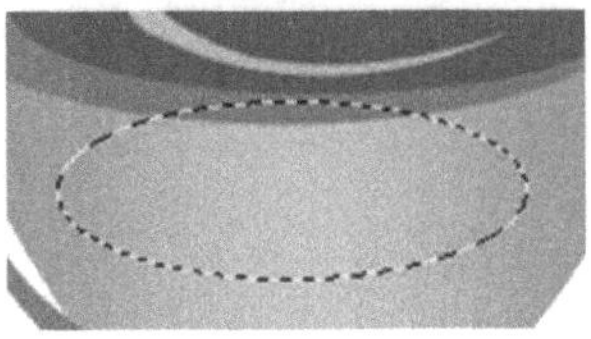

图8-91

图8-92

（4）利用选区创建新图层，填充颜色（#e1a171），效果如图8-93所示。

（5）使用钢笔工具创建一个如图8-94所示的形状，填充路径颜色（#c08f57），效果如图8-95所示。

图8-93

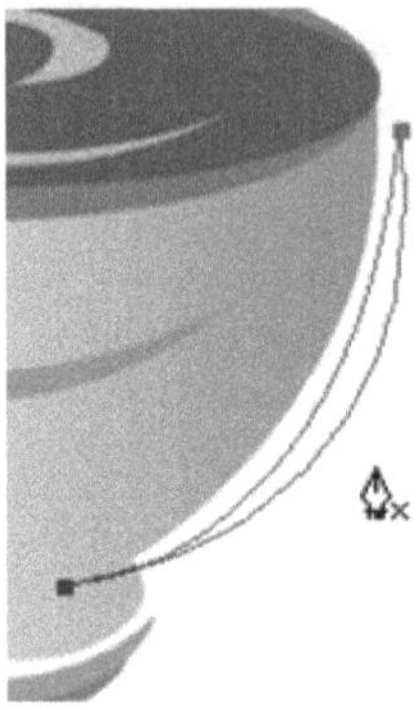

图8-94

图8-95

4．绘制蒸汽线条

（1）使用钢笔工具创建一个如图8-96所示的形状，填充路径颜色（#874c08），效果如图8-97所示。

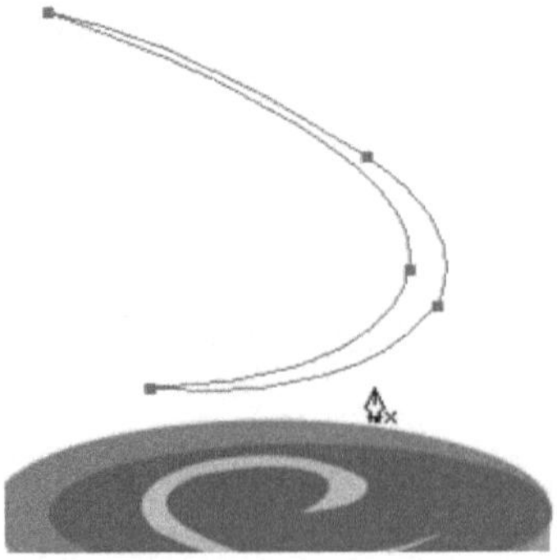

图8-96

图8-97

（2）使用钢笔工具创建一个如图8-98所示的形状，填充路径颜色（#d7a664），效果如图8-99所示。

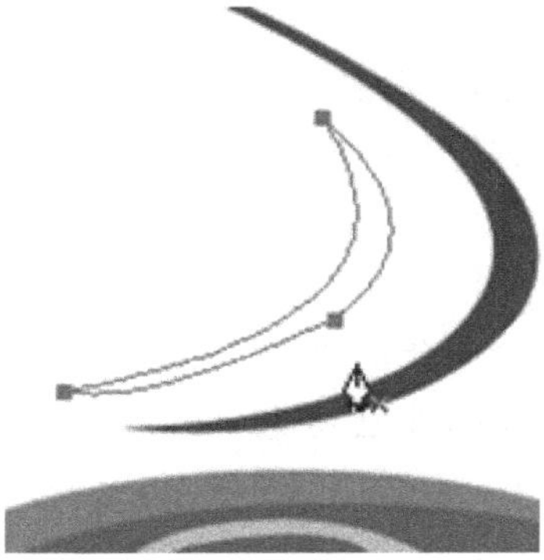

图8-98

图8-99

（3）复制这两个图层，按【Ctrl+T】快捷键进行自由变换。单击鼠标右键，在弹出的快捷菜单中执行“水平翻转”命令，调整其位置与大小，如图8-100所示。最终效果如图8-101所示。

图8-100

图8-101

与前面几个例子的不同之处在于，本例不但使用渐变来表现明暗区域，而且使用线条来表现明暗区域，效果也不错。前面学习了由渐变的明暗区域来表现受光比较均匀的平滑物体，使用加深与减淡工具涂抹来表现非光滑与非均匀受光物体，本节又学习了明暗线条也是一种明暗立体效果的表现方法。由此看来表现物体立体效果的方式是多种多样的。

8.2.3 设计制作包装箱

设计制作包装箱，效果如图8-102所示。

图8-102

【操作要求】：要求立方盒状体要表现出明暗区域和投影，添加文字和符号装饰标识，描绘出捆绑绳。

【实例来源】：《试题汇编》第八单元第8.7题。

【操作思路】：产品经过研发到生产等一系列工序，最终首先是以包装的形式呈现在用户面前，所以说包装是企业的形象、产品的形象。稍大些的物件或易碎品一般都需要专用包装箱，还要标示物品类型、搬运方法、注意事项等内容，这就使包装箱也具有专业功能。本节包装箱设计工作就兼顾到这一点，标识符号的放置与透视表现是本节的重点学习内容。

用Photoshop制作立体图形，可使用透视平面组成简单的立方形，根据透视效果为其再添加相应的底、侧面及投影。注意图形的各个面要衔接好，不要漏缝，要使三维图像呈现出三维透视效果，该方法特别适合用于商品的外包装设计。

1．绘制盒状体的3个平面

（1）创建一个宽高为350×300像素、RGB模式的文件。

注意：本例为了加快计算机运算速度和学习使用，模拟设置的尺寸与分辨率，读者要根据实际需要设置。

（2）创建新图层，使用多边形套索工具创建选区，如图8-103所示。

图8-103

（3）填充选区（#e6b681），使用加深工具涂抹阴影，如图8-104所示。

（4）为图层添加描边样式，颜色为#6d3c3c，如图8-105所示。

图8-104

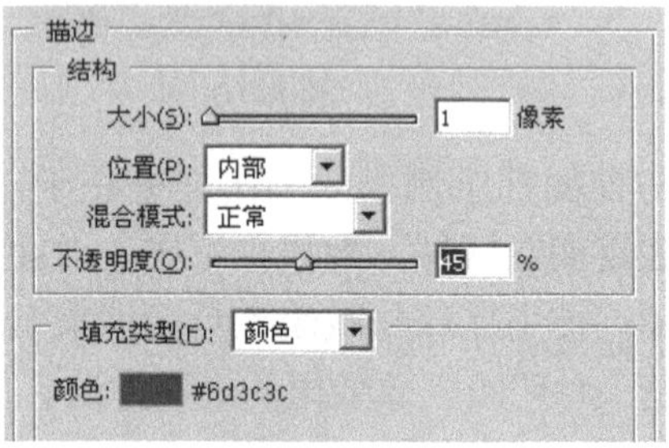

图8-105

（5）创建新图层，使用多边形套索工具创建选区，如图8-106所示。

（6）填充选区（#e6b681），使用加深工具涂抹阴暗区域，如图8-107所示。

图8-106

图8-107

（7）使用相同的方法。创建新图层，使用多边形套索工具创建选区，如图8-108所示，填充选区（#e6b681），使用加深工具涂抹阴暗区域，如图8-109所示。

图8-108

图8-109

（8）采用相同的方法为图层添加描边样式，颜色为#6d3c3c，如图8-110所示。

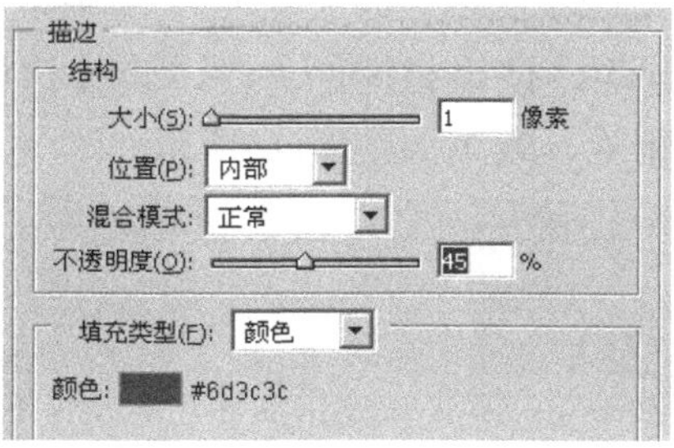

图8-110

2．绘制明暗线

（1）设置一个像素的铅笔工具，创建新图层，使用钢笔工具勾画边线，然后单击鼠标右键，在弹出的菜单中执行“描边路径”命令，形成包装箱的边线，如图8-111所示。

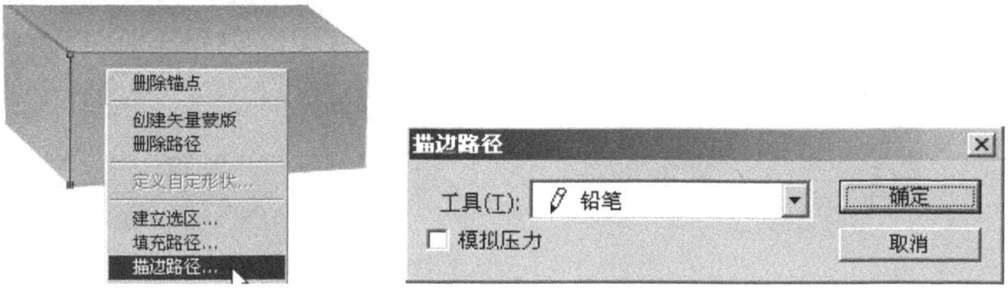

图8-111

（2）采用相同的方法，使用钢笔工具勾线并描边，如图8-112所示。

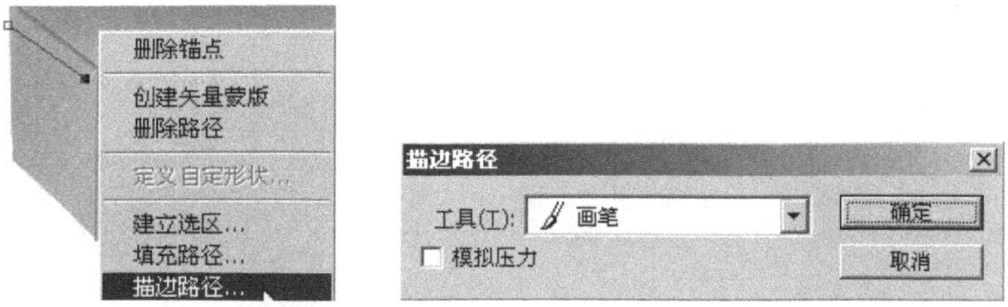

图8-112

（3）多创建几个线条，如图8-113所示。

（4）创建新图层，使用多边形套索工具创建新选区，如图8-114所示。

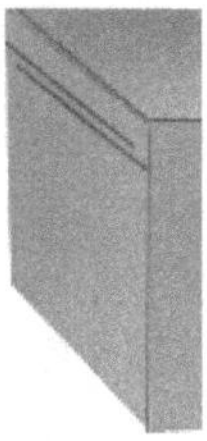

图8-113

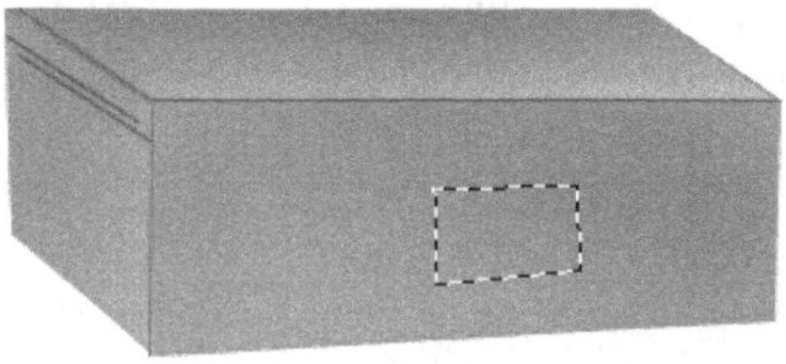

图8-114

3．绘制标识与文字

（1）设置填充颜色为#000000，使用椭圆选框工具创建一个圆形，如图8-115所示。

（2）按【Delete】键删除。使用相同的方法，再使用椭圆选框工具，创建一个小圆形，然后按【Delete】键删除，效果如图8-116所示。

图8-115

图8-116

（3）采用相同的方法，再进行几次，效果如图8-117所示。复制图层，按【Ctrl+T】快捷键进行自由透视变形。

（4）如图8-118所示，使用椭圆选框工具，再创建圆形选区，填充颜色为#000000。

图8-117

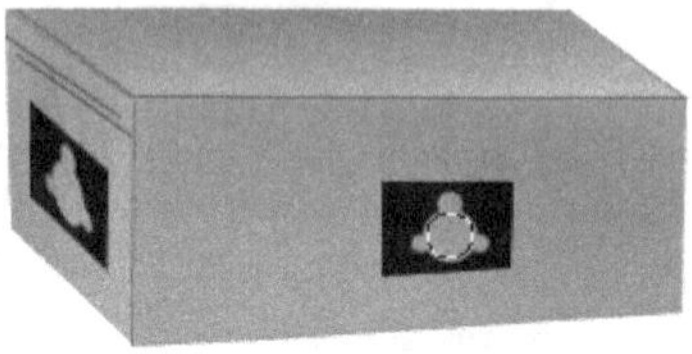

图8-118

（5）创建新图层，设置3像素的笔刷，然后使用钢笔工具勾画方框，单击鼠标右键，在弹出的菜单中执行“路径描边”命令，选择画笔描边状态，如图8-119所示。再使用相同方法形成几个格子。

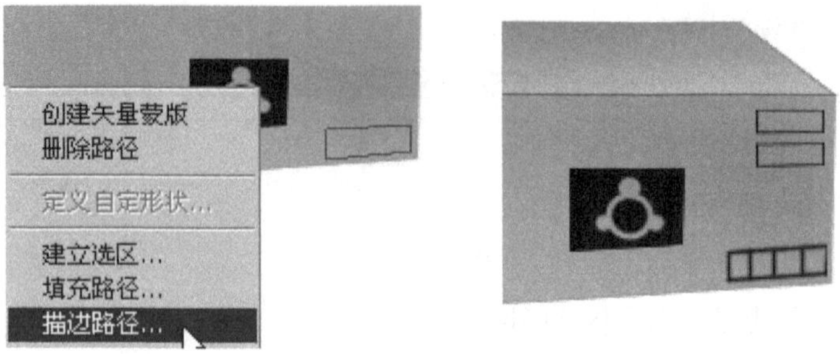

图8-119

（6）使用文字工具创建设计文字，如图8-120所示。

（7）设置2像素的笔刷，创建新图层，使用钢笔工具创建如图8-121所示的形状，使用画笔描边形成捆绑线。

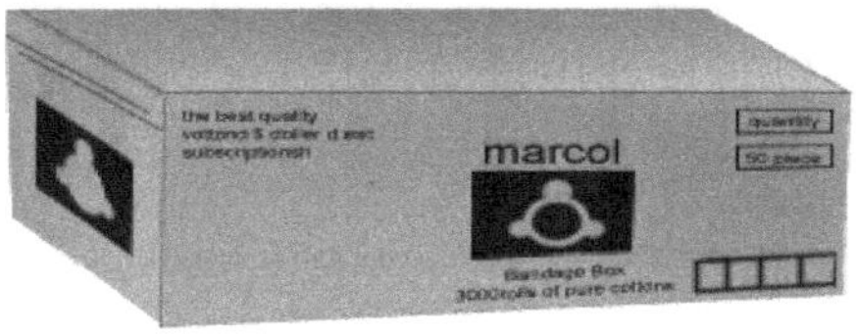

图8-120

图8-121

（8）采用相同的方法，创建其他捆绑线。最终效果如图8-122所示。

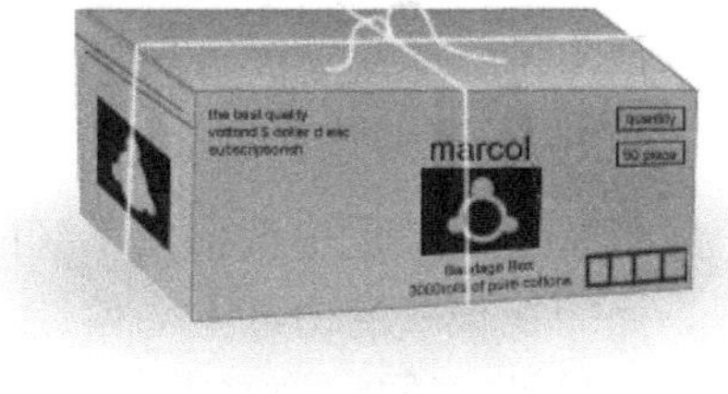

图8-122

表现物体立体效果的方法是多种多样的，本节学习了使用3个平面按照透视直接拼接成简单立方体，并使用明暗区域表现光源，形成了最终的设计作品。

本案例包括了常见的几种表现立体方法，按照透视将平面组合形成立体，只不过使用不同工具而已。在设计中可根据实际需要选择不同的方法绘制立体效果。

8.2.4 包装设计知识

1．包装设计的主展面和整体设计

主展面的面积相对较小，同时其本身具有商品形象，其设计画面要迅速把商品介绍给消费者，所以利用文字和特写形象的手法可表现得更直接。

因主展面只是局部，不应该是孤立的，因此整体设计要考虑整个包装物的整体形象，可通过文字、图形和色彩之间的连贯、重复、呼应和分割等手法，形成构图的整体。

2．包装设计的几个步骤

包装设计包括产品容器设计、产品内外包装设计、吊牌和标签设计、运输包装以及礼品包装设计和拎袋设计等。

包装设计的步骤主要有以下几步。

（1）收集市场上相关产品的包装。

（2）收集产品相关的素材、编写产品说明书。

（3）设计多方案、多风格包装。

（4）召集“消费者焦点小组”进行市场调查。

（5）修改设计，商场测试。

（6）定稿，打样。

3．成品过程

产品包装画面的设计彩稿只是一种纸上的蓝图，并不是产品包装的成品，必须通过一系列生产流程才能得以实现。

现代包装的成型流程为：设计—制作印刷稿—分色、制版—印刷（包括轧凹凸、烫金、贴膜）—轧盒—粘合成型。印刷是包装设计中最基本也是最重要的一项加工工艺。而所谓印刷就是以各种不同的方法，通过一种印版将文字或图形制成大量的复制品。

8.2.5 印刷基础知识

为了更好地实现包装设计的印刷效果，也需要掌握一些印刷方面的基础知识，以保证设计出来作品能够最终付诸印刷。

1．色彩的合理应用

纸张会使颜色出现预想不到的偏差。例如，黄色印在偏冷的白色纸张上会使黄色偏绿，而印在偏暖的白纸上会偏红。特别是对于有色艺术纸的应用，更要谨慎，做到心中有数。另外，质地疏松的纸张更吸墨，印后会有色彩暗淡感。这就是说，不同纸张表面对油墨的吸收有多有少，甚至同一张纸在不同的印刷机上印刷的实际网点也不同。空气的湿度也会对纸张产生影响。一个优秀的设计师应该懂得如何运用纸的特性来增强设计效果，只有在油墨接触纸面时，创造性才能够真正体现出来。

跨盒面的色彩改变是非常危险的，特别是对于尺寸比较大、质量要求非常高的纸盒。即使在最好的情况下，压痕折叠也不会达到非常精确的程度。压痕稍有误差，纸盒折叠时，就会出现一个面的色块被折叠到另一个面上。

印刷色彩是通过印刷色谱图录中的采样，并以向计算机输入正确的数据为准。对于高质量的包装纸盒，尽量不要采取对开以上的拼版印刷。因为胶印印刷是通过横跨整个印刷机组宽度的单个墨斗将油墨传送到转动着的墨辊上的，每个墨斗被独立控制和工作，网点的增大是不可避免的。对于一些通过四色套叠也不可能印出的深红、艳紫及荧光色等，应该考虑增添应用专用色印刷。

对于实地版大面积的底色，要采取二次印刷才能使底色均匀、实地不露白，同时采取一些技巧使画面更丰富耐看。例如，对于黑色的实地版，可采取先印一套30%蓝色，然后再印实地黑色，这样能使黑色更具厚实神秘感。又如，印刷机上用的黄色油墨几乎是透明的，不可能印出高浓度的黄色，必须考虑增加一些品红色，以此来增加套色。另外，贴膜能使画面增加厚实感，但会使画面的色彩稍稍变暗淡。

2．纸张的合理应用

最常用的纸张（整开大小的）规格有两种：标准纸的长为787 mm、宽为1092 mm，特殊纸的长为880 mm、宽为1230 mm，进口纸张还有长为889 mm、宽为94 mm等多种规格。印刷的时候按机器的大小上车，一般有全开车、对开车和四开车以及小型十六开胶印车等。

为了避免浪费，设计师在设计的时候就必须考虑纸盒成品的大小，尽可能地符合或接近将要采用上机时的纸张开数。另外，还可巧妙地利用纸盒的顶盖与底盖的相互插入，以及借用插入（舌头）部位进行套载而充分利用纸张。图8-123所示为纸张开本和可印刷面积。

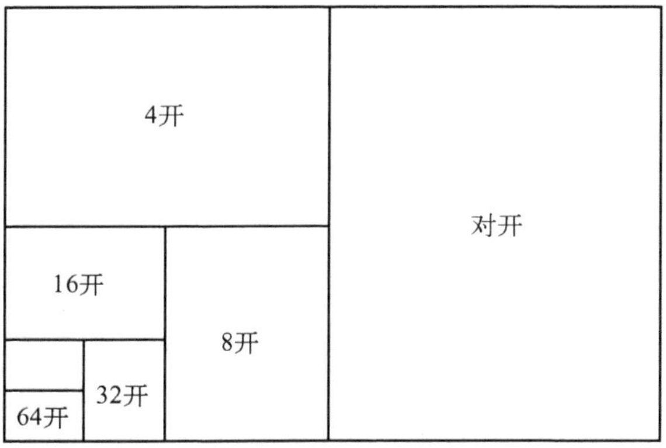

开法	可印刷面积	实际纸张大小
全张	780×1080	787×1092
2开	540×780	546×787
3开	360×780	364×787
4开	390×540	393×546
6开	360×390	364×393
8开	260×390	273×393
9开	260×360	262×364
12开	360×195	364×196
18开	180×260	182×262
16开	195×270	196×273
24开	180×195	182×196
32开	195×135	196×136
48开	95×195	98×196
64开	135×95	136×98

图8-123

3．印工成本

印工成本常常是由印数来决定的，一般以5000张纸在机器上转一次为一个印工（不到5000算5000）的原则，4个颜色转4次为4个印工。纸张的大小以上机的开数为准，不以纸盒的大小为准，4开上机与对开上机的印工基本上是一样的。由此就能根据印刷的数量来合理地选择4开还是对开上机更经济节约。

如果设计师能把一些由四色套印的色块设计成由专色一次印刷的话，不仅降低了印工成本，还节约了开支。对于面积大的专色色块和面积大的实地色块，由于需要二次印刷，印工得算二套色。印金或银色印工也是算二套色。烫金、银、彩色金箔和轧凹凸印工一般算三套色，但是还要根据烫金的面积来计算。因此，设计师在设计画面的时候为了节约成本，尽量不要把烫金的部位与其他部位之间设计得太过分散。

4．凸版印刷

纸质包装产品的印刷方式主要有凸版印刷（包括柔性版印刷）、丝网印刷、平版胶印和凹版印刷等。不同的包装产品，需要根据承印材料和对产品质量要求的不同选择不同的印刷方式。

凸版印刷（如图8-124所示）必须根据彩色设计稿，另外再绘制区分颜色的套版黑白稿。对于凸版印刷的包装来说，黑白稿是很重要的一环，它直接用来照相感光。黑白稿绘制得不好，或者与原稿不符，或分版不对都将影响到印刷的效果。要注意放切口，切口是指印刷品在印刷后用刀切的那部分，一般切口必须要留3 mm。如果画稿的色块是通边而不留白边的，画黑白稿时要放出2～3 mm的出血。这样在印刷后切割为成品时就不会露出白边。另外，还需要绘制出净尺寸线（成品线）、毛尺寸线，并且必须在稿件的上下左右的中间画出十字线，以便于制版印刷时拼版制作。

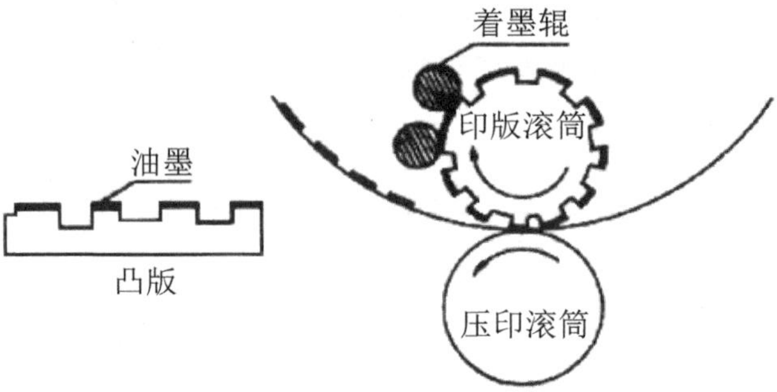

图8-124

5．胶印制版

胶印制版（如图8-125所示）的设计稿可以直接制成制版稿，对制版稿上的彩色图片或彩色照相通过计算机控制进行网点扫描。网点是网目调图像印刷品表现图像阶调与颜色的最基本单元，是许多中心距相等、密度相同而面积不相等的小点子。胶印就是利用单位面积内网点面积的不同来表现层次的。无论是90%的部位，还是30%的部位，每两粒网点间的中心距和密度都是相等的，只是单位面积的图像上的网点面积所占的比例分别是90%和30%。如果图文部分的承印物表面完全被油墨所覆盖， 即相当于100%的网点，也称为实地。

胶印机对承印物的形状和材质要求比较严。例如，胶印的印刷压力较大，不便于直接印刷瓦楞纸板；胶印机对承印物的厚度有一定限制，不能印刷太厚的纸板等；传统瓦楞纸盒/箱由于其材质太厚太软，不能用胶印机直接印刷，因此须先用胶印方式印刷单张纸或纸板，经上光、覆膜等加工后，再与瓦楞纸板对裱，最后进行模切、糊盒等加工。

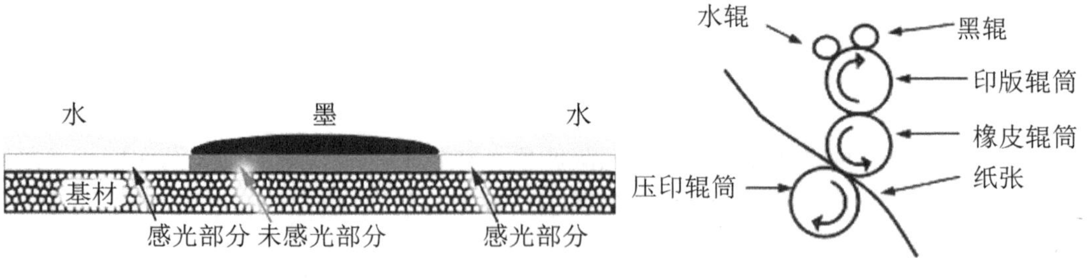

图8-125

6．拼版图

无论是凸印还是胶印，纸盒包装都有它的特殊性，还必须另外绘制纸盒结构刀模图（如图8-126所示），以及根据需要绘制出拼版图（如图8-127所示）。纸盒结构刀模图是用来排刀模的，纸盒印刷后需要用刀模来切成品和轧折叠线的。因此，刀模图必须与设计制作图的结构一致，结构线的位置不能有任何误差。不然的话，由于结构线的误差会出现轧盒后的结构偏到顶部或底部去，而使整个盒子的面出现误差。

拼版图是根据印刷机器的特点来制作的，如果制版稿的毛尺寸是16开的，而上车的机器是4开的，那么就需要把16开的制版稿拼成4开的图纸，留出纸盒与纸盒之间的拼版切边线3 mm。还必须留出纸张上机时，机器对纸张的咬口10 mm左右。为便于制版后作印刷前的晒版依据之用，最后还要留出纸张的毛边抛修10 mm，一般情况下刀模图与拼版图绘制成一幅就可以。

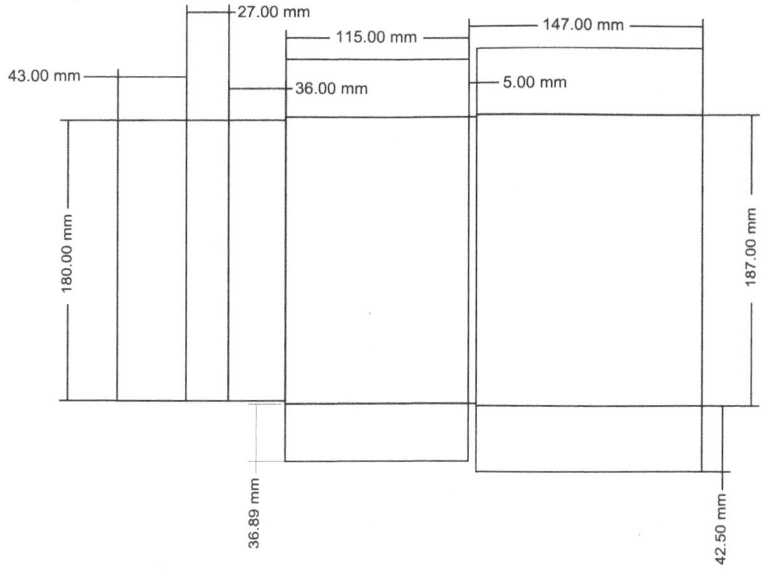

单位：mm

图8-126

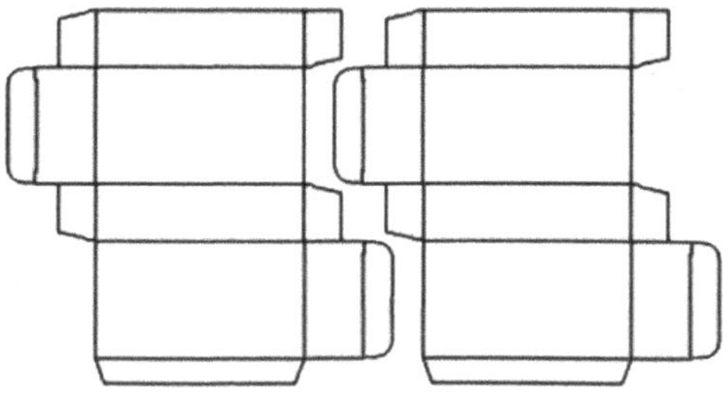

图8-127

总之，现代包装设计必须使创意编排、制作和印刷技术三位一体，发挥协调一致的作用，才能完成优秀的作品。

8.3　海报设计

由于喷绘技术的发展，在生活中可经常见到各种各样的大型海报。海报已经成为广告设计中的一个重要内容，由于其画幅较大，可烘托气氛，所以常被用到广告、会场、集会等大型场合。大型海报一般是由喷绘制作而成，招贴画一般则是由印刷来完成的。

本节通过商场店庆海报、美食节海报、音乐广场海报3个制作实例，来介绍大型海报的设计过程与方法。

8.3.1 设计制作商场店庆海报

设计制作商场店庆海报，效果如图8-128所示。

图8-128

【操作要求】：要求突出主题，背景为热烈、喜庆的橙红色；形式简洁大方，表达喜庆氛围，富于想象力，具有亲和力；标注店庆主题、形式与时间等。

【实例来源】：《试题汇编》第八单元第8.20题。

【操作思路】：根据创作主题，观察效果图，可以考虑使用Photoshop橙黄色渐变叠加制作背景，用圆形工具和描边绘制圆圈，再使用钢笔工具绘制具有透视效果的色带彩条，以及用自定形状工具绘制蝴蝶飞舞的缤纷效果。最后，使用文字编辑与图层投影、发光效果制作主题文字效果，完成作品的创作。

（1）创建一个宽高为1280×1024像素、RGB模式的文件。

（2）选择矩形工具，设置“形状图层”□选项状态，创建背景图层。

（3）执行“图层”→“图层样式”→“渐变叠加”命令，打开如图8-129所示的对话框。

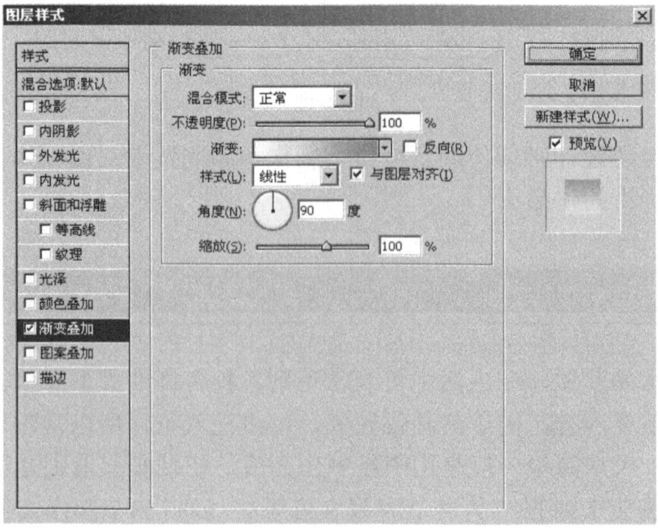

图8-129

（4）单击可编辑“渐变”色带，在弹出的“渐变编辑器”对话框中设置第一个色标为#fdfdf6，第二个色标为#e6f190 和第三个色标为#ff7e01，并将第二个色标位置调至 33%处，如图8-130所示，单击“确定”按钮。

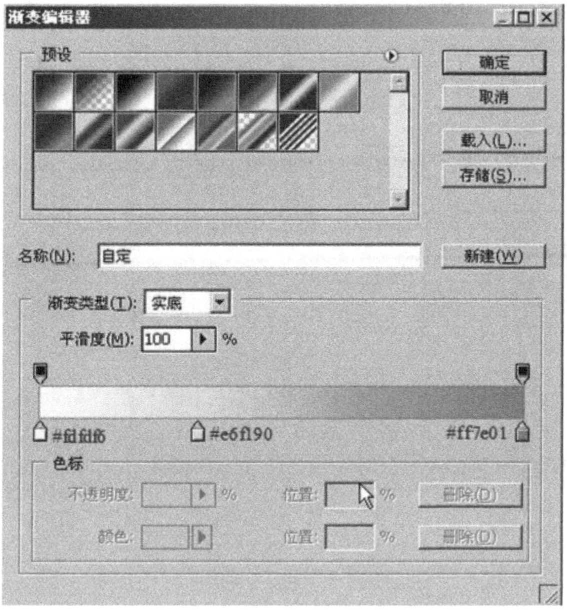

图8-130

（5）设置渐变叠加后的效果及图层面板，如图8-131所示。

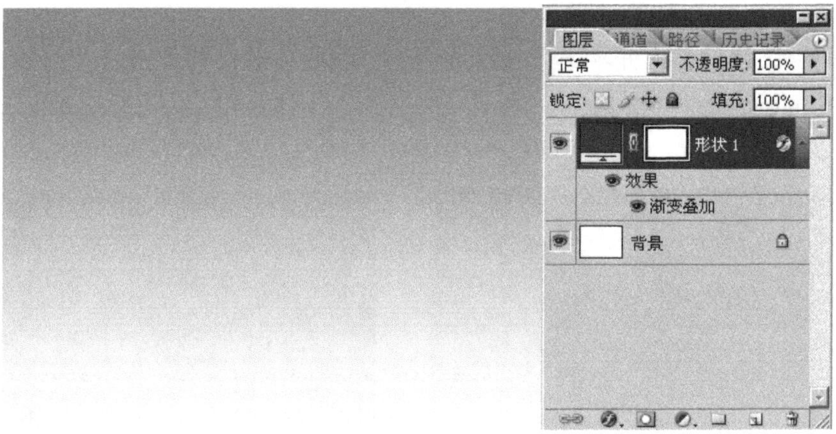

图8-131

（6）选择椭圆工具，设置“形状图层”选项状态，绘制一个小正圆形，调整图层面板的“填充”选项为0%。

技巧：要使矩形或圆角矩形约束成方形，或是将椭圆约束成圆或以及将线条角度限制为45° 的倍数，均需按【Shift】键。

要从中心向外绘制，将指针放置到形状中心所需的位置，按【Alt】键，然后沿对角线拖拽到任何角或边缘，直到形状已达到所需大小。

（7）执行“图层”→“图层样式”→“描边”命令，打开“图层样式”对话框，勾选“描边”效果，设置大小为2，颜色为白色，如图8-132所示。

（8）小圆形描边效果如图8-133所示。

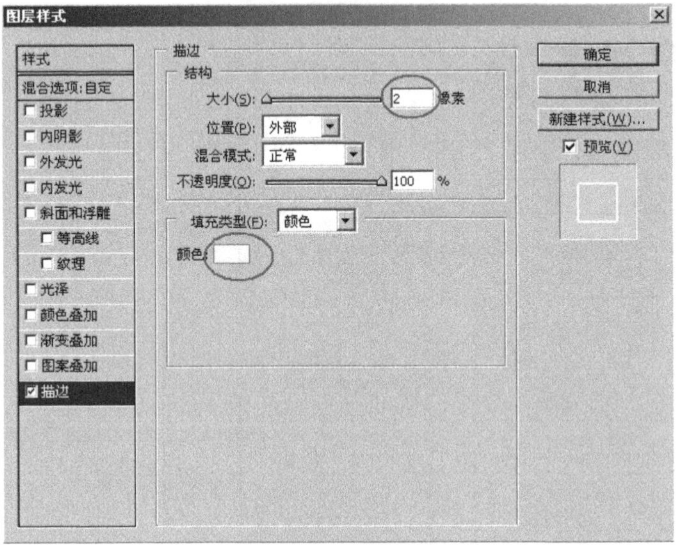

图8-132

图8-133

（9）复制30份小圆形，并使用【Ctrl+T】快捷键自由变换路径，调整小圆形的大小和位置，效果如图8-134所示。

技巧：按住【Alt】键并单击，可以选择多个形状图层进行复制。

（10）设置前景色为#ff7e02，使用钢笔工具绘制如图8-135所示的彩条形状作为修饰图案的一部分。

图8-134

图8-135

注意：取消使用任何图层效果，图层面板填充将恢复为100%。

技巧：使用钢笔工具进行绘图之前，可以在路径面板中创建新路径，以便自动将工作路径存储为命名的路径。

（11）设置前景色为#ff9b39，继续使用钢笔工具绘制第2个彩条形状，如图8-136所示。

技巧：若要急剧改变曲线的方向，释放鼠标，然后按住【Alt】键并沿曲线方向拖拽方向点。释放【Alt】键和鼠标，将指针重新定位到曲线段的终点，并向相反方向拖拽，就可以完成曲线段。

（12）设置前景色为#ffb772，继续使用钢笔工具绘制第3个彩条形状，如图8-137所示。

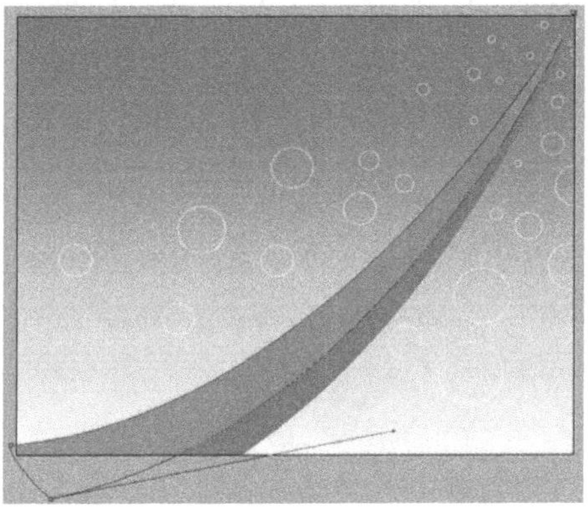

图8-136

图8-137

技巧：按住【Alt】键并拖拽方向线，可以中断锚点的方向线。

（13）彩条效果如图8-138所示。

（14）选择自定形状工具，从形状列表中选择“蝴蝶”图案，设置颜色为#f6550f，如图8-139所示。

图8-138

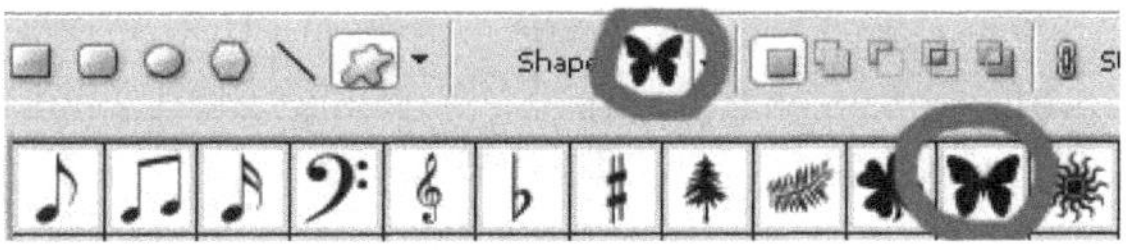

图8-139

（15）绘制蝴蝶图案，并执行“自由变换路径”命令，调整其大小与位置，效果如图8-140所示。

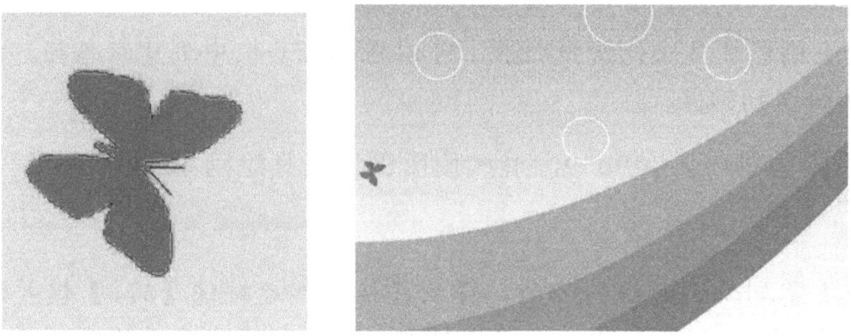

图8-140

（16）复制蝴蝶图案60次，执行“自由变换路径”命令，调整大小、角度和位置，效果如图8-141所示。

（17）再复制36个蝴蝶图案，设置颜色为#f9d39a，调整大小、角度和位置，效果如图8-142所示。

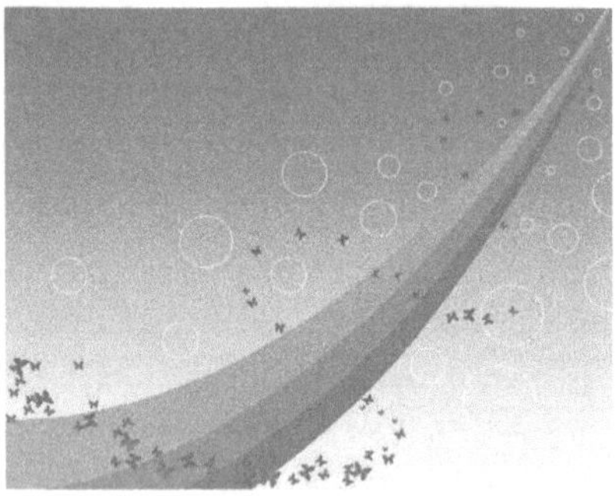

图8-141

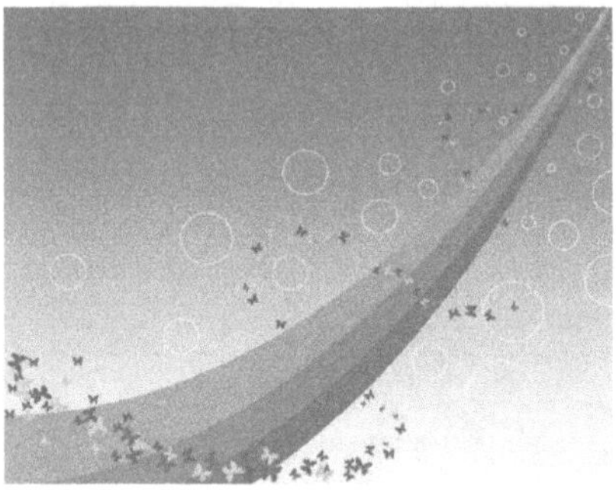

图8-142

（18）再复制57个蝴蝶图案，设置颜色为#f4a440，并使用相同的变换操作，效果如图8-143所示。

（19）使用相同的方法，复制39个蝴蝶图案，设置颜色为#de7219，效果如图8-144所示。

图8-143

图8-144

（20）最后，再复制15个蝴蝶图案，颜色为#f1ca73，自由变换改变其大小与位置，如图8-145所示。

技巧：使用“蝴蝶”画笔进行绘画，速度会更快捷些。

（21）使用横排文字工具输入如下。

- 文本“相聚新天地 分享时尚优品”：白色、黑体、72点、幼圆、加粗。
- 文本“新天地VIP炫彩10周年庆”：黑色、黑体、48点、幼圆、加粗。
- 文本“活动时间：8月”：白色、黑体、36点、幼圆、加粗。

（22）执行“图层”→“图层样式”→“投影”命令，打开如图8-146所示的对话框，设置颜色为黑色。

图8-145

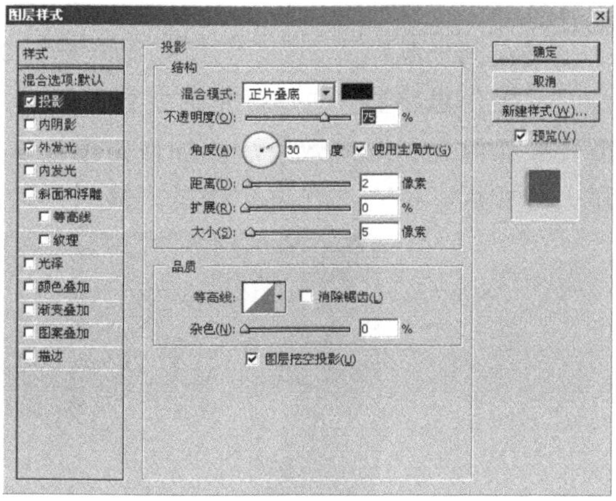

图8-146

（23）勾选“外发光”效果，设置颜色为黄色，如图8-147所示。

注意：可以在不关闭“图层样式”对话框的情况下，编辑多种效果。单击对话框左侧的效果名称可显示效果选项。

（24）最终效果如图8-148所示。

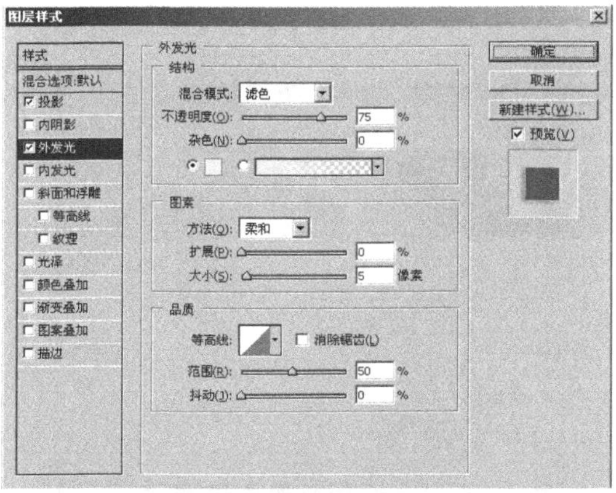

图8-147

图8-148

本章通过一个店庆广告招贴的绘制，首先学习了多种形状工具和钢笔工具的使用方法，以及渐变叠加、描边等图层样式的设置。然后，了解并练习了绘制图形的基本方法和技巧，以及如何巧妙地应用现有自定图库的图案。最后，通过文字来突出主题，最终完成整个作品。

8.3.2 设计制作美食节海报

设计制作美食节海报，效果如图8-149所示。

【设计思路】：圣诞节、新年即将来临，各个商家都抓住此商机，各种促销活动即刻开始，因此张贴促销海报是必不可少的。

【操作要求】：运用圣诞球、蜡烛、冬青、松枝和雪花等节日元素，营造出浓烈的节日氛围，突显促销折扣，使用说明和主题文字点明促销活动的时间和地点。

【实例来源】：《试题汇编》第八单元第8.3题。

【操作思路】：首先填充渐变背景，绘制雪花形成背景。然后绘制圣诞球形，设置渐变叠加填充和发光效果，添加自定图形丰富球体效果。再使用钢笔工具绘制蜡烛主体和火苗形状、冬青、红果和松枝。最后，输入主题与说明文字。

图8-149

1．制作多彩圣诞球

（1）新建一个宽高为800×300像素，RGB模式的文件。

（2）使用矩形工具依背景创建一个矩形图形，双击矩形图层，打开“图层样式”对话框，勾选“渐变叠加”效果，按图8-150所示进行设置。

技巧：也可直接填充渐变色形成背景。

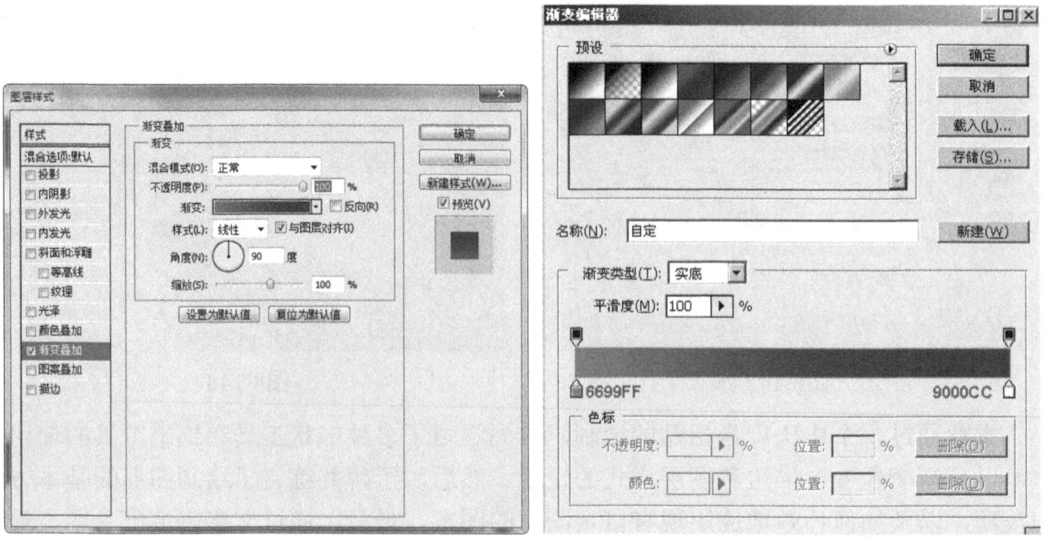

图8-150

（3）使用椭圆工具绘制一个椭圆，如图8-151所示。

（4）双击椭圆图层，打开“图层样式”对话框，勾选“外发光”效果，如图8-152所示进行设置。

图8-151

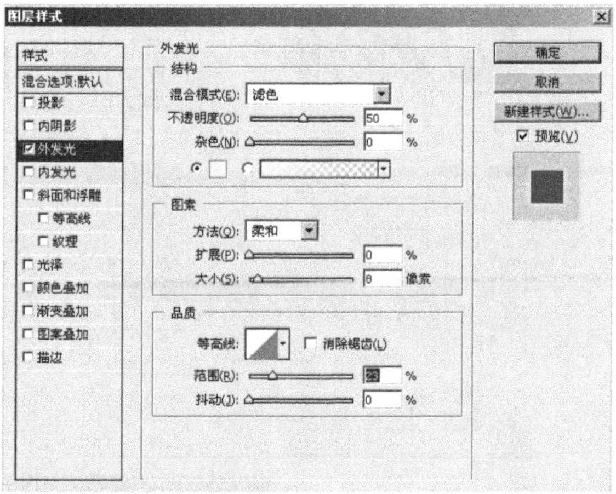

图8-152

（5）勾选“渐变叠加”效果，其设置和效果如图8-153所示。

提示：添加渐变叠加和外发光样式主要用来表现球体的立体感。

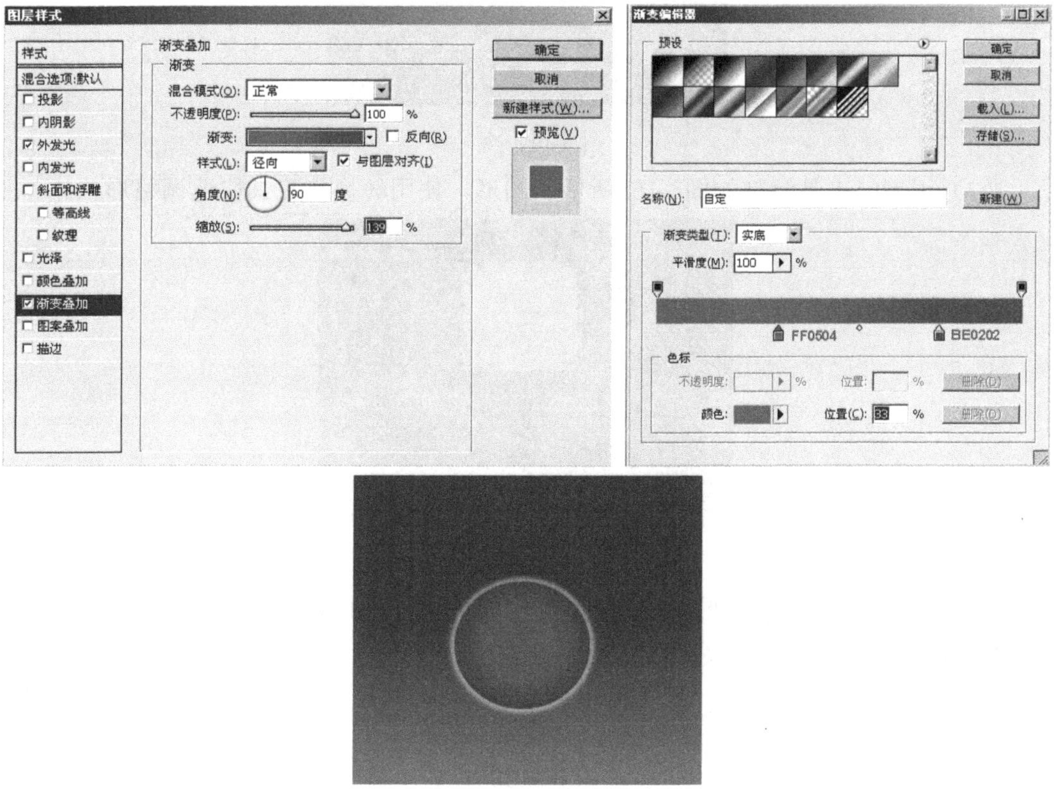

图8-153

（6）复制该椭圆2次，分别调整其大小和位置，设置不同的渐变颜色，其渐变编辑器设置和效果如图8-154所示。

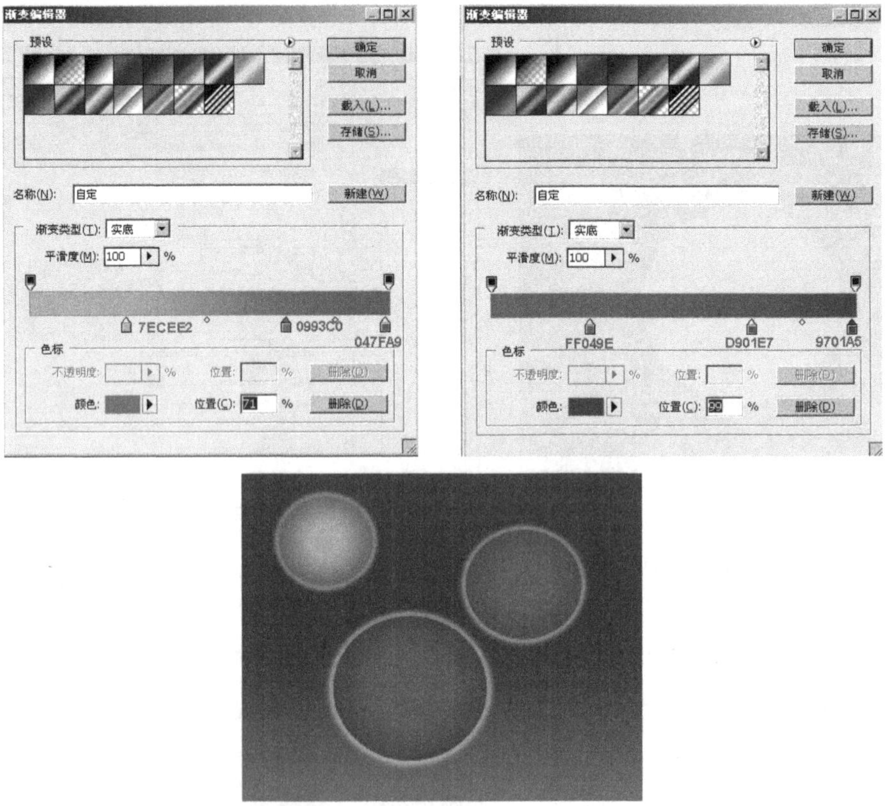

图8-154

（7）用钢笔工具绘制如图8-155所示的图形，使用转换点工具快速调整形状。

图8-155

（8）复制前面椭圆（圆球形）图层的图层样式，然后粘贴到该路径形状图层，修改“渐变叠加”的参数，如图8-156所示。

技巧：快速复制/粘贴图层效果是一种快速表现效果的方式。

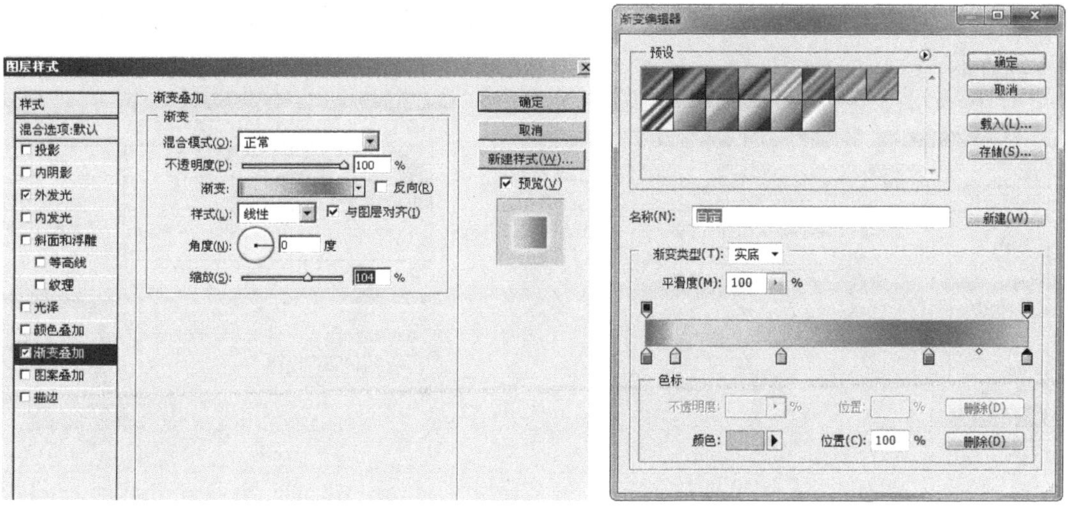

图8-156

（9）复制该路径形状图层2次，调整其大小和位置至另外两个圆球形上方，效果如图8-157所示。

（10）用直线工具绘制3条直线，设置颜色为#7b7b7b，效果如图8-158所示。

图8-157

图8-158

2．添加松树、星星、月亮和山脉装饰

（1）使用钢笔工具在红色球体上绘制一个松树形状，如图8-159所示。

图8-159

（2）为该形状图层添加“渐变叠加”效果，其设置如图8-160所示，效果如图8-161所示。

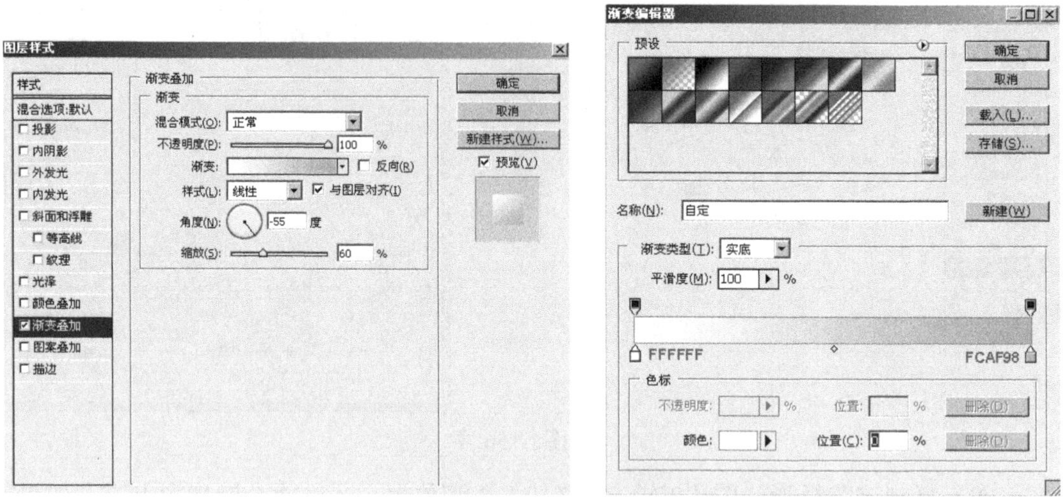

图8-160

图8-161

（3）采用同样的方法，继续绘制松树，其位置和效果如图8-162所示。

（4）使用钢笔工具绘制一个松树形状，设置“从选区减去”选项状态，然后在“松树形状”内部绘制一个小松树，使其相减，效果如图8-163所示。

图8-162

图8-163

（5）为该图形图层添加“投影”和“渐变叠加”效果，其设置和效果如图8-164所示。

（6）选择自定义形状工具中的“五角形”，在蓝色球体上绘制如图8-165所示的白色星星效果。使用椭圆工具绘制两个椭圆，相减形成“月牙”，效果如图8-166所示。

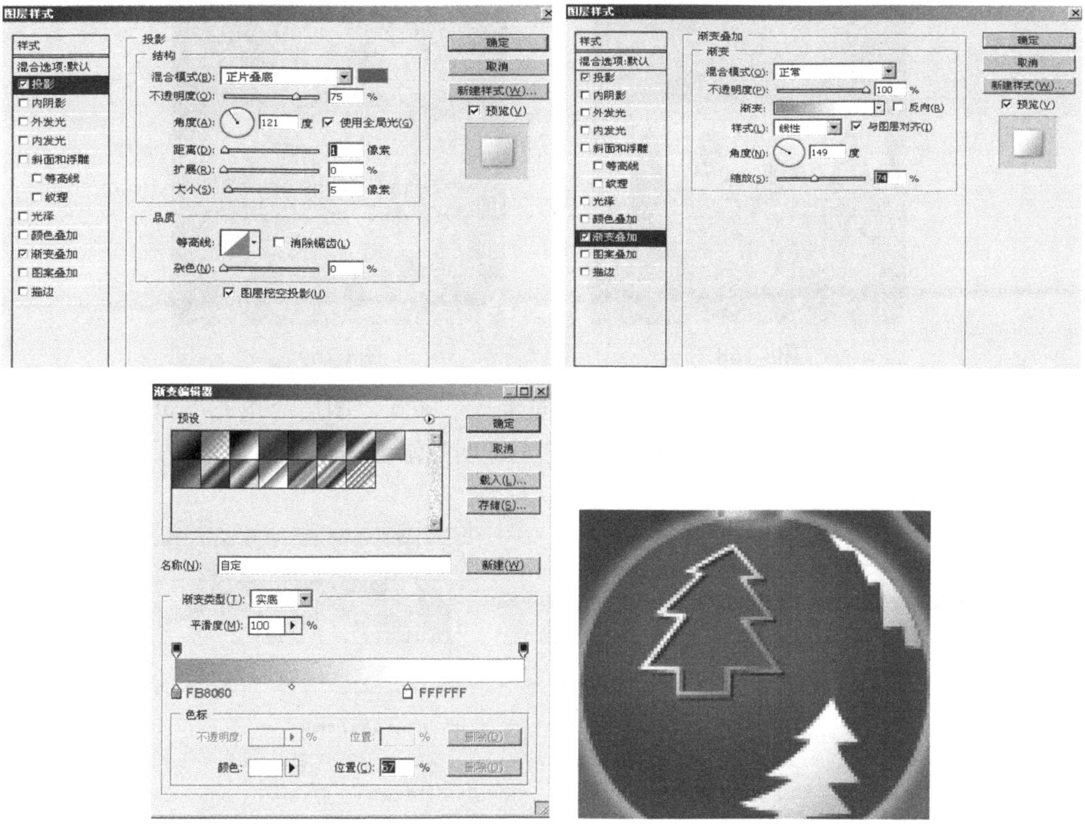

图8-164

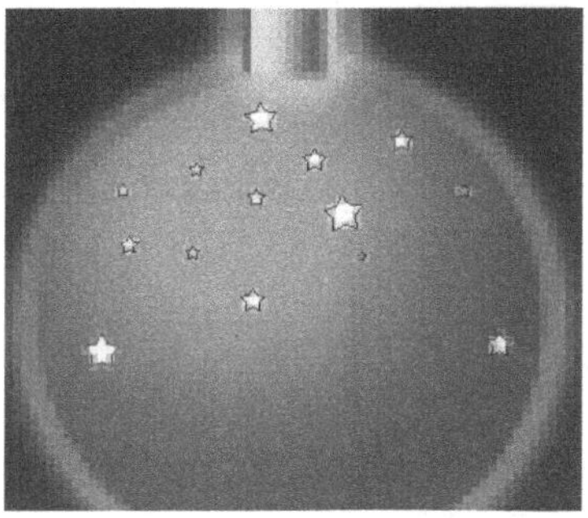

图8-165

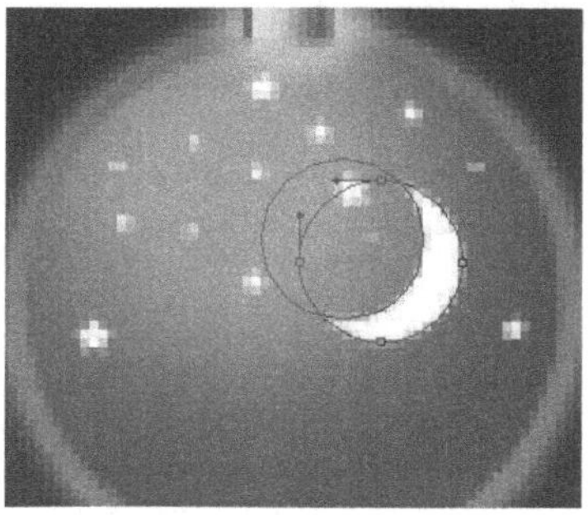

图8-166

（7）使用钢笔工具在粉红色球体上绘制如图8-167所示的形状。

图8-167

（8）在该图形图层中，单击鼠标右键，在弹出的快捷键菜单中执行“栅格化矢量蒙版”命令。按【Ctrl】键，在图层面板上单击粉色圆球图层示意图，载入其形状选区，按【Ctrl+Shift+I】快捷键反向选择后删除，效果如图8-168所示。

（9）采用同样的方法，创建如图8-169所示的矩形图形，并降低图层不透明度为70%。

图8-168

图8-169

（10）使用椭圆工具在红色圆球上面创建一个椭圆，图层“填充”设置为0%，添加图层样式“渐变叠加”效果，设置由白色至透明的渐变，形成高光效果，其设置和效果如图8-170所示。

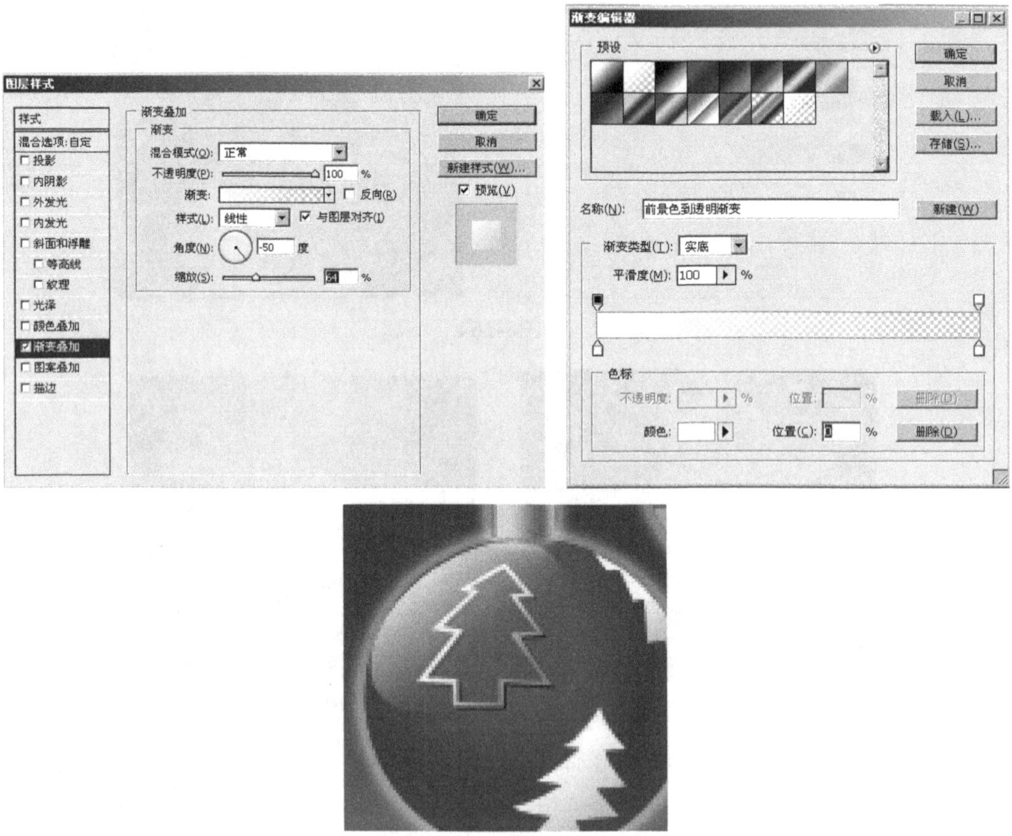

图8-170

（11）采用同样的方法，绘制其他两个圆球高光效果，如图8-171所示。

（12）使用钢笔工具继续绘制星形亮点高光效果图形，如图 8-172 所示，设置图层“填充”为50%。

（13）复制该“高光”图层，调整其大小，分别放置于其他两个圆球上方，效果如图8-173所示。

图8-171

图8-172

图8-173

3．添加“雪花”背景图案

（1）选择自定形状工具中的“雪花”形状，将图层“填充”设置为50%，绘制如图8-174所示的雪花效果。

（2）绘制多个“雪花”，效果如图8-175所示。

图8-174

图8-175

4．绘制圣诞蜡烛

（1）使用矩形工具绘制一个矩形，双击“矩形”图层，打开“图层样式”对话框，勾选“渐变叠加”效果，其设置和效果如图8-176所示。

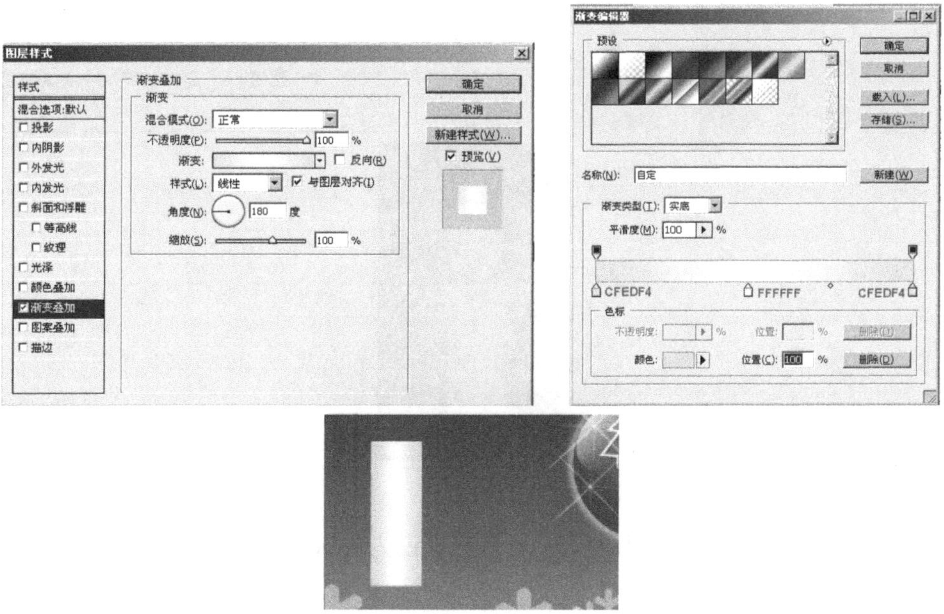

图8-176

（2）设置前景色为#ccedf4，然后使用钢笔工具绘制如图8-177所示的图形。

（3）使用椭圆工具绘制一个椭圆，然后使用钢笔工具进行修改，效果如图8-178所示。

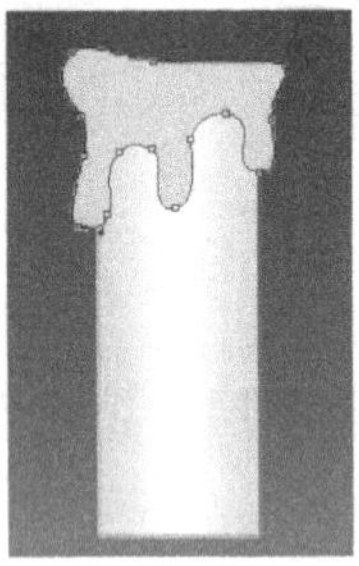

图8-177

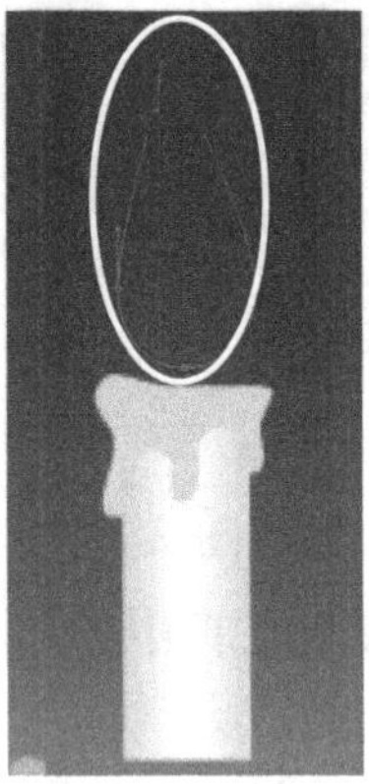

图8-178

（4）设置该图层“填充”为0%，双击该图层，打开“图层样式”对话框，勾选“渐变叠加”效果，其设置和效果如图8-179所示。

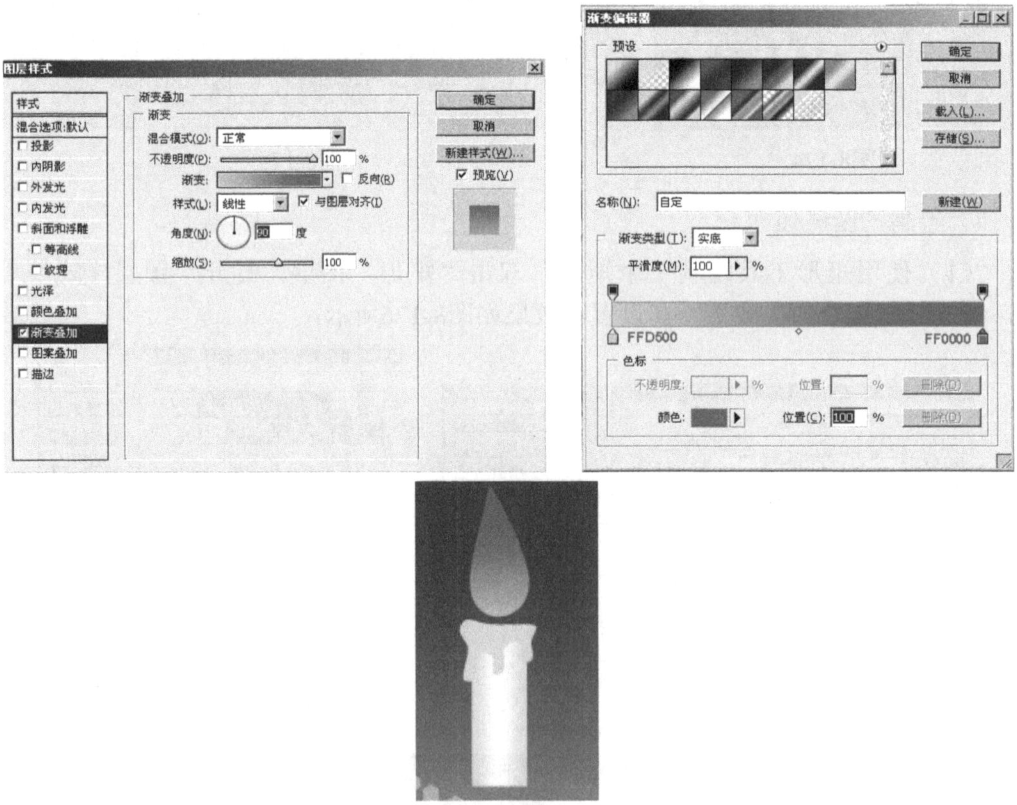

图8-179

（5）复制该图层，移去图层样式，填充颜色为#ffec00，缩小形状，效果如图8-180所示。

（6）使用矩形工具绘制一个小矩形，填充颜色为#98726e，效果如图8-181所示。

（7）将制作蜡烛的几个图形图层合并，命名为“大蜡烛”，复制“大蜡烛”图层为“小蜡烛”。使用“自由变换”命令进行缩小，效果如图8-182所示。

图8-180

图8-181

图8-182

5．绘制松叶、冬青绿植

（1）设置前景色为绿色，使用钢笔工具绘制松枝图形，如图8-183所示。

注意：可以使用自定形状工具里蕨类植物图形来替代。

（2）复制多个“松叶”图层，调整其大小和位置，效果如图8-184所示。

（3）设置前景色为#005f26，再使用钢笔工具绘制如图8-185所示的图形。

图8-183

图8-184

图8-185

（4）复制几个“松叶”的图层，调整其大小和位置，效果如图8-186所示。

（5）设置前景色为#33a02c，利用矩形工具与椭圆工具相减原理，绘制如图8-187所示的冬青叶子。

图8-186

图8-187

注意：可以使用自定形状工具中的冬青树图形来替代。

（6）设置前景色为#257320，使用钢笔工具绘制叶脉形状，如图8-188所示。

（7）合并制作冬青叶子的两个图层，命名为“叶子”，然后多复制几个“叶子”图层，改变部分叶子的颜色、位置，效果如图8-189所示。

（8）使用椭圆工具创建一个圆形，双击该图形图层，打开“图层样式”对话框，勾选“渐变叠加”效果，其设置和效果如图8-190所示。

图8-188

图8-189

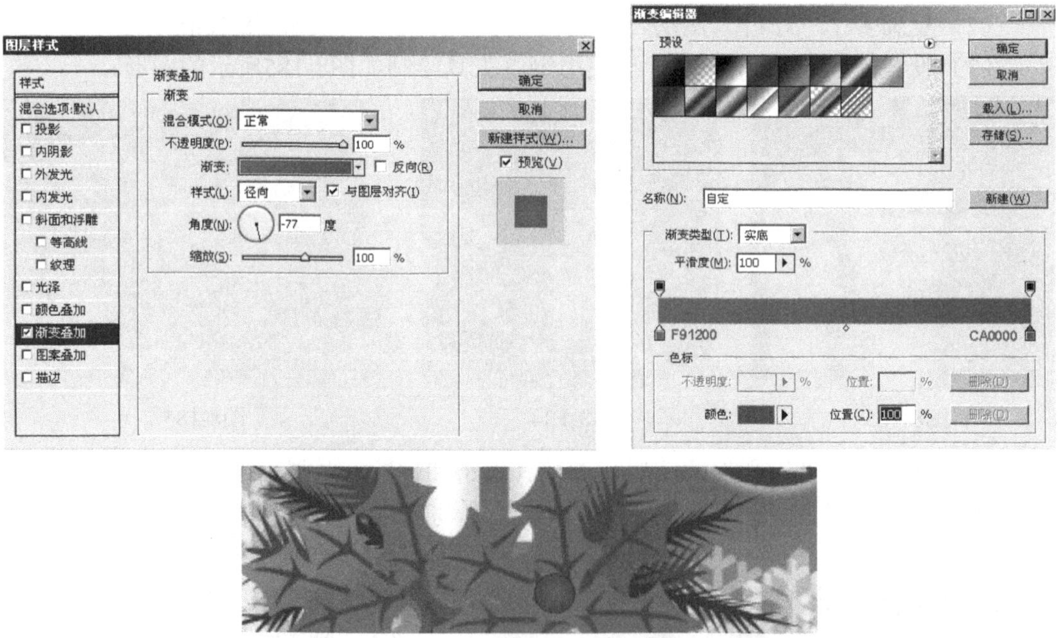

图8-190

（9）使用椭圆工具绘制大小不同的两个圆，填充小区域的白色以形成高光，然后合并3个椭圆图层，命名为“果子”，再复制几个“果子”图层，调整其位置和大小，效果如图8-191所示。

图8-191

6．添加修饰文字制作海报

（1）使用文字工具输入文本“8”（255点）和“折”（55点），添加“铬黄渐变”渐变叠加、投影、白色描边样式效果，其设置和效果如图8-192所示。

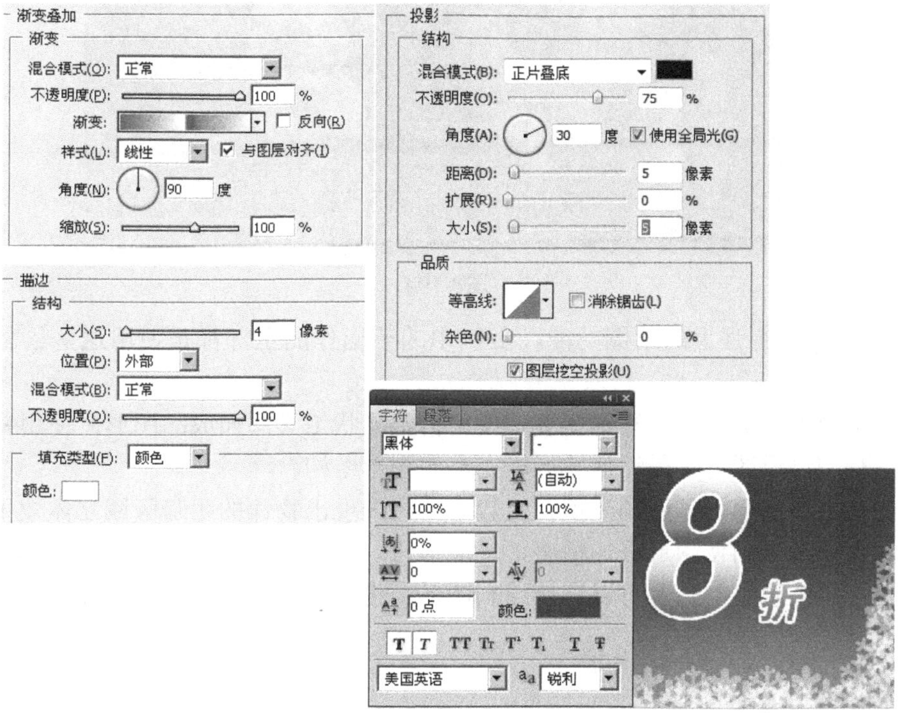

图8-192

（2）输入文字“圣诞狂欢平安夜美食节”，其设置和效果如图8-193所示。

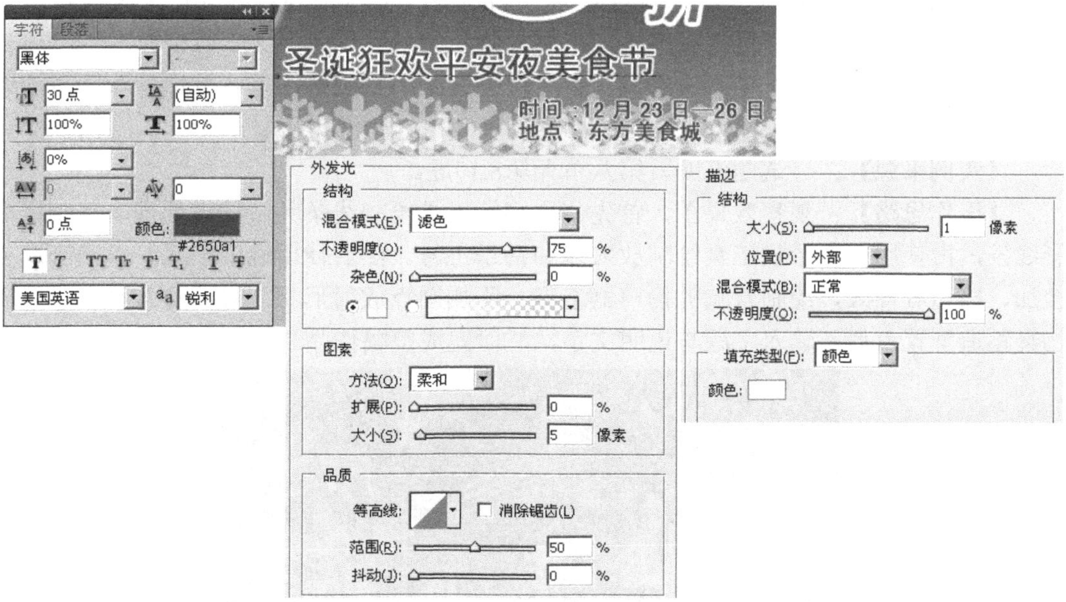

图8-193

（3）使用同样方法输入和设置文本“时间：12月23日—26日”和“地点：东方美食城”。

（4）最终的圣诞节海报促销的效果如图8-194所示。

图8-194

Photoshop具有强大的绘图功能，上例中的整幅作品全部都是使用这些绘制功能制作而成。

- 使用形状工具绘制基本图形，使用自定形状工具添加成品图形，使用钢笔工具绘制自设图形，最终使其形成完整的图形结构。
- 使用渐变填色可使图形填充更加丰富，表现出物体的明暗区域立体效果。使用内外发光则使图形更加精美，还能描边，以清晰轮廓形状。
- 使用矢量文字工具可以直接绘制图形，也可直接应用各种图层样式效果。

8.3.3 设计制作音乐广场海报

设计制作音乐广场海报，效果如图8-195所示。

【设计思路】：大型海报经常用于群众集会、大型社会活动和演唱会等广告宣传，也是常见的一种广告形式。本节就以音乐广场消夏晚会海报为主题制作大型海报。音乐、啤酒、载歌载舞、仲夏之夜广场，尽享激情，大型宣传海报必不可少。

【操作要求】：制作多彩放射线与音乐符号背景，绘制扬声器音响造型和圆型放射点，添加人物舞蹈造型，输入主题与说明文字。

【实例来源】：《试题汇编》第八单元第8.19题。

【操作思路】：观察效果图，首先使用钢笔工具绘制线条并做描边处理，复制成多彩线条，再使用自定形状工具绘制放射线和音乐符号。然后使用椭圆工具，并结合渐变叠加、描边等样式，绘制音响的扬声器造型，添加圆点放射形状。最后将素材图中的人物舞蹈造型置入后，输入主题与说明文字，从而完成整幅作品。

图8-195

1．制作乐符曲线背景

（1）新建一个宽高为1280×1024像素、RGB模式新文件。

（2）使用矩形工具创建一个矩形，双击该图层，打开“图层样式”对话框，勾选“渐变叠加”效果，参数设置如图8-196所示。

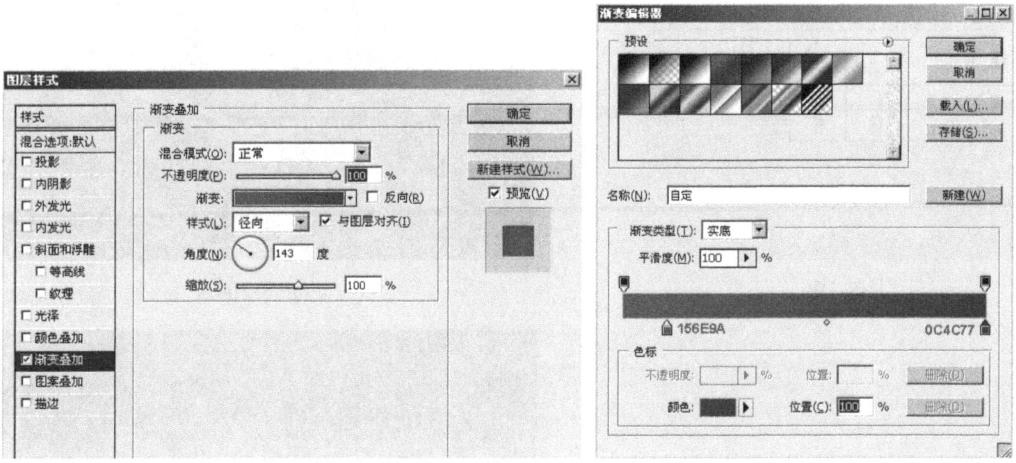

图8-196

（3）使用钢笔工具绘制一条曲线，设置画笔大小为10像素，右击路径，在弹出的快捷菜单中执行“描边子路径”命令，然后选择画笔方式进行白色描边，效果如图8-197所示。

（4）重复复制多条曲线路径，分别改变画笔的大小和颜色进行描边，效果如图8-198所示。

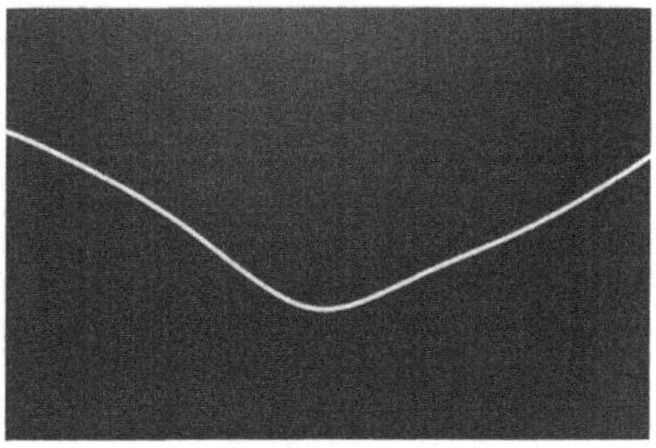

图8-197

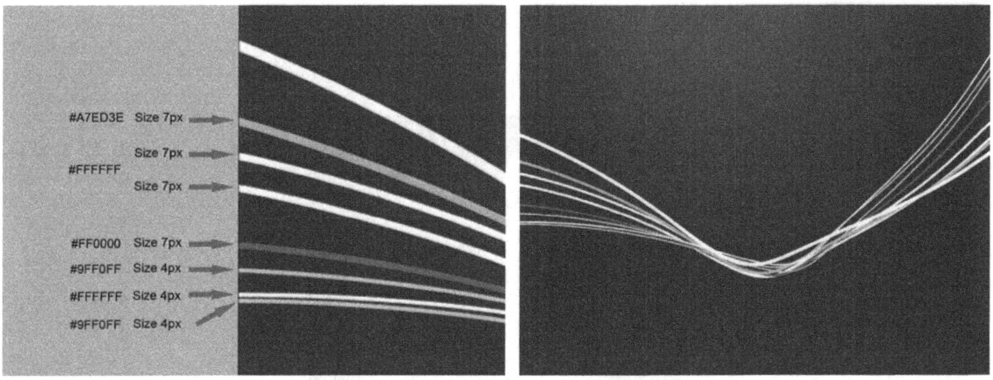

图8-198

（5）选择自定形状工具中的乐符形状（如图8-199所示），再设置不同的颜色进行绘制，效果如图8-200所示。

（6）选择“靶心”图形（如图8-201所示），用不同的颜色进行绘制，效果如图8-202所示。

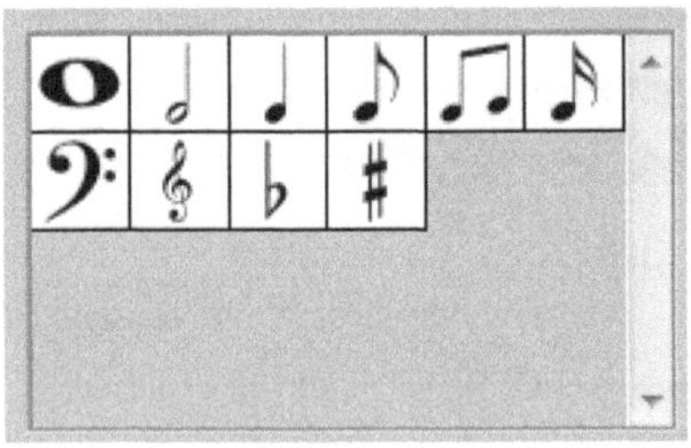

图8-199

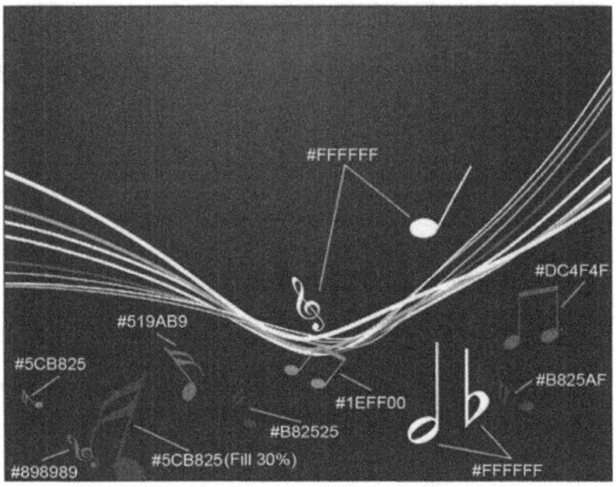

图8-200

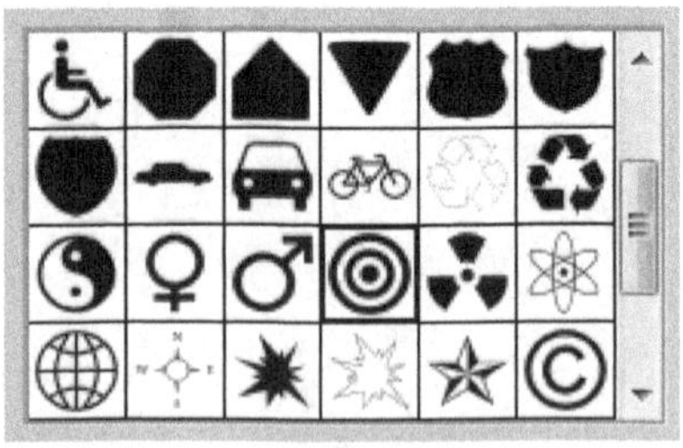

图8-201

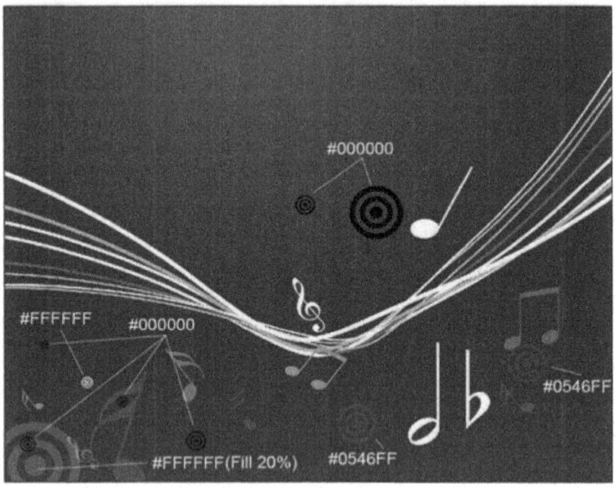

图8-202

2．绘制扬声器轮廓

（1）使用椭圆工具绘制一个圆形，如图8-203所示。

图8-203

（2）为圆形添加图层“外发光”和“渐变叠加”效果，其设置和效果如图8-204所示。

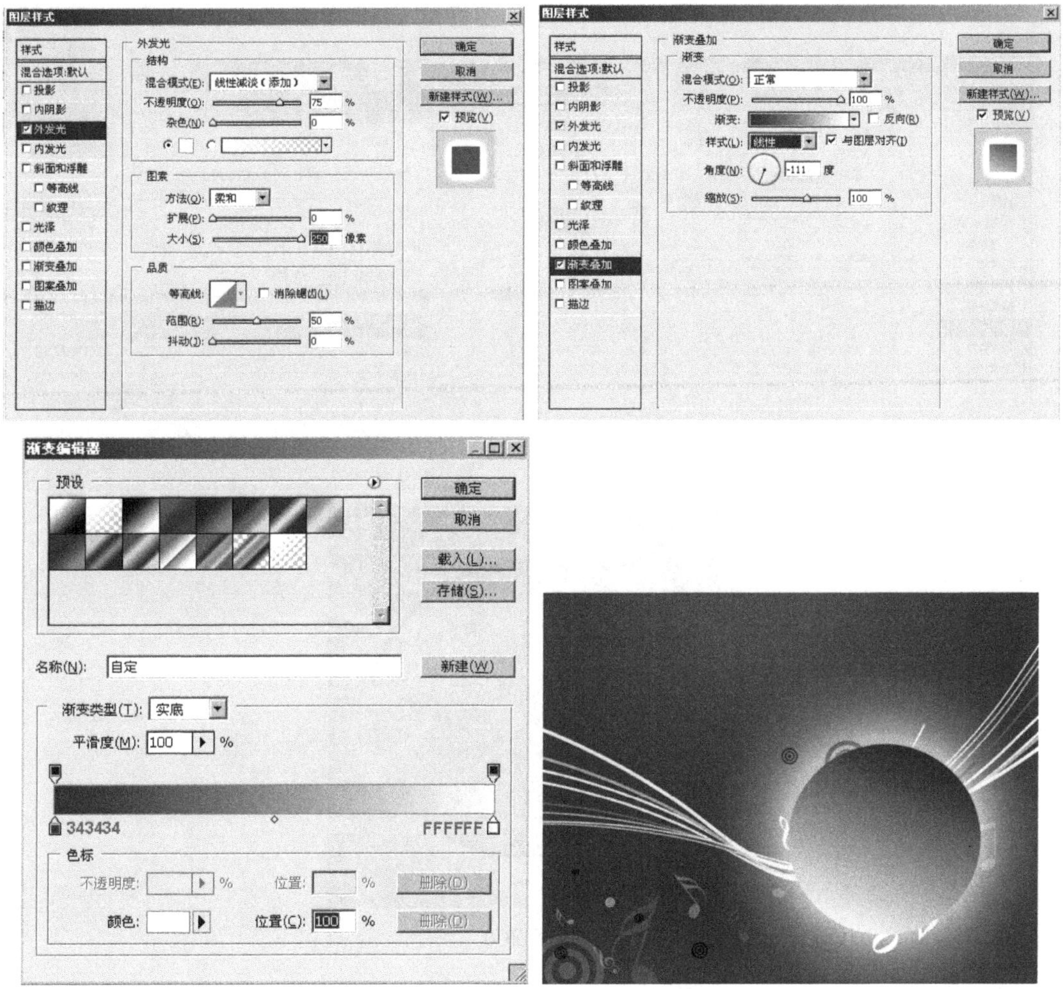

图8-204

（3）使用椭圆工具再绘制稍小些的同心圆，如图8-205所示。

图8-205

（4）为新圆形添加“渐变叠加”效果，其设置和效果如图8-206所示。

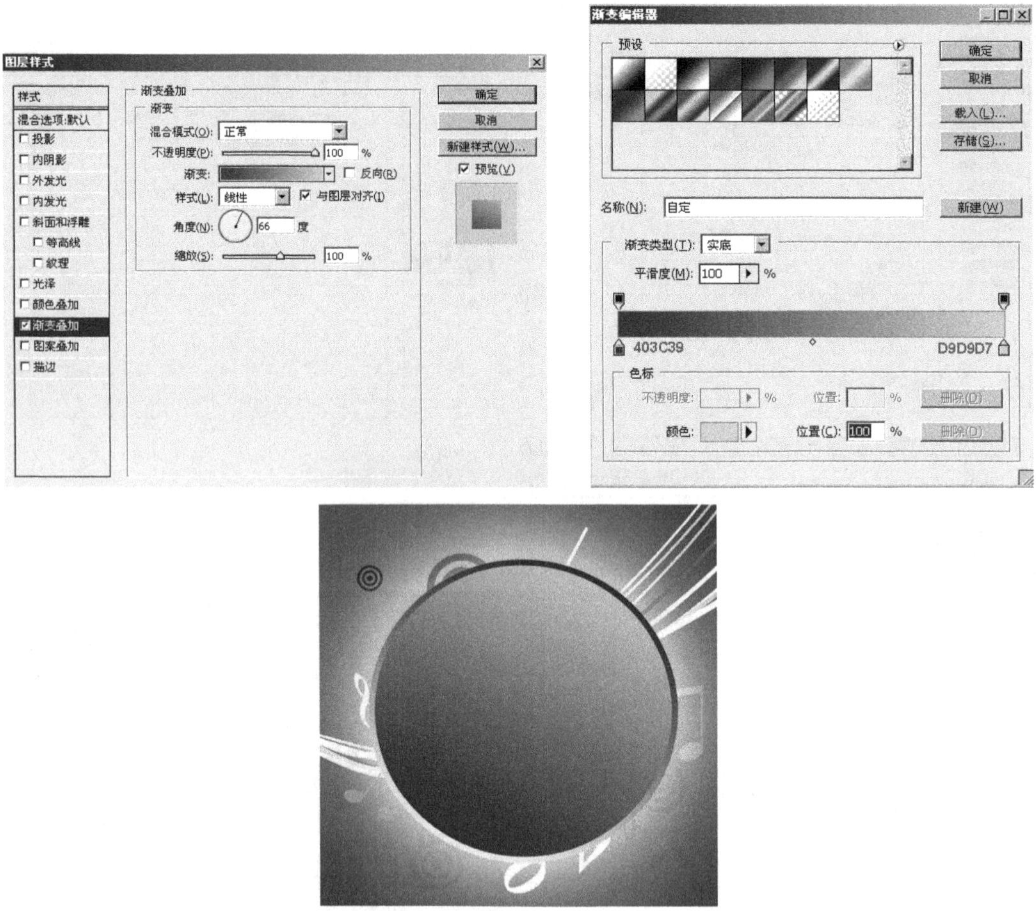

图8-206

3．绘制扬声器纸盆

（1）采用相同的方法，再创建一个椭圆，如图8-207所示。

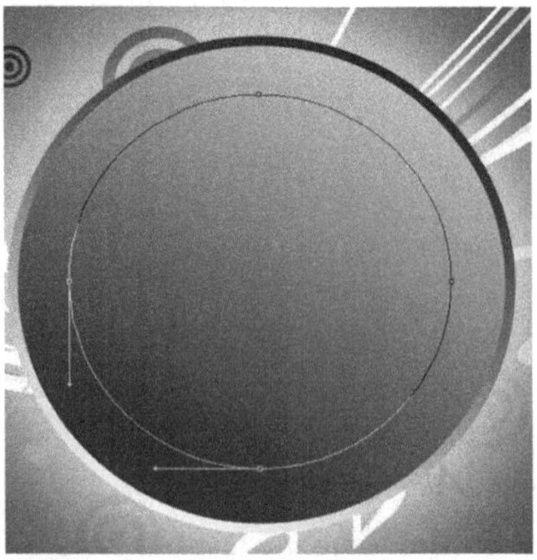

图8-207

（2）同样在“图层样式”对话框中，勾选“渐变叠加”效果，其设置和效果如图8-208所示。

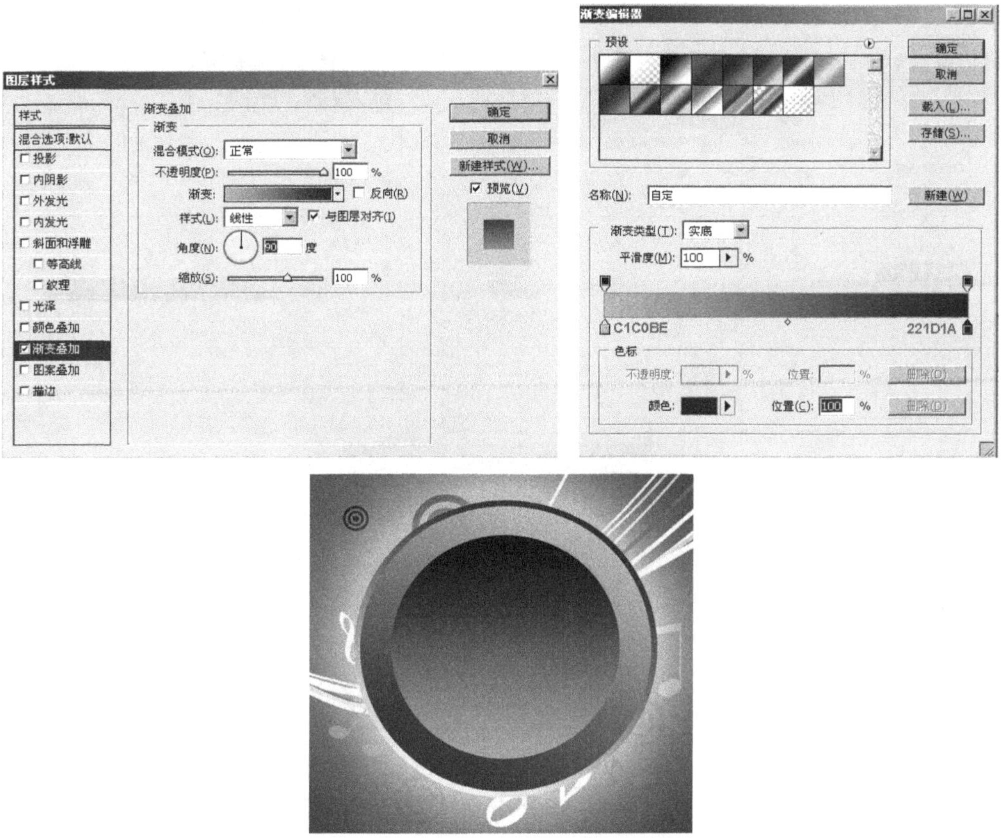

图8-208

（3）继续绘制一个小圆形，设置填充颜色为#4d4948，效果如图8-209所示。

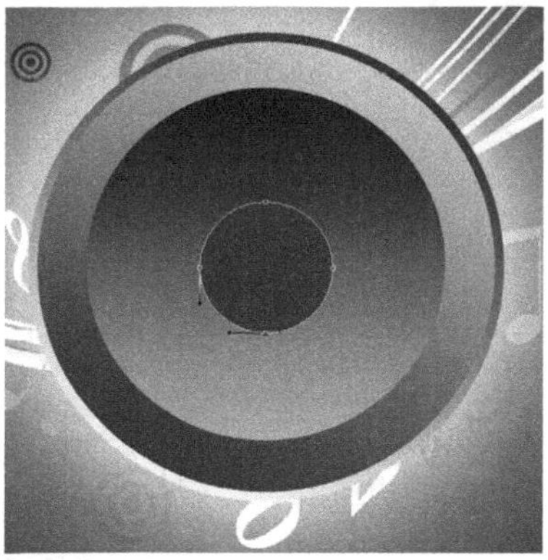

图8-209

（4）复制该小圆形，使用【Ctrl+T】快捷键变换路径，将其缩小，添加图层样式中的“渐变叠加”效果，其设置和效果如图8-210所示。

（5）使用相同的方法继续绘制一个圆形，在图层面板上拖拽至前两个圆形图层的下方，将该图层的“填充”设置为0%，然后双击该图层，打开“图层样式”对话框，勾选“描边”效果，其设置和效果如图8-211所示。

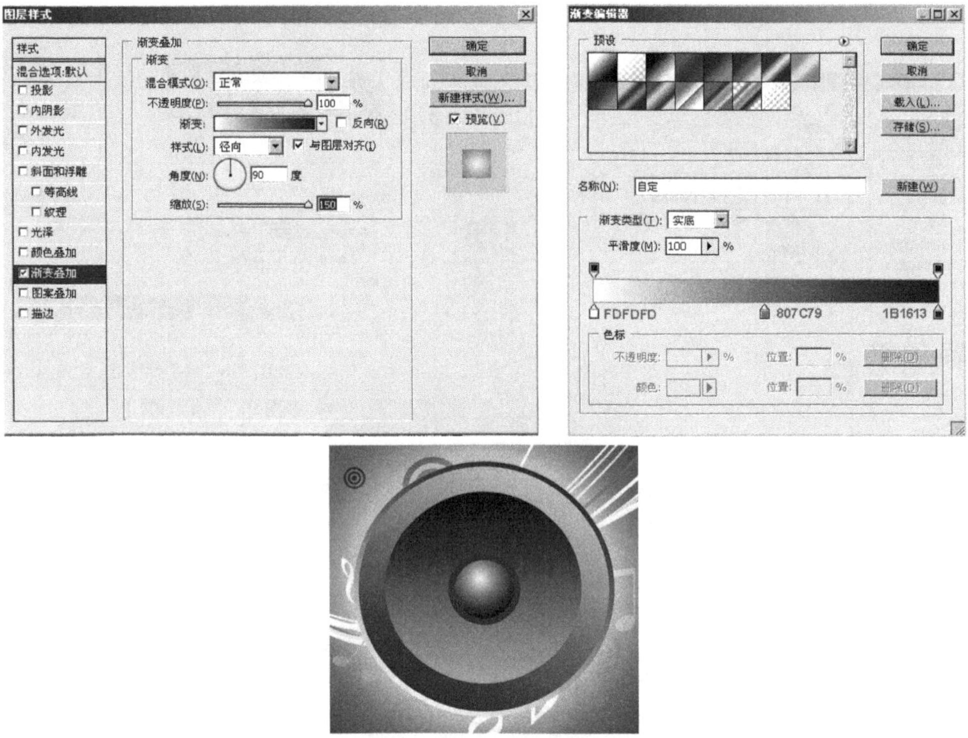
图层样式
渐变叠加
渐变
混合模式(O): 正常
不透明度(P): 100 %
样式(L): 径向
与图层对齐(I)
角度(N): 90 度
缩放(S): 150 %
确定
取消
新建样式(W)...
预览(V)
渐变编辑器
预设
名称(N): 自定
新建(W)
载入(L)...
存储(S)...
渐变类型(T): 实底
平滑度(M): 100 %
FDFDFD
807C79
1B1613

图8-210

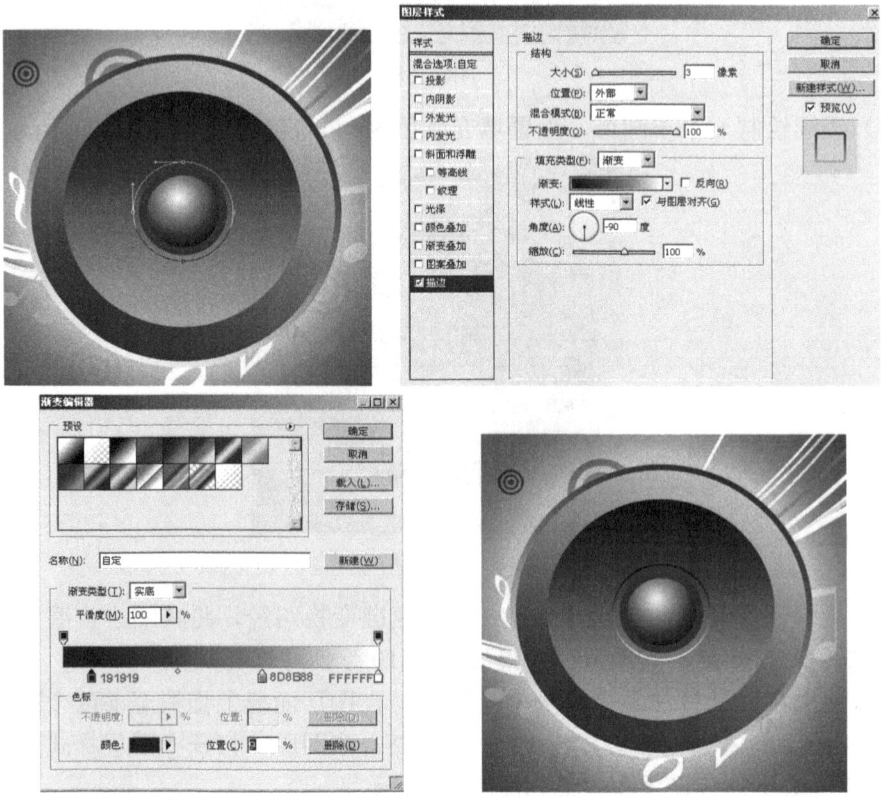
图层样式
描边
结构
大小(S): 3 像素
位置(P): 外部
混合模式(B): 正常
不透明度(O): 100 %
填充类型(F): 渐变
样式(L): 线性
角度(A): -90 度
缩放(C): 100 %
渐变编辑器
名称(N): 自定
渐变类型(T): 实底
平滑度(M): 100 %
191919
8D8B88
FFFFFF

图8-211

（6）将该图层多复制几个，用“自由变换”命令调整其大小，效果如图8-212所示。

（7）在自定形状工具中选择“圆形边框”进行绘制，效果如图8-213所示。

图8-212

图8-213

（8）双击该图层，打开“图层样式”对话框，勾选“内发光”效果，其设置和效果如图8-214所示。

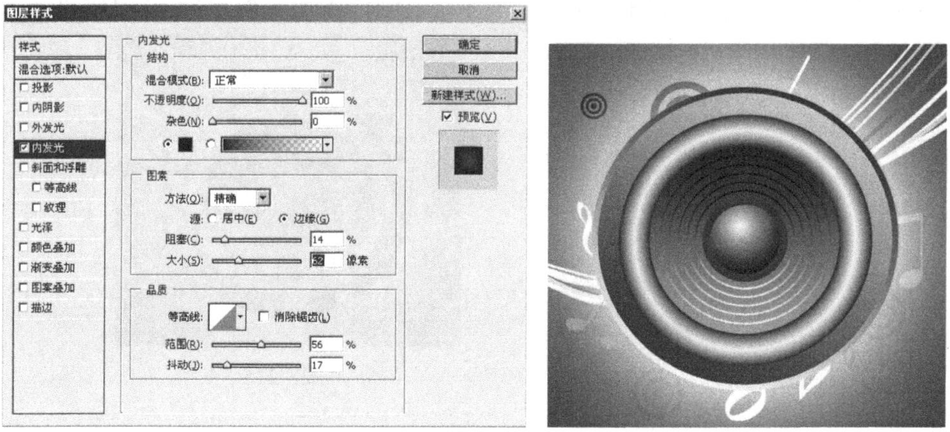

图8-214

4．绘制金属钉

（1）新建一个小椭圆，如图8-215所示。

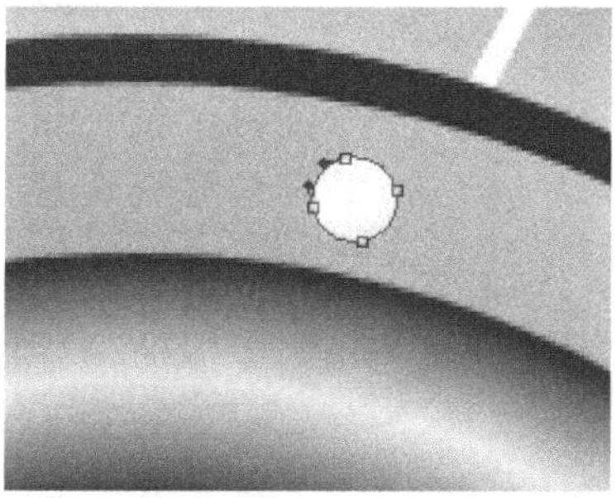

图8-215

（2）双击该图层，打开“图层样式”对话框，勾选“渐变叠加”效果，其设置如图8-216所示。

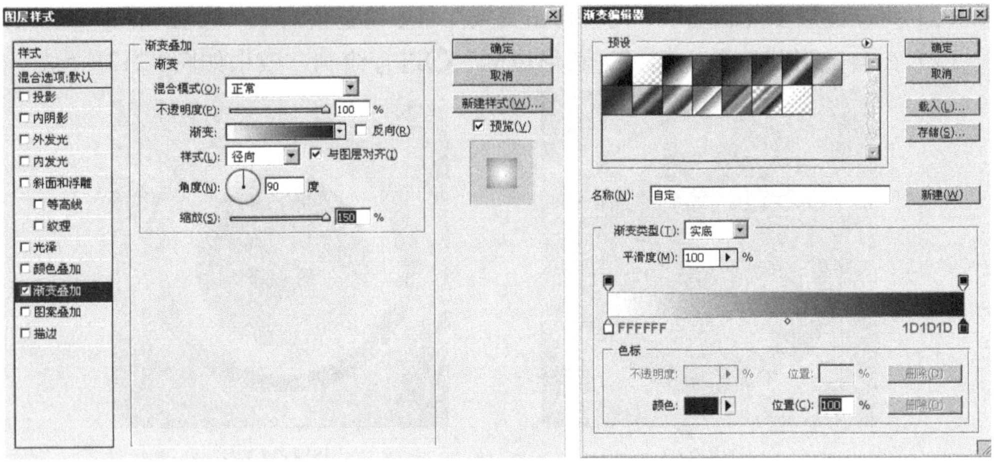

图8-216

（3）使用直线工具绘制两条交叉的黑色直线，效果如图8-217所示。

（4）将圆球与两条直线图层合并，并多次复制该图层，效果如图8-218所示。

图8-217

图8-218

5．制作辉光和放射圆点效果

（1）使用椭圆工具绘制一个椭圆，调整图层的“填充”设置为0%，效果如图8-219所示。

图8-219

（2）双击该图层，打开“图层样式”对话框，勾选“外发光”和“内发光”效果，设置渐变颜色由#3179a5至透明，其设置和效果如图8-220所示。

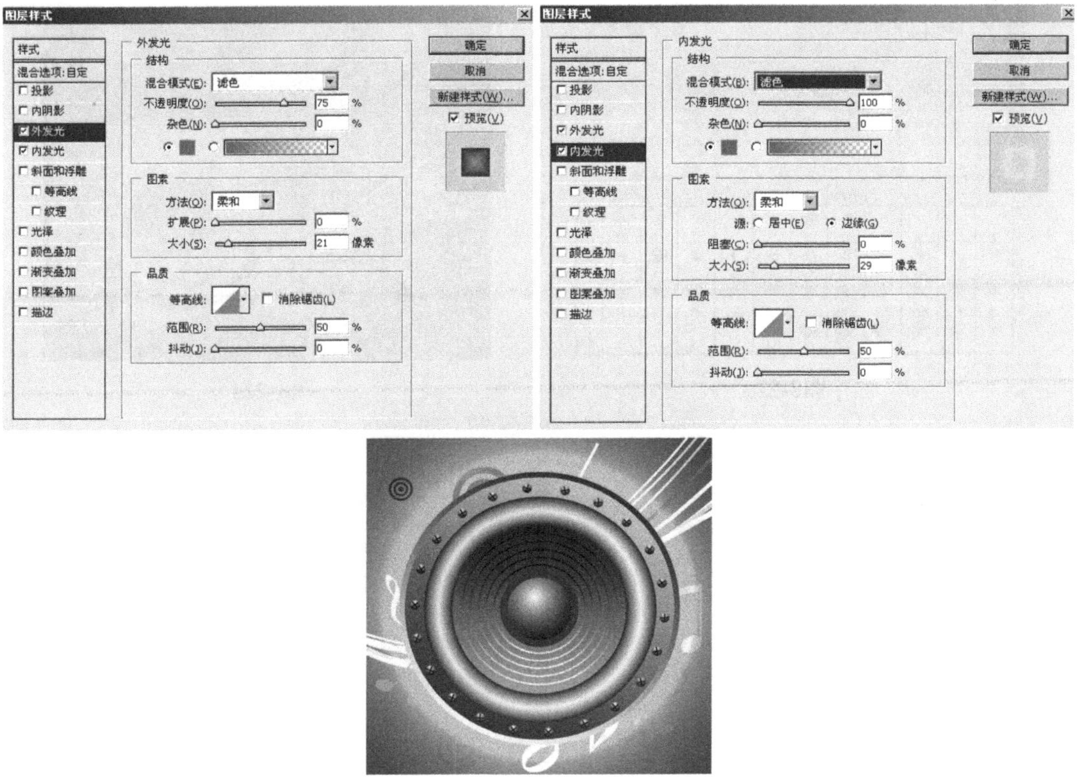

图8-220

（3）采用同样的方法，制作第2个边缘发光效果，如图8-221所示。

（4）复制第2个圆环，效果如图8-222所示。

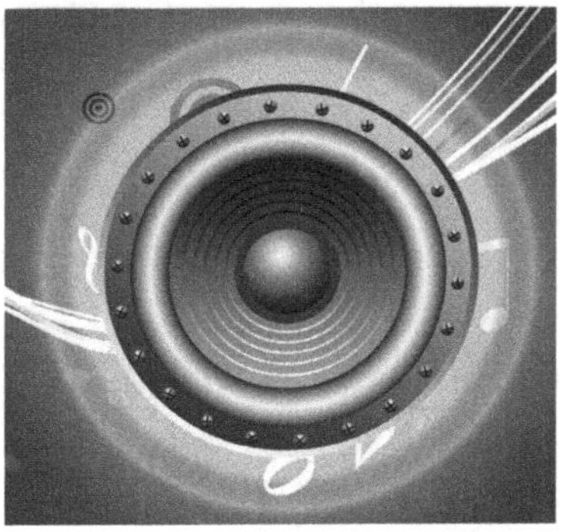

图8-221

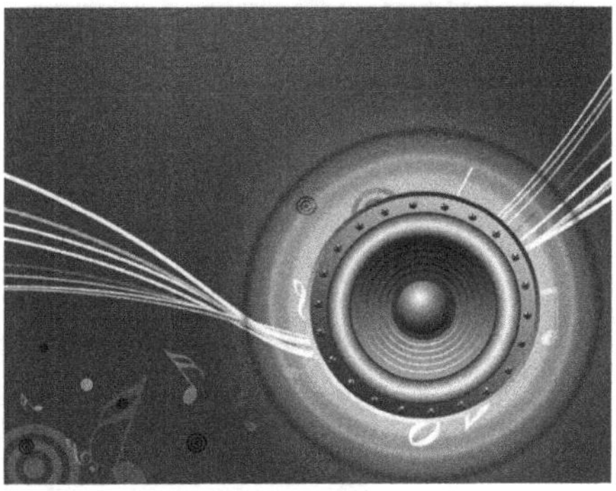

图8-222

（5）新建一个图层，选择如图8-223所示的画笔，设置其不透明度为20%，用白色画笔进行绘画，效果如图8-224所示。注意图层的次序，应放置于发光环的上面、音响图层的下面。

（6）在其下方再新建图层，然后用画笔喷枪涂抹一些白色，将两个图层合并，效果如图8-225所示。

（7）执行“滤镜”→“像素化”→“彩色半调”命令，弹出“彩色半调”对话框，其设置和效果如图8-226所示。

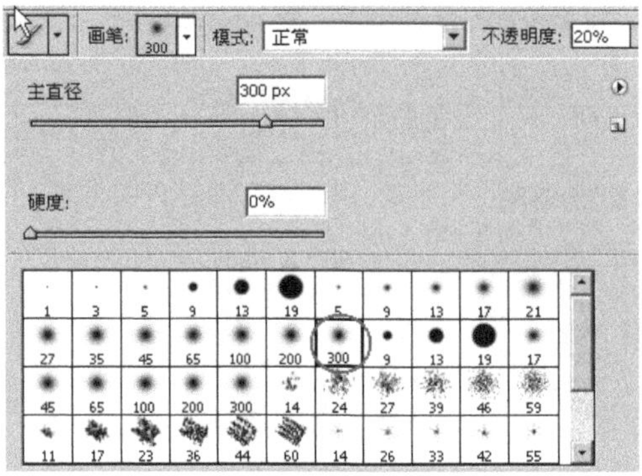

图8-223

图8-224

图8-225

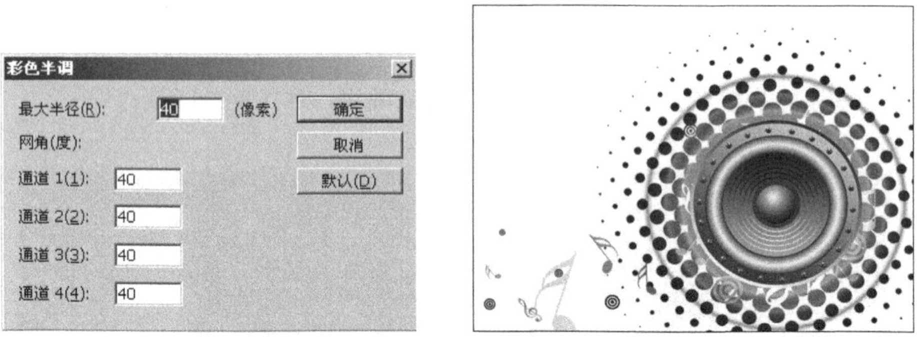

图8-226

（8）设置图层的“填充”为70%、图层混合模式为“变暗”，效果如图8-227所示。

图8-227

6．放射和符号修饰背景

（1）设置颜色为#145D88，使用钢笔工具添加几条射线，效果如图8-228所示。

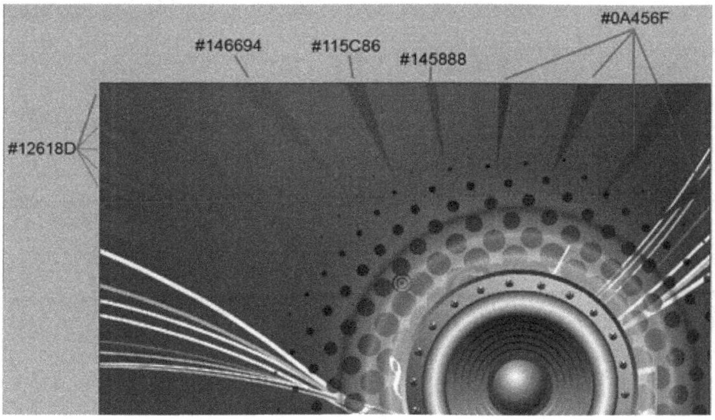

图8-228

（2）用自定形状工具中的音乐符号，再添加几种音乐符号，效果如图8-229所示。

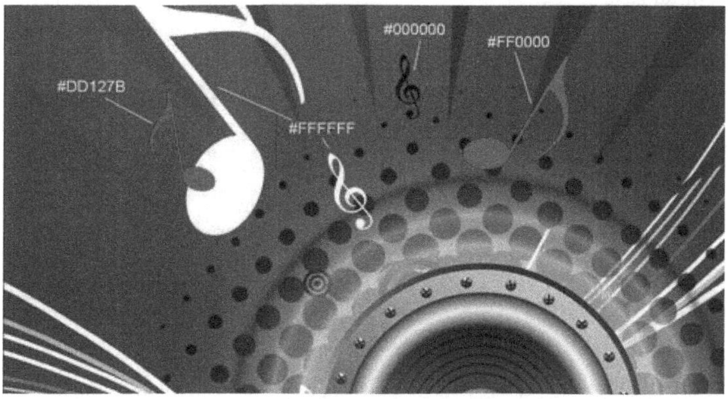

图8-229

7．人物造型配饰

将画布加宽，可考虑延长多彩曲线。打开光盘素材文件夹下的素材文件Unit8\dance.psd（如图8-230所示），分别选择人物并填充为白色，移入音乐图像中，效果如图8-231所示。

图8-230

图8-231

8．添加文字制作海报

（1）输入黄色（#f4ec02）文字“CBD仲夏夜 音乐时尚广场”，其设置和效果如图8-232所示。

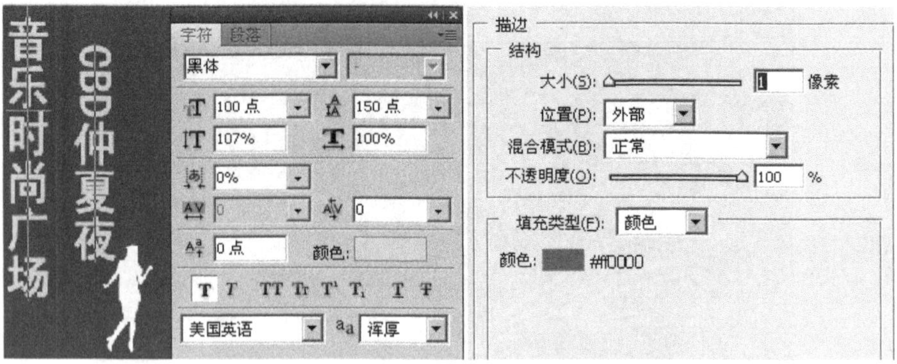

图8-232

（2）输入白色文字“演绎CBD时尚与格调 时间：6—8月 地点：CBD体育文化广场”，其效果和设置如图8-233所示。

（3）最终的音乐广场海报效果如图8-234所示。

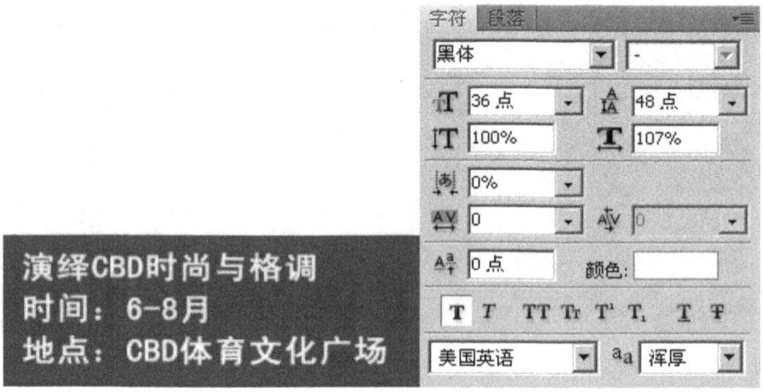

图8-233

图8-234

本例是一个音乐广场海报，仲夏消夏之夜，以音乐和舞蹈来表现尽情放松的主题。在制作中，将绘图与图像处理结合，所谓“山无定式，水无常形”，因此在实际设计过程中，不要拘泥于形式，抓住设计主题，尽情发挥，满足主题设计需要即可。

8.3.4 喷绘与写真的注意事项

为了保证设计完成的作品能够达到最初的设计意图，设计人员也要更多掌握和了解关于喷绘写真方面的一些注意事项，从而在设计环节就开始注意避免出现错误。本节选取了7个具有代表意义的注意事项，更多的知识也还需要在日常的生活和工作中多学多练。

1．什么叫写真？

写真一般是指户内使用的，其输出的画面一般就只有几个平方米大小。例如，在展览会上厂家使用的广告小画面。其输出机型如HP5000，一般是1.5 m的最大幅宽。写真机使用的介质一般是PP纸、灯片，墨水使用水性墨水。在输出图像完毕还要覆膜、裱板才算成品，输出分辨率可以达到300～1200 dpi（根据机型不同会有所差异），色彩比较饱和、清晰。

2．喷绘和写真的文件图像模式要求是什么？

喷绘统一使用CMKY模式，禁止使用RGB模式。喷绘机都是四色喷绘的，它的颜色与印刷色截然不同，当然在绘图的时候需要按照印刷标准，喷绘公司会将画面颜色调整为接近小样。

写真既可以使用CMKY模式，也可以使用RGB模式，但最好是使用CMYK模式。

3．喷绘和写真的文件对图像分辨率有什么要求？

喷绘的图像往往是很大的，应该明白“深在庐山不识庐山真面目”的道理。喷绘图像也是这样，如果大的画面还用印刷的分辨率，不仅计算机处理速度慢，产生的效果也不一定好。

可以参考的数据（分辨率/平方米）：11.25 dpi/180 m^2以上、22.5 dpi /30～180 m^2、45 dpi /1～30 m^2。

技巧：因为现在的喷绘机多以11.25 dpi、22.5 dpi和45 dpi为输出时的图像要求，故合理使用图像分辨率可以加快绘图速度。写真一般情况要求为72 dpi，如果图像过大（如在Photoshop新建图像显示实际尺寸时文件大小超过400 M的），可以适当地减小分辨率（控制在400 M以内即可）。

4．喷绘和写真文件在制作中需要有出血位吗？

喷绘图像尺寸大小和实际要求的画面大小是一样的，它和印刷不同，不需要留出出血部分。喷绘公司一般会在输出画面四周留与净画面边缘10 cm的白边。可以和喷绘输出公司商定好，留多少边用来打扣眼。因为价格是按每平方米计算的，所以画面尺寸以厘米（cm）为单位就可以了。

写真输出图像也不需要出血，按照实际大小制作图像即可。

5．喷绘和写真的文件对图像黑色部分要求是什么？

喷绘和写真图像中都严禁有单一黑色值，必须填加C、M、Y色，组成混合黑。假如是大黑，可以做成：C=50、M=50、Y=50、K=100。特别是在Photoshop中用它表现效果时，要注意把黑色部分改为四色黑，否则画面上会出现黑色部分有横道，影响整体效果。

6．在Photoshop里6 m×3 m的广告文件如何设置？如果广告内容包括背景图、图标和文字，最后应输出成什么文件格式？

按实际尺寸设置，600 cm×300 cm、35 dpi就可以。

颜色模式设为CMYK，以TIF或者PSD图像格式交给喷绘公司。

7．制作完毕输出文件时还需要注意哪些问题？

- 图像设计制作完毕后的首项工作便是输出。在这个过程中，被输出的图像一定要合并所有层，删除四色外的多余通道，一般需存成扩展名为.tif、.jpg或.eps的文件。如果图像是用苹果计算机制作的话，文件必须有扩展名。
- 对于图像文件分辨率点数的设置，基本保持在100 dpi上下即可达到输出精度。如果所要输出的图像的图面很大，点数可适当降低。
- 喷绘图像的图面往往很大，一些在印刷品上不易察觉的瑕疵放大输出后会变得很明显而夸张，而这点又无法通过小样去发现，因此喷绘图像在制作完毕后一定要放大到100%，仔细检查一遍。对于文字很多的画面，更要仔细校对。
- 因为喷绘输出中没有现成的色标，在色标的把握上要凭经验，这就是打小样的目的所在。
- CorelDRAW、Illustrator等格式的文件必须将文字全部转为曲线。

8.3.5 喷绘与写真的介质

喷绘分两种：一种是户外广告画面输出；另一种是户内广告画面输出，可根据实际情况订做。下面介绍这两大类的通用材料。

1．室内介质

户内使用的，输出的画面一般就只有几个平方米大小，有一端会限制1.5 m的最大幅宽。在输出图像完毕后，还要覆膜（客人可选用光膜还是亚膜）或裱板才算成品，其输出分辨率高，色彩比较饱和、清晰。一般用写真机来制作，当然根据具体需求也可使用喷绘机绘制，常用于展板、挂画、灯箱、展台展示、易拉宝、X弓形展架等产品，如图8-235所示。

- PP胶片：也就是俗称的海报，精美胶质、高精度，但后面没有自带的胶面，客户可用双面胶贴在墙体上，可多次使用。
- 背胶：与PP胶片的区别在于其有自带的胶面，客户撕开后面薄膜后贴在墙体上即可。
- 相纸：也俗称为海报，其特点是具有精美的纸质、高精度、没有自带的胶面。
- 灯箱片：用于精美的灯箱前的喷绘，不同于常见的招牌上面的喷绘，而是具有图像精美、透光性适中的特点。

图8-235

- 背胶裱普通板：就是将背胶贴上一种类似泡沫板的特制KT板上，然后在四周加上边条，形成一幅画框。此材料轻便，可用于公司装饰、展会展示等。
- 背胶裱优质板：与普通板的区别在于其长时间使用板面不会有气泡产生。
- 绢丝布：类似如丝绸状的喷绘材质，用于比较浪漫和格调高雅的展示场合，如服装专卖店等。
- 油画布：有一定的油画质感，用于比较浪漫和格调高雅的展示场合，如婚纱摄影等。
- 透明背胶：背胶的另一种，但是此类具有透明现象，多数用于门口张贴，其材质高贵大方，是展示公司形象的一种选择。

2．室外介质

户外精度会比较小，尺寸不限，不用过膜，如图8-236所示。

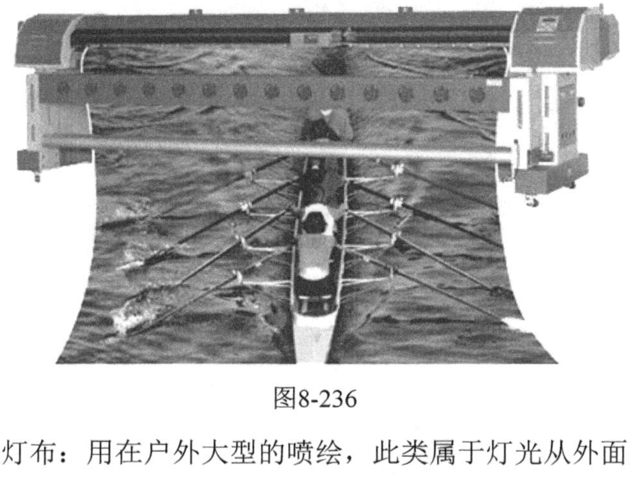

图8-236

- 户外外光灯布：用在户外大型的喷绘，此类属于灯光从外面射向喷布。
- 户外内光灯布：用在户外招牌上的喷绘，此类属于灯光在灯箱中向外照射喷布。
- 车身贴：用于贴在车身上的喷绘，此类喷绘具有黏性好、抗阳光的特点。
- 户内绢布：用于比较浪漫和格调高雅的展示场合，但此类也可用于户外。
- 网格布：网状喷绘材质，用于客人的特殊表现手法来体现格调的一种材质。
- 单孔透：贴在车身玻璃上的材料，并与车身贴一起使用。

8.4 贺卡设计

贺卡设计可以不拘束于外形和图案。要注意三个要素：一是主题要明确，图案和祝福语一目了然；二是要有图案或插图，例如，设计圣诞卡，多用圣诞树和圣诞老人来突出卡的主题；三是要有祝福语，祝福语要简单实用，可以根据要送的对象来选择合适的祝福语，让对方感受到你的真诚祝福。

贺卡有很多种类，如新年卡、圣诞卡、生日卡、教师卡和情人卡等。

8.4.1 设计制作挂历

设计制作挂历，效果如图8-237所示。

【设计思路】：挂历是许多家庭的生活必备品，一个新颖别致的挂历除了具有本身的实用性之外，还能起到装饰的作用。只需准备12张精美图片，便可轻松制作自己的DIY精美挂历。

【操作要求】：由主图像、年份、月份和日历，还有卷轴构成。

【实例来源】：《试题汇编》第八单元第8.10题。

【操作思路】：观察效果图，需要使用选区或路径绘制背景图案，然后载入主图像，最后输入设置文字。

图8-237

1．制作背景图案

（1）新建一个宽高为800×1000像素、RGB模式的文件，背景颜色为灰色（#939192）。

注意：本例只是模拟制作过程，在实际设计制作中，要根据实际物品设置尺寸和分辨率。

（2）新建一个图层，填充颜色为#f9faff。再新建一个图层，使用多边形套索工具创建如图8-238所示选区，用颜色（#34a543）填充选区，调整图层的不透明度为8%，效果如图8-239所示。

（3）打开光盘素材文件夹下的素材文件Unit8\seaside.jpg，使用移动工具将其移动到新的文件中，调整其位置与大小，如图8-240所示。

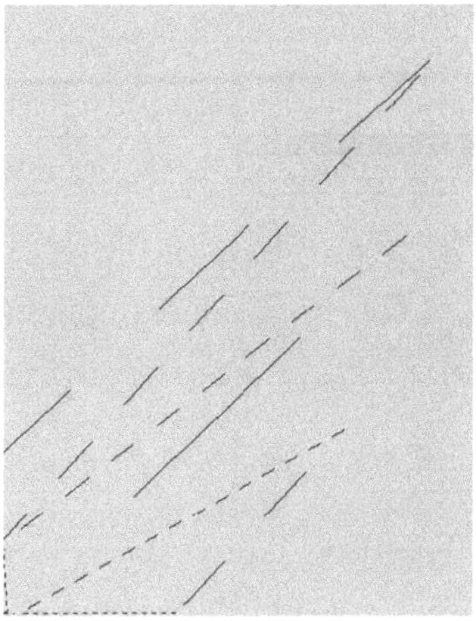

图8-238

图8-239

图8-240

2．输入并设置文字

（1）使用文字工具输入文字“CALENDER 2009”，参照图8-241设置字体后，将其放置于图像左侧。

图8-241

（2）使用文字工具输入数字“1 2 3 4 5 6 7 8 9 10…30 31”，参照图8-242设置字体和排列。因两端为周日和周六休息日，故将两端的数字设置为红色（#fb0606），其他数字设为黑色。

（3）使用文字工具输入红色数字“11”，参照图8-243设置字体和排列。

图8-242

图8-243

（4）输入英文缩写“SUN MON TUE WED THU FRI SAT”，参照图8-244设置字体和排列。

（5）在图层面板新建“组1”，将除背景图层以外的所有图层放置于“组1”中。放置后的图层面板如图8-245所示。

图8-244

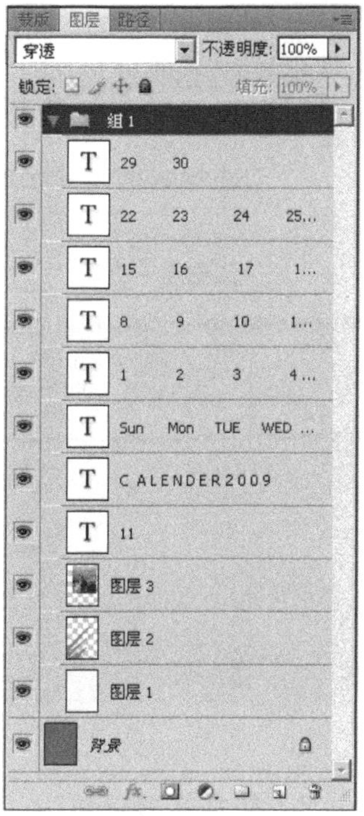

图8-245

3．复制、变形调整日历翻页效果

（1）在图层面板中的“组1”中，单击鼠标右键，在弹出的快捷菜单中执行“复制组”命令，弹出“复制组”对话框，复制“组1”为“组2”，如图8-246所示。

（2）选择“组2”，单击鼠标右键，在弹出的快捷菜单中执行“转换为智能对象”命令。按【Ctrl+T】快捷键，单击鼠标右键，在弹出的快捷菜单中执行“变形”命令，调整日历页形状，如图8-247所示。

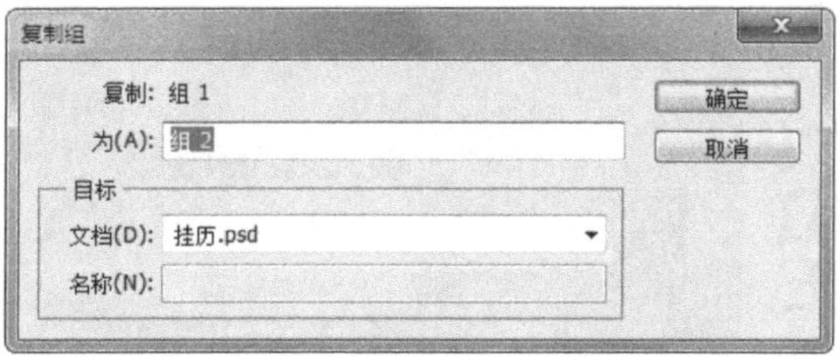

图8-246

图8-247

（3）双击“组2”图层，打开“图层样式”对话框，勾选“投影”效果，其设置和效果如图8-248所示。

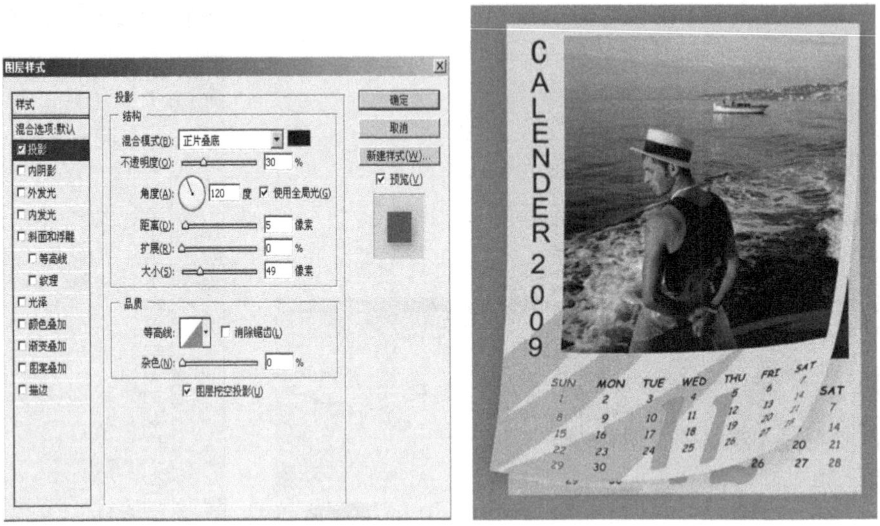

图8-248

4．制作挂历卷轴

（1）选择画笔工具，参照图8-249在画笔面板中进行设置。

（2）使用钢笔工具创建一条直线路径1，再新建一个图层，选择路径选择工具，单击鼠标右键，在弹出的快捷菜单中执行“描边路径”命令，如图8-250所示。

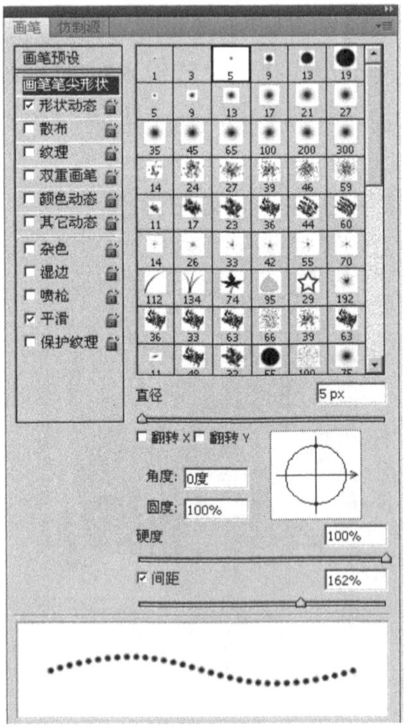

图8-249

图8-250

（3）打开“描边”对话框，选择“画笔”工具，单击“确定”按钮，路径描边的效果如图8-251所示。

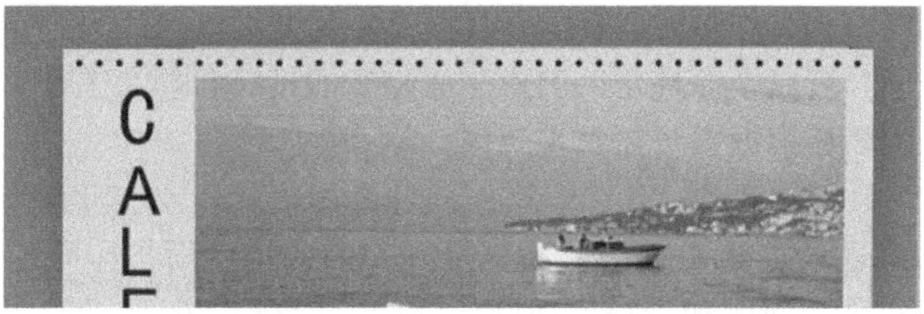

图8-251

（4）使用钢笔工具创建如图8-252所示的路径2，然后同样新建一个图层，用白色前景色画笔描边，效果如图8-253所示。

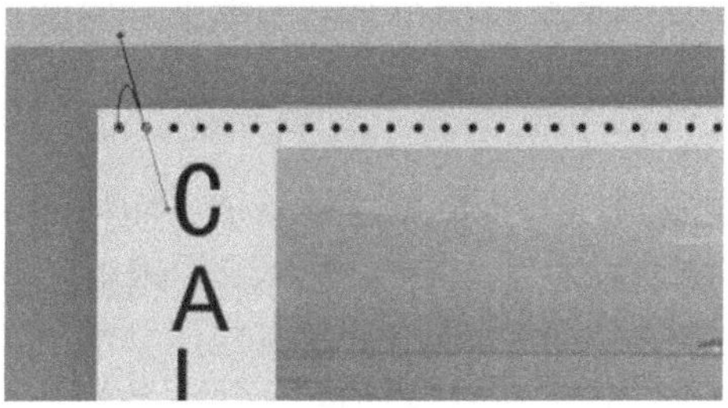

图8-252

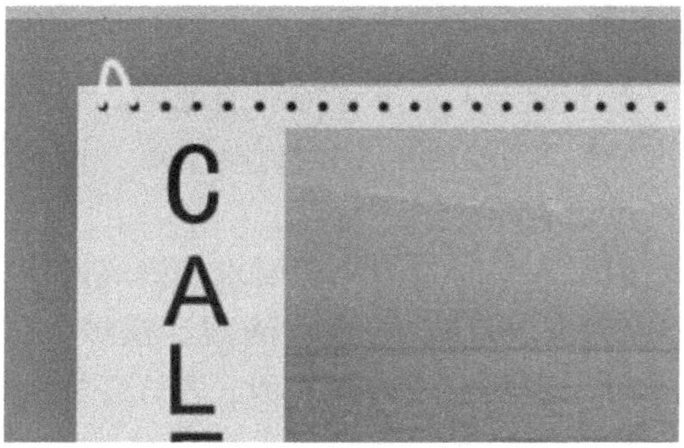

图8-253

（5）复制该图层与路径1所描边孔洞对应，挂历的最终效果如图8-254所示。

图8-254

设计公司主要面向商业印刷领域，集图像编辑、版面设计、图形创意、文字排版等任务于一体，可制作高档画册、期刊封面、彩插、挂历台历、条码标签、门票、宣传单、包装、大幅面海报、广告及各种卡片等产品。尤其在喷绘广告、短版快速印刷、日历条码制作等方面，可以全面地帮助用户完成复杂的设计和创意工作。挂历只是一种常见的设计任务，大多会根据客户需求来制作。

如果自己DIY日历，需要注意色彩搭配问题，如果尺寸较小可直接冲洗，较大可考虑喷绘写真或短版印刷。数码相机一般都是4∶3的比例，而扩印照片一般是3∶2的比例，所以也要注意裁剪问题和清晰度问题。例如，1024×768像素的图像冲洗成10寸相片的效果就会明显不如冲洗成6寸的效果。台历架附件，一般有硬纸壳、水晶塑料、包装盒和相框等介质，如果尺寸大可直接挂起来。

8.4.2 贺卡印刷工艺

关于贺卡大小没有特别的规定。贺卡的尺寸种类繁多，通常看到的贺卡一般都会以标准信封大小为准，比信封略小点。普通材料可选用250~300g铜版纸或亚粉纸，高档材料则可选用特种纸。

由于人们对贺卡外观要求的提高，贺卡的印后制作工艺也越来越复杂，印后加工工序有上光、模切、覆膜、滴塑、植绒、过胶、过油以及啤、折、烫金或烫银等，根据设计可采用其中一种或多种。各式各样的印后工艺在贺卡的装饰上都有应用。经过复杂工艺整饰后的贺卡在吸引人们眼球的同时，更增加了贺卡的附加值，使贺卡更具有收藏价值。

下面选取了6个印刷知识，更多的知识还需要大家在日常的生活和工作中多学多练。

1．都有哪些印刷方式？如何确定印刷方式？

一般会根据印刷数量的多少来选择印刷方式。数量多采用胶印，数量少则采用数码印刷。胶印需要印刷制版，印刷制版可以是出菲林制版，也可以CTP直接制版；而数码印刷则无须印版，一张即可起印。例如，1000张贺卡可以用传统胶印，不过也可以考虑采用数码印刷。在这个数量级上，传统胶印和数码印刷的成本相差不多。

CTP为Computer To Plate/Press/Proof缩写，一般讲的都是指Computer To Plate，即无须输出菲林，直接从计算机到印版。其工作过程为：由扫描或数码相机得到数字图像，然后输入计算机，用计算机软件进行图像处理、排版等一系列工作后，由输出设备输出印版。

2．什么是亮光膜和亚膜？

- 光膜：从表面区分颜色可以看出来，光膜是光亮表面，覆膜后透明光亮。
- 亚膜：从表面区分颜色可以看出来，亚膜是雾状表面，覆膜后亚光磨砂般亚光表面。

一般用平张纸张材料封面覆膜，如名片、书本、画册、海报和彩盒等产品。覆膜不可用于局部覆膜，如果需要达到局部覆膜效果，可采用其他工艺，如UV、过油等。同时还有其他PVC材质的透明膜，一般量产比较少，极少使用。

3．什么是UV？

UV印刷是通过一种特殊材料印刷，利用紫外线照射烘干工艺将印刷品表面的图案文字附着一层固态透明胶状物质，达到一种凹凸并有光泽的效果，一般用于高档包装和书籍制作，如图8-255所示。

图8-255

UV印刷是一种常用的包装印刷工艺，效果接近覆膜、过油和凸字等效果，适用于精致印刷品。例如，彩盒要求突出产品或者其他的部分，则需采用整体表面覆亚膜，然后再用丝印对需要亮的地方局部UV一次，这样看起来比较高档，也会有立体感。还有的采用激凸，这样看起来立体感比较强，摸起来有手感。根据产品上光的需要，对商标、包装印刷品等需要突出的部位也可进行局部上光涂布。局部上光的产品中有光泽与无光泽的部分的反差很大，但风格独特，能产生独到的艺术效果。另外，一些包装盒在采用局部UV上光时可将糊口预留出来，为糊盒采用普通黏合剂创造条件。

4．什么是烫金、烫银？

烫金，学名电化铝烫印，是一种不用油墨的特种印刷工艺，借助一定的压力与温度，运用装在烫印机上的模板，使印刷品和烫印箔在短时间内互相受压，将金属箔或颜料箔按烫印模板的图文转印到被烫印刷品的表面，如图8-256所示。

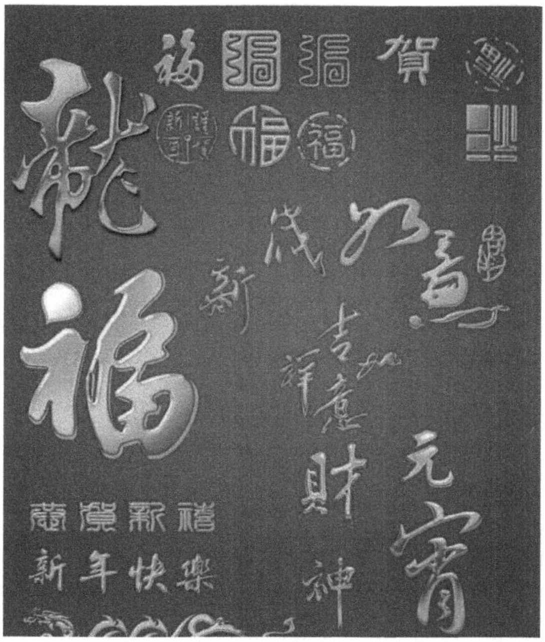

图8-256

近年来，随着人们对商品包装外观式样及质量要求的提高，电化铝烫印作为印后加工的一部分，这几年中的变化相当巨大。新技术、新工艺及多种技术结合使用，使包装印刷品经烫印后在光泽度、立体感、金属感、防伪机能上都取得了较好的效果，尤其是目前应用越来越广泛的立体烫印技术，使商品的包装显得高档精美、富丽堂皇且富有个性。目前该技术主要用于贺卡、书签、商标、烟酒包装及各种高档包装盒上。

5．什么是凹凸压印？

凹凸压印又称压凸纹印刷，是印刷品表面装饰加工中一种特殊的加工技术，使用凹凸模具，在一定的压力作用下，使印刷品基材发生塑性变形，从而对印刷品表面进行艺术加工。压印的各种凸状图文和花纹，显示出深浅不同的纹样，具有明显的浮雕感，增强了印刷品的立体感和艺术感染力。凹凸压印是浮雕艺术在印刷上的移植和运用，其印版类似于我国木版水印使用的拱花方法。印刷时，不使用油墨而是直接利用印刷机的压力进行压印，操作方法与一般凸版印刷相同，但压力要大一些。如果质量要求高，或纸张比较厚、硬度比较大，也可以采用热压，即在印刷机的金属底版上接通电流。凹凸压印工艺在我国的应用和发展历史悠久。主要用于如包装纸盒、装潢用瓶签、商标，以及书刊装帧、日历和贺卡等，如图8-257所示。

图8-257

6．什么是印刷工艺中的凸字？

凸字是在印刷中油墨未干的状态下，通过凸字粉粘附，经过高温熔化烘干，在文字或图案表面形成胶状物质，质感有凸起状，形成很强烈的立体质感。对于非专业客户容易和凹凸、UV形成混淆。一般凸字用于名片、书籍封面、彩盒等高档印刷品，质感强烈。

8.5 封面设计

封面是装帧艺术的重要组成部分，犹如音乐的序曲，是把读者带入内容的向导。封面设计的风格定位、企业文化及产品特点分析、行业特点定位、画册操作流程、客户的观点等都可能影响封面设计的风格。突出主题，大胆设想，运用构图、色彩、图案等知识，就能设计出完美、典型、富有情感的封面。

8.5.1 设计制作CD封面

设计制作CD封面，效果如图8-258所示。

【操作要求】：CD封面一般是由logo标识、图案图形和说明文字构成。

【实例来源】：《试题汇编》第八单元第8.9题。

【操作思路】：观察效果图可知，内容制作并不复杂，CD封面由圆形线条轮廓线构成，可以考虑使用圆形路径或选区来绘制形成CD基本形状，然后再使用钢笔工具绘制并复制线条图形形成基本图案，最后再添加文字与标识，即可完成作品。

图8-258

1．创建背景

（1）新建一个宽高为500×500像素、RGB模式的文件。

注意：在设计制作中，要根据实际物品设置尺寸和分辨率。

（2）填充任意颜色背景，然后使用椭圆选框工具创建选区，如图8-259所示。

技巧：按【Shift】键并拖拽鼠标，可创建正圆形。按【Shift+Alt】快捷键并拖拽鼠标，可由中心点创建正圆形。

（3）创建一个新图层，然后填充任意颜色，在图层样式中勾选“外发光”效果，其设置如图8-260所示。

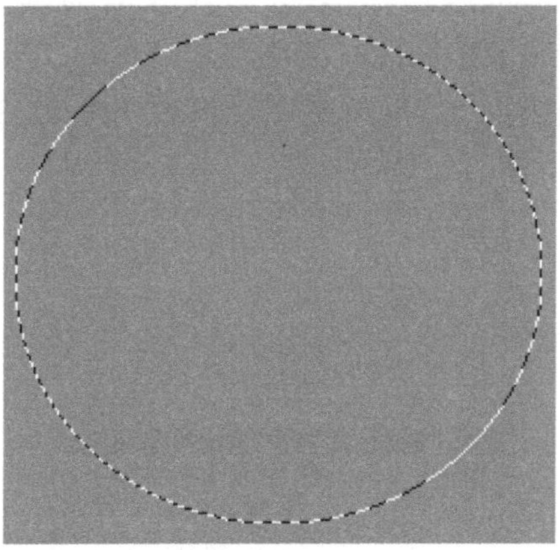

图8-259

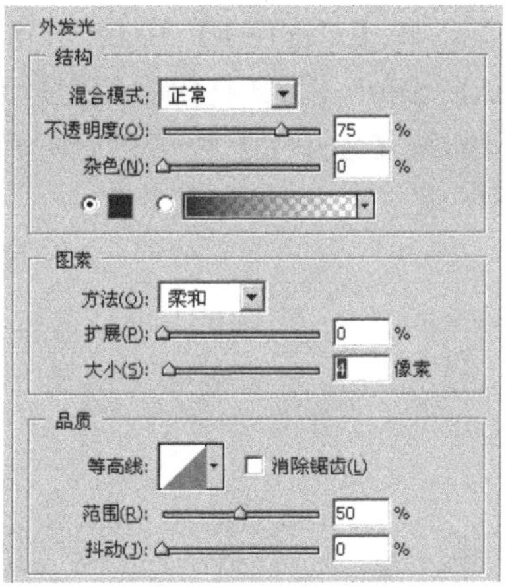

图8-260

（4）勾选“渐变叠加”效果，其设置如图8-261所示。

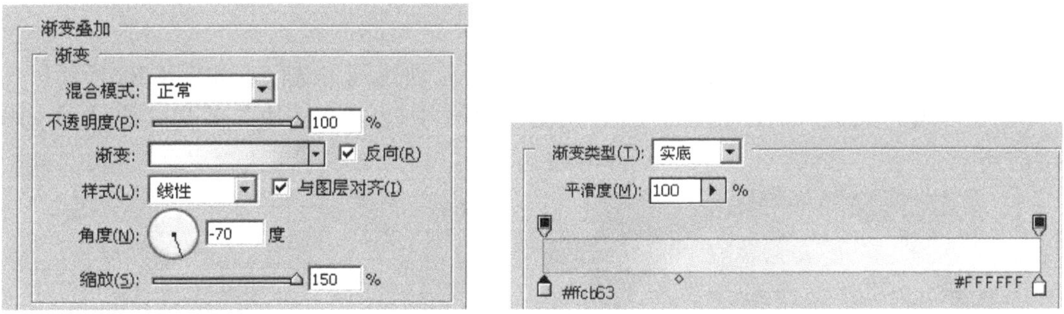

图8-261

2．绘制并复制曲线

（1）使用钢笔工具绘制如图8-262所示的曲线。

（2）使用画笔工具对路径进行描边，效果如图8-263所示。

技巧：使用钢笔工具，拖拽鼠标，可调整曲线形状。

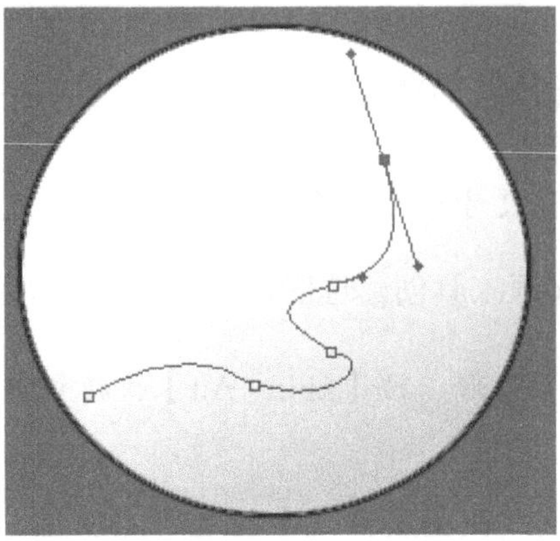

图8-262

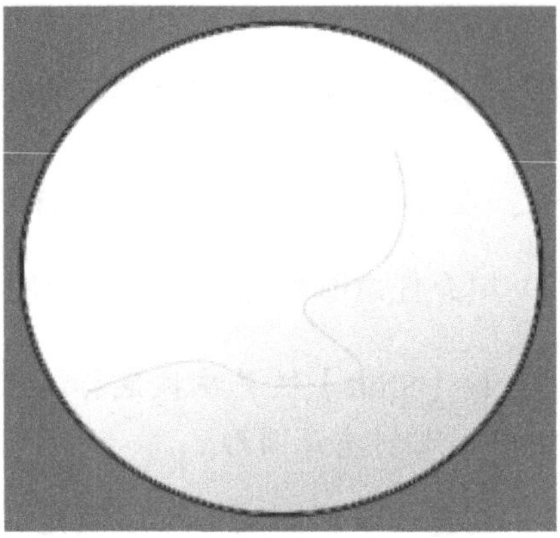

图8-263

（3）按【Ctrl+J】快捷键复制图层，然后使用移动工具分离曲线，再按【Ctrl+Alt+Shift+T】快捷键自动复制移动曲线，效果如图8-264所示。

（4）按【Ctrl+E】快捷键合并所有复制图层，然后调整图层不透明度为43%，如图8-265所示。

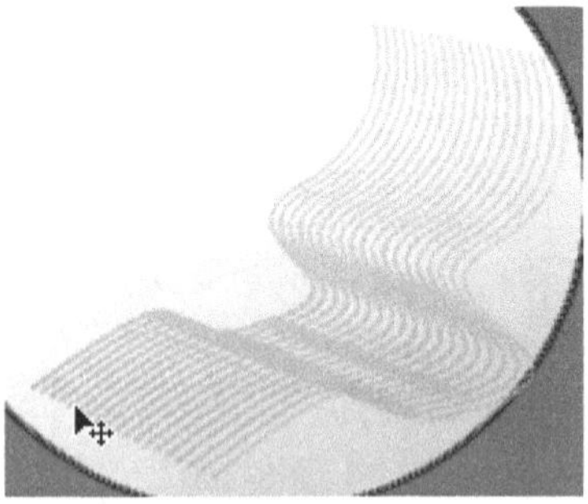

图8-264

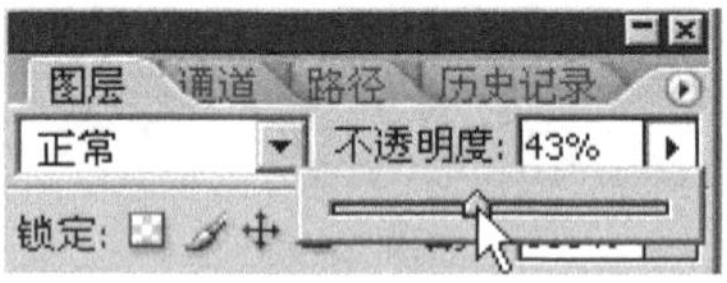

图8-265

3．绘制中心卡孔

（1）创建新图层，使用椭圆选框工具在中心处创建圆形选区，如图8-266所示。

（2）填充选区（#fffffa），然后在图层样式中勾选“描边”效果，其设置如图8-267所示。

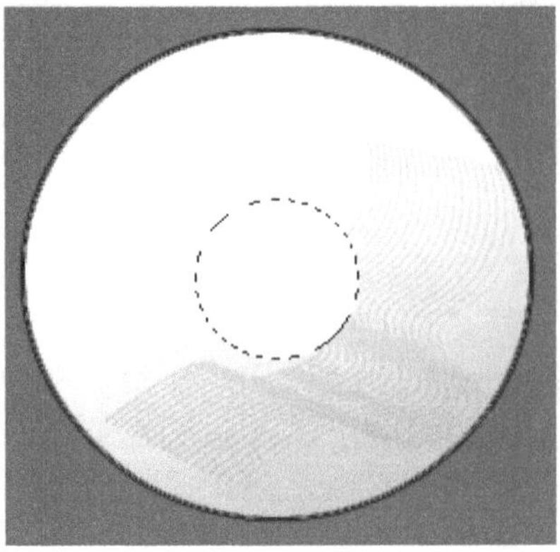

图8-266

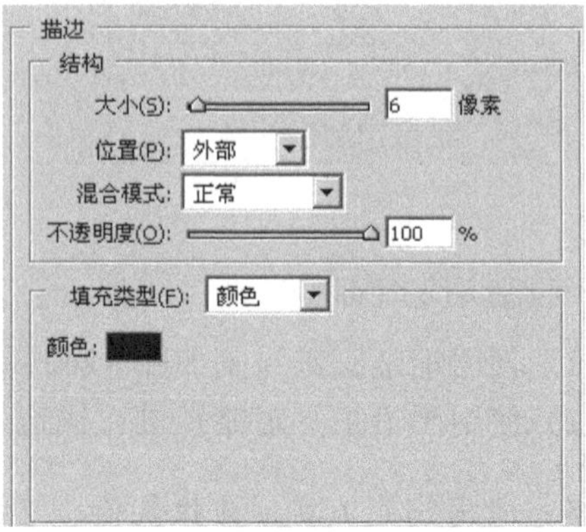

图8-267

（3）创建新图层，使用椭圆工具创建较小的同心圆形，单击鼠标右键，在弹出的快捷菜单中执行“描边路径”命令，如图8-268所示。使用画笔方式描边路径，如图8-269所示。

图8-268

图8-269

注意：椭圆工具使用“路径”状态。

（4）使用椭圆工具创建小同心圆形，并使用画笔方式对路径进行描边，如图8-270所示。

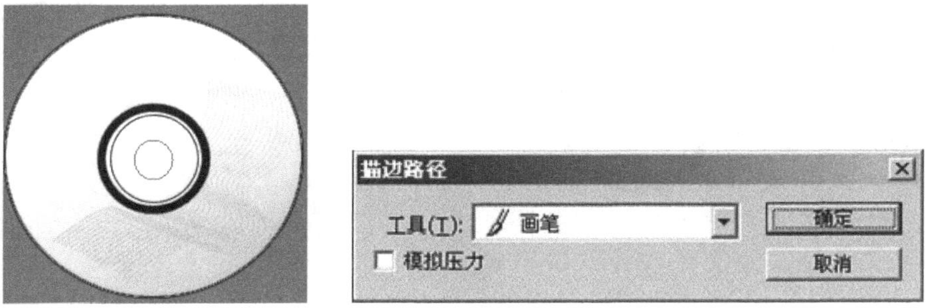

图8-270

注意：如果要设定中心参考线，可按【Shift+Alt】快捷键，可以准确地绘制同心圆。

（5）创建新图层，使用椭圆选框工具创建最小的同心圆形选区，填充颜色（#898989），效果如图8-271所示。

（6）使用横排文字工具输入设定的文本，如图8-272所示。

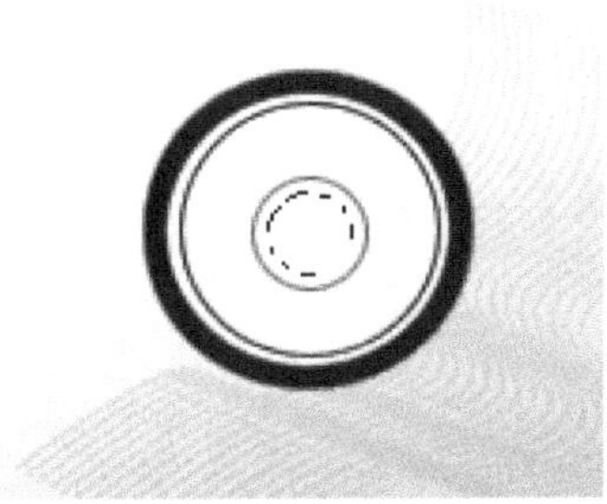

图8-271

图8-272

4．制作弧线条

（1）创建新图层，使用椭圆选框工具创建大圆形选区，如图8-273所示。

（2）填充任意颜色后，执行“选择”→“修改”→“收缩”命令，参照图8-274设置参数，完成后单击“确定”按钮。

图8-273

图8-274

（3）如图8-275所示，按【Delete】键进行删除。

（4）使用擦除工具擦除一些外部多余的部分，如图8-276所示。

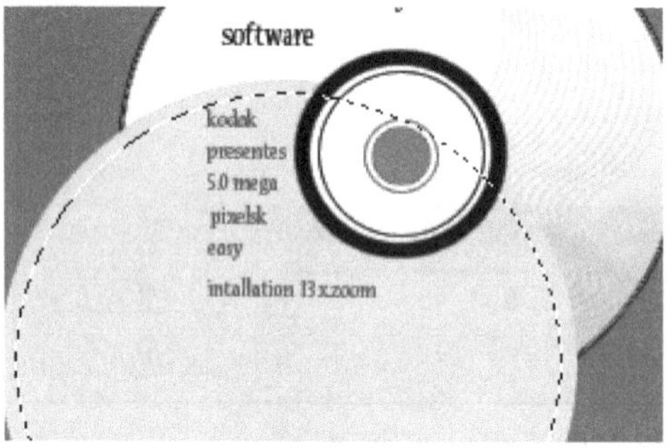

图8-275

图8-276

（5）在“图层样式”对话框中勾选“渐变叠加”效果，其设置如图8-277所示。

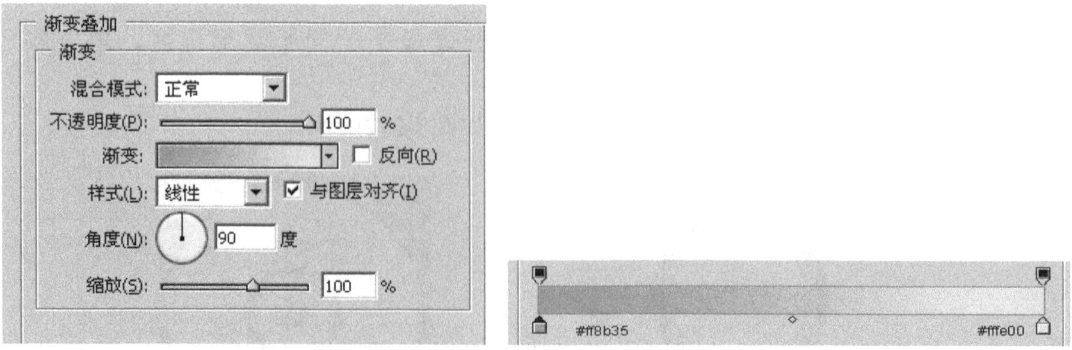

图8-277

（6）再勾选“描边”效果，其设置如图8-278所示。

（7）如图8-279所示，选择、移动、复制一段弧形。

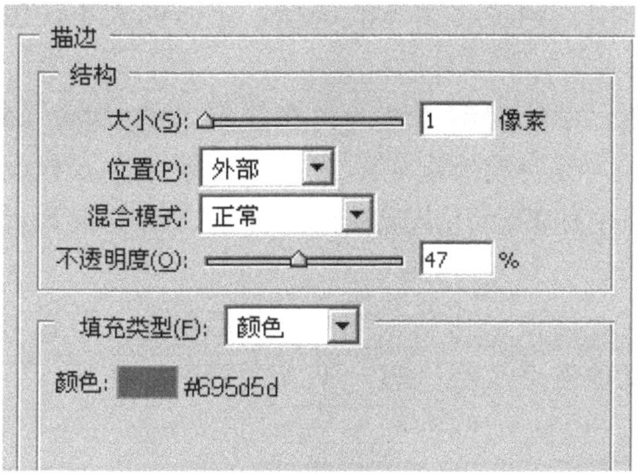

图8-278

图8-279

（8）如果有兴趣可添加其他配饰图像（如光盘盒），最终效果如图8-280所示。

图8-280

本例详细介绍了绘制CD封面的过程，先后使用到渐变叠加、钢笔工具、椭圆选框工具、路径/选区描边、选区修改和输入文字等工具。先使用椭圆选框工具创建CD圆形，再使用椭圆选框工具与描边结合绘制中心卡孔，最后通过钢笔工具绘制装饰线条和添加文本，以形成光盘。

整个CD封面制作过程简单而实用，圆形边框与中心孔洞是制作CD的关键步骤，装饰线条与文字可随着CD内容有所变化，当然也可直接使用图像，恰当地表现画面主题，再配饰恰当的文字介绍，吸引消费者。

8.5.2 封面设计的基础知识

封面是装帧艺术的重要组成部分，犹如音乐的序曲，是把读者带入内容的向导。封面设计中遵循平衡、韵律与调和的造型规律，突出主题。要大胆设想，运用构图、色彩、图案等知识，设计出完美、典型、富有情感的封面，提高设计应用的能力。

1．期刊封面设计的要素

- 要突出标识、刊名，便于识别，强化对该刊特有艺术符号的记忆，为品牌建设打好基础。

- 必须切合本期内容，且有导读作用。图片、字体的选择，字号的大小，色彩的运用，都要和本期内容相协调。
- 要体现自身风格，在连续性、变化中体现整体统一。在没有考虑成熟，缺乏充分的市场调查或刊物定位没有重大改变的情况下，最好不要较大改变封面设计风格，此时如果让刊物以完全陌生化的面孔出现在读者面前，将会很大程度影响刊物的发行。
- 要整体协调、统一、醒目、大气。标识、刊名、期号和条形码等元素要与主图片构成完美的画面，有明晰的视觉重点及层次感，不宜太繁杂、花哨。

2．图书封面各部分名称

- 封面（又称封一、前封面、封皮、书面）：封面印有书名、作者、译者姓名和出版社的名称，起着美化书刊和保护书心的作用。
- 封里（又称封二）：是指封面的背页。封里一般是空白的，但在期刊中常用它来印目录，或有关的图片。
- 封底里（又称封三）：是指封底的里面一页。封底里一般为空白页，但期刊中常用它来印正文或其他正文以外的文字、图片。
- 封底（又称封四、底封）：图书会在封底的右下方印统一书号和定价，期刊在封底印版权页，或用来印目录及其他非正文部分的文字、图片。
- 书脊（又称封脊）：书脊是指连接封面和封底的书脊部。书脊上一般印有书名、册次（卷、集、册）、作者、译者姓名和出版社名，以便于查找。

图8-281和图8-282所示分别为图书封面各部分的平面和立体展示。

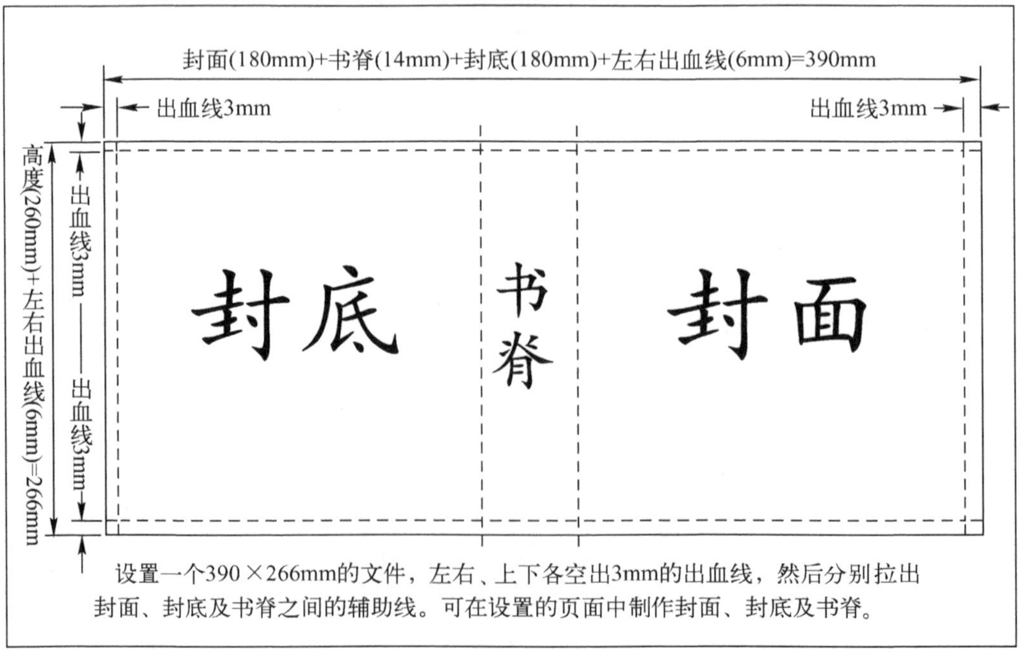

图8-281

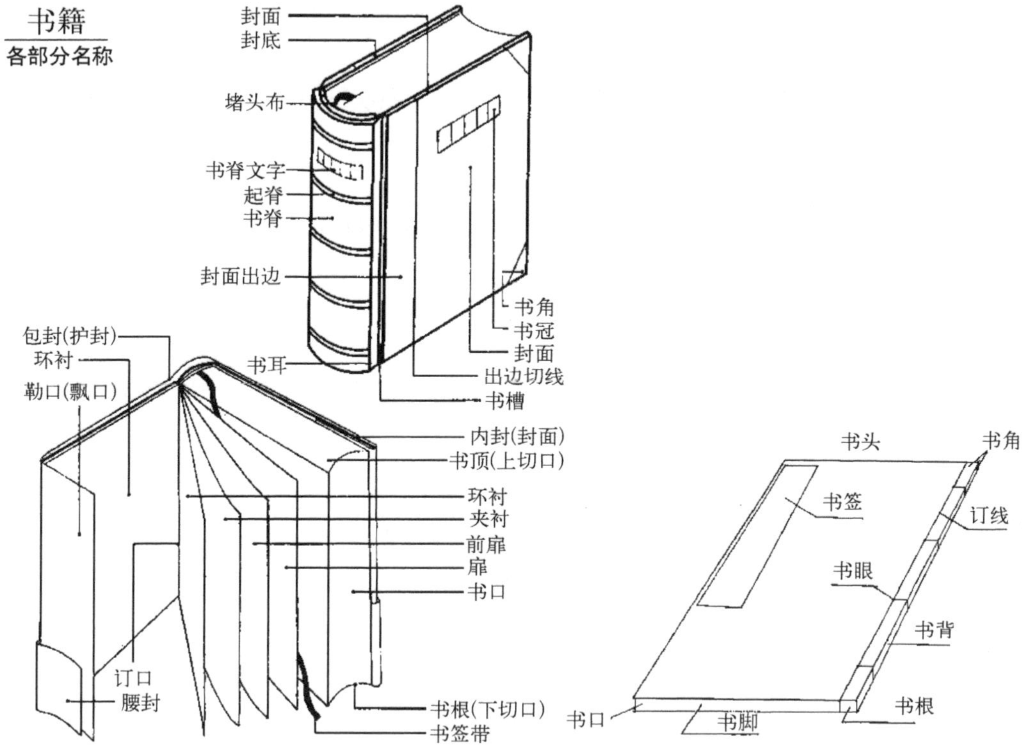

图8-282

3．开本

开本是表示书页幅面的大小，而幅面是由一定规格的全张纸按不同方法开出的。书页幅面面积相当于全张纸单面面积的多少分之一，即把全张纸平均切成多少同等尺寸的小张，就称多少开。例如，一个全张纸经过4次对折后幅面为全张的1/16，这样幅面大小的开本称为16开本，5次对折则称为32开本。

同样的开数，不同规格的纸张，开本尺寸也不同。一般来说，幅面为787×1092 mm纸张的开本为小开本，幅面为850×1168 mm纸张的开本为大开本，而880×1230 mm纸张的开本则为特大开本。

4．装订方式

- 平装：也称“简装”，由软质纸封面、主书名页和书心（有时还有其他非必备部件）构成，可分为普通平装与勒口平装两种。一般采用的订书方式有骑马订、平订、锁线订、无线胶订和锁线胶背订等。
  常见的杂志类都采用骑马订；线装书类、铁丝装类属于平订；锁线胶订常用于大型画册，牢固，但装订速度慢；无线胶订常用于高档小型画册，过厚的书在多次翻折后易脱胶。
- 精装：一般由纸板及软质纸或织物制成的书壳、环衬、主书名页、插页（也有无插页的）和书心构成，因为比平装考究、精致，故称“精装”。
- 线装：是将依中缝对折的若干书页和面封、底封按顺序叠合后，在右侧的适当宽度处用线穿订起来的装订样式。主要用于我国古籍类图书，也为其他图书的装帧设计所借鉴。

- 散页装：图书的书页以单页状态装在专业纸袋或纸盒内。这实际上是一种卡片式或挂图式图书，多具欣赏或示意功能。

图8-283所示为平装图书和精装图书的装订方式。

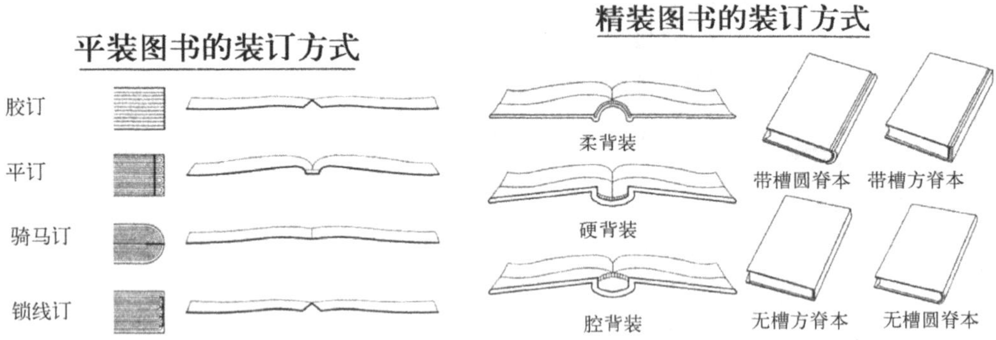

图8-283

8.5.3 封面印刷的基础知识

下面选取了5个封面印刷的基础知识做介绍，更多的知识也还需要在日常的生活和工作中多学多练。

1. 图形色彩模式必须是CMYK或灰度

色彩是靠红、黄、蓝三种颜色调和而成，即RGB图像。印刷时三色按比例相叠压能产生成千上万种颜色。为什么要增加黑色呢？当三色比例相等时就能产生黑色，但是要三种油墨生成一种色，从经济角度看是行不通的，而实际上在设计的过程中黑色的运用是非常多的，这其实就是为什么要用四色印刷。还有一点，RGB生成的黑色与用油墨直接调配而成的黑色（可在黑色油墨中加入30%的蓝墨）相比，前者有一种虚浮感，而后者就感觉较沉实。

输出时CMYK分别体现在四张胶片上，亦相当于Photoshop里面的Channels中的四条通道，在处理图像时对通道的修改，实际就是对最终胶片的改变。

2. 彩色图中大面积的纯黑色底处理方式

建议使用K:100、C:30，这样的黑色印刷出来比一色黑要亮，同时因为蓝版的存在可以弥补黑版印刷不实的漏洞。当然，这个数值不是固定不变的。例如，用K:100、C:80。招贴面积太大，印刷机速度又快，很难把颜色打实，所以数值就要相应提高。还有，如果在整图上有暖色图案并且边缘有羽化或有暖色调透明等，这时的数值要根据实际的主要暖色调来进行调整，例如K:100、M:60、Y:70，这样的图案过渡部分会非常舒服，而不像K:100时那样怪怪的。这些现象在Photoshop中试验一下就可以看到。

3. 杂色图案上的反白字或反白色细线

选用字体（或线的磅数）的时候，注意不要用仿宋_GB2312或细圆等过细的字体，尽量使用黑体、隶书等线条明显的字体，以免出现套版不准、文字或线条看不清的情况。

还有做小封面时如果有需要轧盒、打孔的东西，要注意尽量不要设计外边框。这是因为，如果在轧盒的时候版位稍有偏差的话，就会出现一边大一边小的情况。

4．出片前应该注意的问题

（1）确认文档中是否有全部必需的文件，确认图像文件已包含在文档中。有时图像虽然可以在显示器里呈现，但出片后却表现为缺图或者分辨率较低，所以应确认图像已置入并提供足够精度的图像文件（图片分辨率不低于300像素/英寸）在文档中。

（2）不要忘了拷入必需的字体，有些字体虽然显示，但仍需拷入可出片的字体方可输出胶片。只有保证可显示又可输出的字体才不会浪费时间。

（3）不要忘记把所链接图片的颜色从RGB转为CMYK，否则输出后的胶片会出现色彩混乱的现象。

（4）当Pantone专色转成CMYK颜色后，要确认是否会达到同样的效果。Pantone专色转成CMYK颜色后，二者一般会产生一定的差异。部分Pantone专色转成CMYK后，按照输出经验可达到同样效果，但那些Process Pantone Color肯定是CMYK所不能达到的，那么就只能用增加专色的方法来解决了。

（5）图片双倍扫描、单倍输出，可以提高图片的扫描质量。

（6）作为出血处理的文件是否设好出血3 mm。

（7）排版软件中的色彩是否按色标值设定好。

5．出片后的打样

打样是通过一定的方法将已组版的图文信息制作出样张的过程，是检验印前制作质量和保证大批量印刷质量的一个重要环节。

（1）机械打样（模拟打样）：机械打样是使用打样机，在与印刷条件基本相同的条件下，把印版上的图文经油墨转移到承印物上，印取小批量样张的方法。这种打样的方法完全模拟了印刷方法，是以压力原理实现图文油墨的转移，能够比较准确地反映出印版与印刷过程中的性能特征，样张与印刷品基本一致。

（2）光化学打样：光化学打样是一种不用印版，在晒版之前通过软片原版，利用曝光成像原理制做样张的方法。这种打样方法是利用某些感光材料在光照条件下，发生黏性或溶解性变化，在片基上留下对应分色片颜色的网点图像。光化学打样目前有重氮片打样法、色粉打样法等。

（3）软打样（屏幕打样）：软打样样张是在显示屏上显示图像效果，以预测印刷时图像的色彩和内容。显示屏的显示色域与印刷工艺十分不同，所以这种打样形式是一种不精确的色彩交流工具。其中主要的原因是计算机显示屏使用RGB色光相混合的方式显示图像的效果，符合色光加色理论；而印刷样张使用黄、品、青三色油墨在纸张上进行叠印，符合色料减色理论。

（4）位置打样：位置打样样张是从分色软片或数字文件得到，基本上用于检测活件的组版情况。这些样张用于对内容、套色、色彩突变和专色位置进行检测。位置样张包括照片效果的连续调样张、蓝样张和套色样张。只用于显示色彩，而不必具有精确预测印刷机印刷结果能力的数字打样系统，也可以用于位置打样。这些系统一般具有速度和成本的优势。

（5）数字打样：数字打样是由电子文件通过数字打印机的输出方式输出样张，不用输出胶片。随着科技的发展，数字打样设备的质量已经进步到可以较真实地呈现色彩的程度，可以与模拟系统相匹敌，完全可以模拟半色调网点的效果。数字打样有一些众所周知的益处，包括对时间、材料和工作量的节省，和在工艺中的设计、打样和制版步骤中使用同样精确的数字信息，如图8-284所示。

图8-284

8.5.4 封面类别

封面设计的成败取决于设计定位，即要做好前期的客户沟通，具体内容包括：封面设计的风格定位、企业文化及产品特点分析、行业特点定位、画册操作流程和客户的观点等，这些都可能影响封面设计的风格。所以说，好的封面设计，一半来自于前期的沟通，这样才能体现客户的消费需要，为客户带来更大的销售业绩。

（1）根据客户需求的不同，其封面设计的要求不尽相同。

- 产品封面设计：产品封面设计着重从产品本身的特点出发，分析出产品要表现的属性，运用恰当的表现形式和创意来体现产品的特点，这样才能增加消费者对产品的了解，进而增加产品的销售。
- 企业形象封面设计：企业形象封面设计更注重体现企业的形象，应用恰当的创意和表现形式来展示企业的形象，这样才能给消费者留下深刻的印象，使消费者加深对企业的了解。总之，要注重对企业形象的高度提炼，要给人以过目不忘的感觉。
- 宣传封面设计：这类封面设计根据用途的不同，会采用相应的表现形式来体现此次宣传的目的。用途大致分为展会宣传、终端宣传和新闻发布会宣传等。
- 画册封面设计：画册的封面设计是画册内容、形式、开本、装订、印刷后期的综合体现，好的画册封面设计要从全方位出发。例如，封面设计根据行业分类表现出不同的特点。

（2）根据不同的客户群体，其封面设计的要求也会有所不同。

- 食品封面设计：食品封面设计要从食品的特点出发，来体现视觉及味觉等特点，诱发消费者的食欲，达到购买欲望。
- IT企业封面设计：IT企业封面设计要求简洁明快并结合IT企业的特点，融入高科技的信息，来体现IT企业的行业特点。
- 房产封面设计：房产封面设计一般根据房地产的楼盘销售情况做相应的设计，

如开盘用、形象宣传用、楼盘特点用，等等。此类封面设计要求体现时尚、前卫、和谐和人文环境等。

- 酒店封面设计：酒店的封面设计要求体现高档、享受等感觉，在设计时用一些独特的元素来体现酒店的品质。
- 体育封面设计：时尚、动感、方便是这个行业的特点，根据具体的行业不同，表现也略有不同。

（3）根据客户的特殊需求，其封面设计的要求也会有所不同。

- 学校宣传封面设计：学校宣传封面设计根据用途不同大致分为形象宣传、招生和毕业留念册等。
- 校庆封面设计：校庆封面设计要体现喜庆、团圆、美好向上、怀旧的概念。
- 招商封面设计：招商封面设计主要体现招商的概念，展现自身的优势，来吸引投资者。
- 企业画册年报设计：企业画册年报设计一般是对企业本年度工作进程的整体展现，设计一般都是大场面展现大事记。一般要求设计者要有深厚的文化底蕴。企业封面设计应该从企业自身的性质、文化、理念及地域等方面出发，来体现企业的精神。